高职高专规划教材

建 筑 给 水 排 水

宋 梅 李 静 主 编

金亚凡 孙 岩 副主编

化学工业出版社

·北京·

本书介绍了建筑给水排水的基本理论、设计原理与方法、施工图识读、施工工艺流程及常见质量事故。主要包括：建筑内部给水系统，给水管材与附件、增压和贮水设备，建筑内部给水系统水力计算，建筑内部消防给水系统，建筑内部排水系统，建筑雨水排水系统，建筑内部热水和饮水供应，建筑中水系统，水景及游泳池给水排水系统，居住小区给水排水系统，建筑给水排水工程施工及竣工验收，建筑给水排水施工图识读。本书按照给水排水工程技术专业人才培养方案，采用国家最新规范、规程、标准和通用图集进行编写。使用了大量工程实际的图片，形式新颖，内容丰富。

　　本书是高等职业院校和大专院校给水排水工程技术专业的教学用书，也可以作为建筑设备工程、供热通风与空调工程、环境工程、房屋设备安装等相关专业的教学用书。

图书在版编目（CIP）数据

建筑给水排水/宋梅，李静主编．—北京：化学工业
出版社，2016.8（2024.8重印）
高职高专规划教材
ISBN 978-7-122-27295-9

Ⅰ.①建…　Ⅱ.①宋…②李…　Ⅲ.①建筑-给水工程-
高等职业教育-教材②建筑-排水工程-高等职业教育-教材
Ⅳ.①TU82

中国版本图书馆 CIP 数据核字（2016）第 126513 号

责任编辑：王文峡　　　　　　　　文字编辑：颜克俭
责任校对：吴　静　　　　　　　　装帧设计：刘丽华

出版发行：化学工业出版社（北京市东城区青年湖南街13号　邮政编码100011）
印　　装：北京七彩京通数码快印有限公司
787mm×1092mm　1/16　印张19¾　字数533千字　2024年8月北京第1版第2次印刷

购书咨询：010-64518888　　　　　售后服务：010-64518899
网　　址：http://www.cip.com.cn
凡购买本书，如有缺损质量问题，本社销售中心负责调换。

定　　价：49.00元

前　言

　　本书根据全国高职高专教育土建类专业教学指导委员会制定的给水排水工程技术专业人才培养方案编写，是高等职业院校给水排水工程技术专业的教学用书，也可以作为建筑设备工程、供热通风与空调工程、环境工程、房屋设备安装等相关专业的教学用书。

　　本书作者结合多年的专业教学和实践经验编写，围绕职业岗位对学生职业能力需求，突出高等职业教育特点，结合最新技术和研究成果，采用国家最新规范、规程、标准和通用图集进行编写。着重介绍了本专业的新技术、新工艺、新材料和新成果，做到理论联系实际，注重能力培养。本书使用了大量工程实际的图片，使内容更加直观、生动，通俗易懂。对新技术、新工艺本书以相关知识链接形式讲述，例如：增加了最新的海绵城市、七氟丙烷灭火系统、全自动消防水炮等相关内容。例题及习题结合各章知识要求、能力要求以及执业资格考试内容，做到讲练结合，浅显易懂。

　　全书有以下几个特点。

　　1. 采用最新规范，对新技术、新材料、新设备进行了论述。

　　2. 采用了大量工程实际图片，图文并茂。

　　3. 对新技术、新工艺采用相关知识链接的形式讲述，形式新颖，内容丰富。

　　4. 结合学生就业岗位，增加给水排水管道施工安装验收的技术要求和做法等内容，如：水压试验、通球试验、水箱安装要求等。

　　5. 紧密结合工程实例，增加了施工图识读、常见质量事故等内容，突出实践能力的培养。

　　6. 结合教学和执业资格考试，配有相应的例题、思考题与习题，利于巩固所讲述内容。

　　本书由宋梅、李静任主编，金亚凡、孙岩任副主编。其中第1章由沈阳职业技术学院李静编写，第2章、第5章由辽宁城市建设职业技术学院宋梅编写，第3章由辽宁城建职业技术学院高会艳编写，第4章由辽宁城市建设职业技术学院贾淞编写，第6章由辽宁城市建设职业技术学院卜洁莹编写，第7章、第12章由辽宁城市建设职业技术学院孙岩编写，第8章、第10章、第11章由辽宁城市建设职业技术学院金亚凡编写，第9章由中国建筑东北设计研究院有限公司任放编写。

　　限于编者水平，书中不妥之处敬请读者批评指正。

编　者

2016 年 5 月

目 录

第1章 建筑内部给水系统

▶【知识目标】
- 了解给水系统的分类及组成。
- 掌握各种给水方式及适用条件。
- 掌握给水管道的布置和敷设原则。
- 掌握水质防护措施。

▶【能力目标】
- 根据水压条件能够选择适合的给水方式。
- 能根据规范合理布置给水管道。
- 能按照水质防护要求布置管路。

1.1 建筑给水系统的分类与组成

建筑给水系统是将市政给水管网（或自备水源给水管网）中的水引入建筑物内，供人们生活、生产和消防使用，并满足用户对水质、水量和水压等方面要求的冷水供应系统。

1.1.1 建筑给水系统的分类

建筑给水系统按用途可以分为三类。

1.1.1.1 生活给水系统

生活给水系统是供人们在建筑物内饮用、烹饪、盥洗、沐浴等日常生活用水的给水系统，其水质必须符合国家规定的《生活饮用水卫生标准》。

1.1.1.2 生产给水系统

生产给水系统是为产品制造、生产设备的冷却、原料和产品的洗涤及锅炉用水等的给水系统，其供水水质、水量、水压及安全方面随工艺要求的不同，可能有较大的差异。

1.1.1.3 消防给水系统

消防给水系统是供民用建筑、公共建筑、工业企业建筑中各类消防设备扑灭火灾用水的给水系统。为保证各种消防设备的有效使用，必须按照《建筑设计防火规范》的要求，保证供应足够的水量和水压。消防用水对水质的要求不高。

消防给水系统还包括消火栓给水系统、自动喷水灭火系统、水喷雾灭火系统等。

以上三类给水系统可以独立设置，也可以根据用户对水质、水量、水压等要求，结合室外给水系统的实际情况，经技术经济比较，组合成不同的共用系统。如生活、生产共用给水系统，生活、消防共用给水系统，生产、消防共用给水系统，生活、生产、消防共用给水系统。还可按供水用途、系统功能的不同，设置成饮用水给水系统、杂用水（中水）给水系统、消火栓给水系统、自动喷水灭火给水系统、水幕消防给水系统，以及循环或重复使用的生产给水系统等。

不同使用性质或计费的给水系统，应在引入管后分成各自独立的给水管网。

1.1.2　建筑给水系统的组成

一般情况下，建筑给水系统由下列各个部分组成，如图1.1所示。

1.1.2.1　引入管

引入管是由室外给水管网引入建筑物或由市政管道引至小区给水管网的管段，也称为入户管。

1.1.2.2　水表节点

水表节点是安装在引入管上的水表及其前后设置的阀门（新建建筑应在水表前设置管道过滤器）和泄水装置的总称。

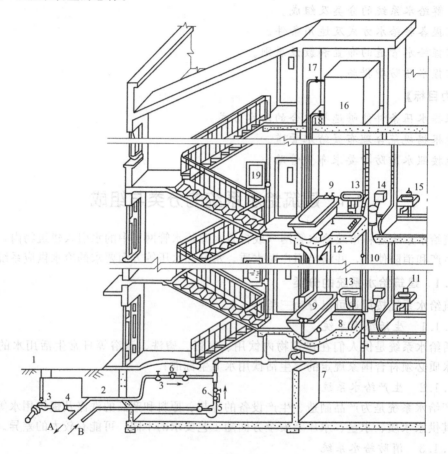

图1.1　建筑给水系统

1—阀门井；2—引入管；3—闸阀；4—水表；5—水泵；6—止回阀；7—干管；
8—支管；9—浴盆；10—立管；11—水嘴；12—淋浴器；13—洗脸盆；14—大
便器；15—洗涤盆；16—水箱；17—进水管；18—出水管；19—消火栓；
A—入贮水池；B—来自贮水池

一般建筑的引入管上应装设水表用以计量该幢建筑的总用水量。水表前后的阀门在水表检修、拆换时关闭管路时使用。泄水口主要用于室内管道系统检修时放空之用，也可用来检测水表精度和测定管道进户时的水压值。设置管道过滤器的目的是保证水表正常工作及其测量精度。

水表节点一般设在水表井中，如图1.2和图1.3所示。温暖地区的水表井一般设在室外，寒冷地区的水表井宜设在不会冻结之处。在非住宅建筑内部给水系统中，需计量水量的

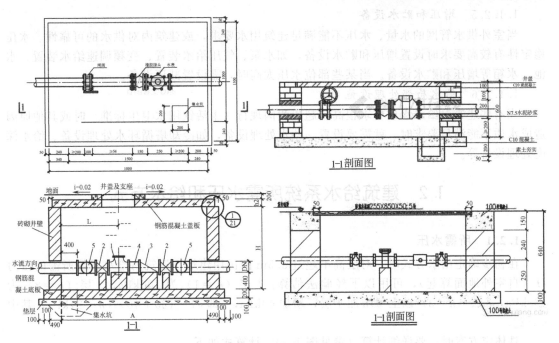

图 1.2　水表节点

某些部位和设备的配水管上也要安装水表。住宅建筑每户均应安装分户水表（水表前宜设置管道过滤器）。分户水表宜相对集中设在户外容易读取数据处，对仍需设在户内的水表，宜采用远传水表或 IC 卡水表等智能化水表。

图 1.3　水表井

1.1.2.3　给水管道

给水管道包括干管、立管、支管。干管是将引入管送来的水输送到各个立管中去的水平管道，立管是将干管送来的水输送到各楼层的垂直管道，支管是将立管送来的水输送给各配水装置。

1.1.2.4　配水装置与附件

配水装置与附件包括各类卫生器具和用水设备的配水龙头以及生产、消防等用水设备，即配水水嘴、消火栓、喷头、各类阀门（控制阀、减压阀、止回阀等）与仪表等。

1.1.2.5 增压和贮水设备

当室外供水管网的水量、水压不能满足建筑用水要求，或建筑内对供水的可靠性、水压稳定性有较高要求时设置增压和贮水设备，如水泵、气压给水装置、变频调速给水装置、水池、水箱等增压和贮水设备。当某些部位水压太高时，需设置减压设备。

1.1.2.6 给水局部处理设施

当有些建筑对给水水质要求很高、超出我国现行《生活饮用水卫生标准》时或其他原因造成水质不能满足要求时，就需要设置一些水处理设备，如冷却塔循环水处理设备、给水深度处理设备等。

1.2 建筑给水系统所需水压和给水方式

1.2.1 所需水压

在初步确定给水方式时，对层高不超过 3.5m 的民用建筑，建筑内给水系统所需的压力 H（自室外地面算起），可用以下经验法估算：1 层（$n=1$）为 100kPa，2 层（$n=2$）为 120kPa，3 层（$n=3$）以上每增加 1 层，增加 40kPa，[即 $H=120+40\times(n-2)$kPa，其中 $n\geq2$]。

具体定方案时，要详细计算（参见图 1.4），计算式如下：

$$H=H_1+H_2+H_3+H_4 \tag{1.1}$$

式中　H——建筑内给水系统所需的压力，kPa；

H_1——引入管起点至最不利配水点位置高度所要求的静水压力，kPa；

H_2——计算管道的沿程与局部水头损失之和，kPa；

H_3——水流通过水表时的水头损失，kPa；

H_4——最不利配水点所需的最低工作压力，kPa。

1.2.2 给水方式

给水方式是指建筑内部给水系统的供水方案。给水方式对建筑立面、建筑结构、建筑基础、建设周期、建设费用等很多方面都有很重要的影响，给水方式的确定与室外给水系统供水压力和室内给水系统需要压力有关。

按水平干管的位置不同，又可分为上行下给、下行上给和中分式三种形式。干管设在顶层顶棚下、吊顶内或技术夹层中，由上向下供水为上行下给式。干管埋地、设在底层或地下室中，由下向上供水的为下行上给式，适用于利用室外给水管网水压直接供水的建筑。水平干管设在中间技术层或中间某层吊顶内，由中间向上、下两个方向供水的为中分式，适用于屋顶用作露天茶座、舞厅或设有中间技术层的高层建筑。同一幢建筑的给水管网也可同时兼有以上两种形式。

1.2.2.1 选择给水方式的一般原则

根据室外管网提供的水量、水压，建筑物性质、高度以及用水状况等因素综合分析后加以选

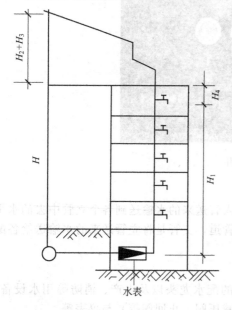

图 1.4 建筑内部给水系统所需压力

择，选择原则如下。

① 充分利用外网水压，给水系统简单、合理、经济。

② 满足用水要求前提下，节约用水、保护水质、防止污染。

③ 供水安全、可靠。

④ 施工安装维修方便。

⑤ 静水压力超过允许值时，为防止设备管件承压过大而损坏，要竖向分区。

1.2.2.2　给水方式的基本类型

（1）利用外网水压直接给水方式

① 直接给水方式　当室外给水管网提供的水量、水压在任何时候均能满足建筑用水时，直接把室外管网的水引到建筑内各用水点，称为直接给水方式，如图 1.5 所示。

这种给水方式的特点是：系统简单，能充分利用外网压力。但室内没有储备水量，外网停水则室内断水。

② 单设水箱的给水方式　当室外给水管网水压只是在用水高峰时段出现不足时，或者建筑内要求水压稳定，并且该建筑具备设置高位水箱的

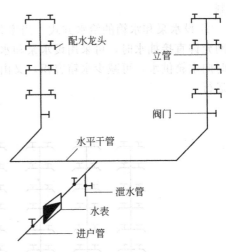

图 1.5　直接给水方式

条件，可采用这种方式，如图 1.6 所示。该方式在用水低峰时，利用室外给水管网水压直接供水并向水箱进水。用水高峰时，水箱出水供给给水系统，从而达到调节水压和水量的目的。这种给水方式能充分利用外网水压，减少运行费用，但增加房屋荷载，不容易保证水质。

（2）设有增压与贮水设备的给水方式

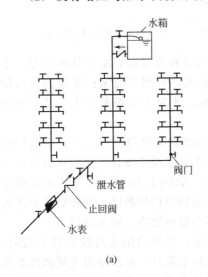

(a)

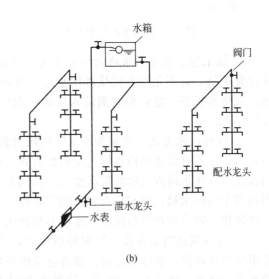

(b)

图 1.6　设水箱的给水方式

① 单设水泵的给水方式　当室内给水管网的水压经常不足时，可采用单设水泵的给水方式。当建筑内用水量大且较均匀时，可用恒速水泵供水，如图 1.7 所示。当建筑内用水不均匀时，宜采用多台水泵联合运行供水，以提高水泵的效率。这种方式还适合因建筑立面造型需要不便设水箱的建筑。

水泵直接从室外管网抽水,有可能使外网压力降低,影响外网其他用户用水,严重时还可能形成外网负压,在管道接口不严密处,会吸入杂质,造成水质污染。因此,采用这种方式,必须征得供水部门的同意,并在管道连接处采取必要的防护措施,以防污染。从外网直接抽水能充分利用外网水压,减小水泵扬程,省去贮水池等构筑物,节约用地,便于自动控制。

② 设水泵和水箱的给水方式 当室外管网的水压经常不足、室内用水不均匀,且室外管网允许直接抽水时,可采用设水泵和水箱的给水方式,如图1.8所示。该方式中的水泵能及时向水箱供水,可减少水箱容积,又由于有水箱的调节作用,水泵出水量稳定,能在高效区运行。

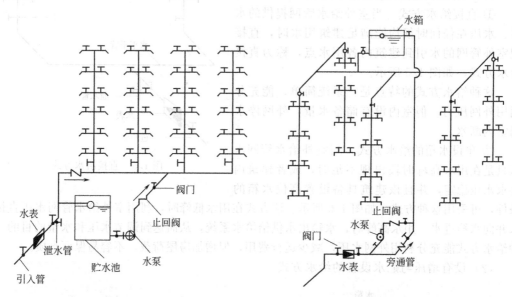

图 1.7 设水泵的给水方式   图 1.8 设水泵和水箱的给水方式

③ 设水池、水泵和水箱的给水方式 当建筑的用水可靠性要求高、室外管网水量、水压经常不足,且不允许直接从外网抽水,或者是用水量较大,外网不能保证建筑的高峰用水,或要求贮备一定容积的消防水量时,都应采用设水池、水泵和水箱的给水方式,如图1.9所示。

④ 气压给水方式 当室外给水管网压力低于或经常不能满足室内所需水压、室内用水不均匀,且不宜设置高位水箱时采用此方式。该方式即在给水系统中设置气压给水设备,利用该设备气压水罐内气体的可压缩性,协同水泵增压供水,如图1.10所示。气压水罐的作用相当于高位水箱,但其位置可根据需要较灵活地设在建筑物内任何高度。这种给水方式施工速度快,容易实现自动控制,水质不易被污染。但水压不是很稳定,调节容积小。

⑤ 变频调速给水方式 当室外供水管网水压经常不足、建筑内用水量较大且不均匀、要求可靠性较高、水压恒定时,或者建筑物顶部不宜设高位水箱时,可以采用变频调速给水装置进行供水,如图1.11所示。这种供水方式可省去屋顶水箱,水泵效率较高,耗能低,自动化程度高,但一次性投资较大。

⑥ 叠压给水方式 传统的二次给水方式都设有贮水池,不仅容易产生二次污染,还由于市政管网剩余水压得不到利用而导致能量浪费,为了解决这个问题,可采用如图1.12所示叠压给水方式。

叠压供水系统由调速泵、稳流罐和变频数控柜组成,取消了贮水池,水泵通过稳流罐直

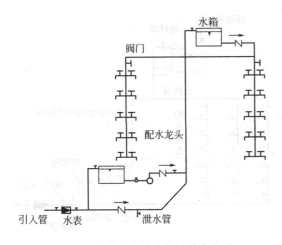

图 1.9　设水池水泵水箱的给水方式

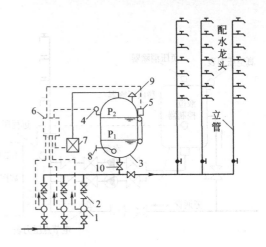

图 1.10　气压给水方式

1—水泵；2—止回阀；3—气压水罐；4—压力信号器；
5—液位信号器；6—控制器；7—补气装置；
8—排气阀；9—安全阀；10—阀门

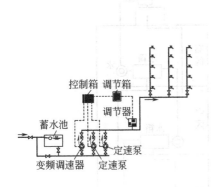

图 1.11　变频调速给水方式

接从市政管网抽水，水厂至用户水龙头形成密闭系统，完全避免来自外界的二次污染，并充分利用市政管网剩余压力。

（3）分区给水方式

在多层和高层建筑中，当室外给水管网的压力只能满足建筑下面若干层的供水要求时，为了有效地利用外网的水压，可将建筑物的供水系统划分为由室外给水管网直接供水的低区和由增压贮水设备供水的高区，如图 1.13 所示。为保证供水的可靠性，可将低区与高区的 1 根或几根立管相连接，在分区处设置阀门，以备低区进水管发生故障或外网压力不足时打开阀门由高向低供水。

① 设高位水箱的分区给水方式　对于建筑高度较高的高层建筑，采用同一系统给水会使低层管道静水压力过大，需要给水系统的竖向分区，分区应根据使用要求、设备材料性能、维护管理条件、建筑高度等综合因素合理确定。《建筑给水排水设计规范》规定：一般各分区最低卫生器具配水点处的静水压力不宜大于 0.45MPa，且最大不得大于 0.55MPa。

这种给水方式中的水箱，具有保证管网中正常压力的作用，同时还有贮存、调节、减压作用。根据水箱的不同又可分为以下 4 种形式。

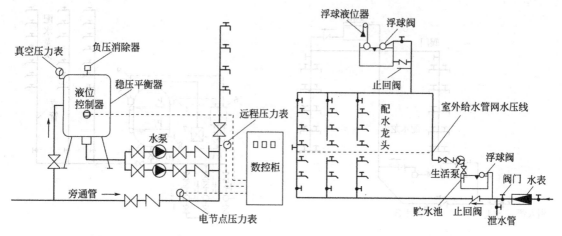

图 1.12　叠压给水方式　　　　　　　　图 1.13　分区给水方式

a. 并联水泵、水箱给水方式　每一分区分别设置一套独立的水泵和高位水箱，向各区供水。其水泵集中设置在建筑的地下室或底层，如图 1.14 所示。

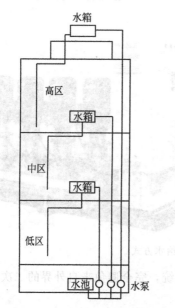

图 1.14　并联水泵、水箱给水方式

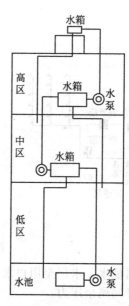

图 1.15　串联水泵、水箱给水方式

这种方式的优点是：各区互不影响；水泵集中，管理维护方便；运行费用较低。缺点是：水泵数量多，耗用管材较多，设备费用偏高；分区水箱占用空间多；有高压水泵和高压管道。适用于建筑高度不大于 100m、不允许全楼停水且中间允许设置水箱的建筑。

b. 串联水泵、水箱给水方式　这种给水方式将水泵分散设置在各区的楼层之中，下一区的高位水箱兼作上一区的贮水池，如图 1.15 所示。一般应用于建筑高度超过 100m 的超高层建筑。

这种方式的优点是：无高压水泵和高压管道，管路简单，造价低；水泵保持在高效区工作，运行动力费用经济。其缺点是：水泵数量多，设备布置不集中，维修管理不便。下区水箱水泵容积较大，水泵设在各楼层，对于防振、隔声要求高，且管理维护不方便；若下部发生故障，将影响上部的供水。

c. 减压水箱给水方式　由设置在底层（或地下室）的水泵将整幢建筑所需水量提升至屋顶总水箱，再逐级送至下区各水箱减压，由各区水箱向本区供水。如图 1.16 所示。

这种方式的优点是：水泵台数少，占地少；管道简单，投资少；设备布置集中，管理维护简单；各分区减压水箱容积小。其缺点是：建筑物内全部用水提升至屋顶总水箱，能源消耗大，运行动力费用高；屋顶水箱容积大，增加结构负荷。建筑物高度大、分区较大时，下区减压水箱中浮球阀承压过大，易造成关闭不严的现象；上部某些管道部位发生故障时，将影响下部的供水。

一般适用于建筑高度不大，分区较少，地下室面积较小，中间允许设置水箱以及当地电费较便宜的高层建筑。

d. 减压阀给水方式　减压阀给水方式的工作原理与减压水箱供水方式相同，其不同之处是用减压阀代替减压水箱，如图 1.17 所示。

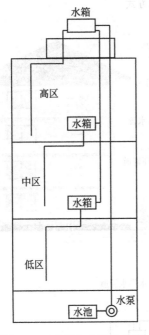

图 1.16　减压水箱给水方式

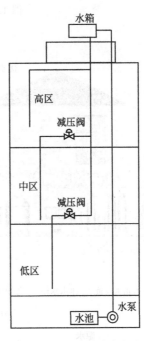

图 1.17　减压阀给水方式

② 无水箱的给水方式　在不设水箱的情况下，为了保证供水量和保持管网中的压力恒定，管网中的水泵必须一直保持运行状态。但是建筑内的用水量在不同时间是不相等的，因此，要达到供需平衡，可以采用同一区内多台水泵组合运行，这种方式省去了水箱，增加了建筑有效使用面积。其缺点是所用水泵较多，工程造价较高。根据不同组合还可分为下面 3 种形式。

a. 并列分区给水方式　即根据不同高度采用不同的水泵机组供水，如图 1.18(a) 所示。这种方式初期投资大，但运行费用较少，适用于建筑高度不大于 100m、不允许全楼停水且中间不允许设置水箱的建筑。

b. 串联分区给水方式　水泵分散设置，压力满足各分区要求。如图 1.18(b) 所示。这种方式适用于运行管理不方便、高度超过 100m 的建筑。

c. 减压阀给水方式　水泵数量少，占地少，即整个供水系统共用一组水泵，集中设施便于维修和管理；管线布置简单，投资少。分区处设减压阀，如图 1.18(c) 所示。该方式低区水压损失大，能量消耗多。

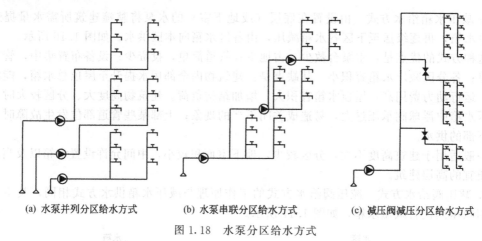

(a) 水泵并列分区给水方式   (b) 水泵串联分区给水方式   (c) 减压阀减压分区给水方式

图 1.18　水泵分区给水方式

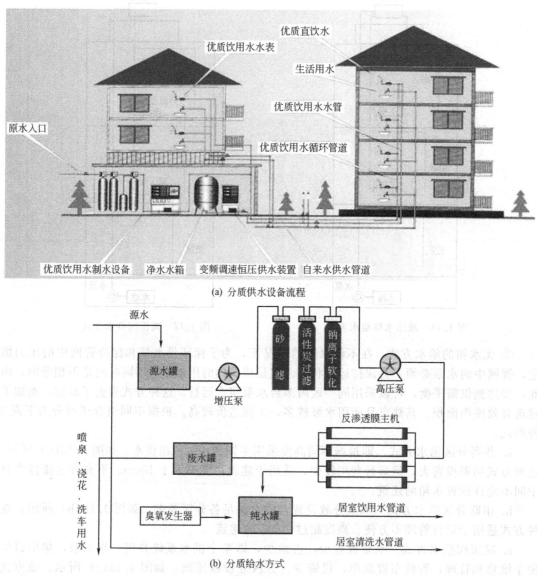

(a) 分质供水设备流程

(b) 分质给水方式

图 1.19　分质供水设备流程与分质给水方式

（4）分质给水方式

分质给水方式即根据不同用途所需的不同水质，分别设置独立的给水系统，如图 1.19 和图 1.20 所示。饮用水给水系统供饮用、烹饪、盥洗等生活用水，水质符合《生活饮用水卫生标准》。杂用水给水系统，水质较差，仅符合《生活杂用水水质标准》，只能用于建筑内冲洗便器、绿化、洗车、扫除等用水。为确保水质，还可采用饮用水与盥洗、沐浴等生活用水分设两个独立管网的分质给水方式。生活用水均先进入屋顶水箱（空气隔断）后，再经管网供给各用水点，以防回流污染；饮用水则根据需要，经深度处理达到直接饮用要求再进行输配。

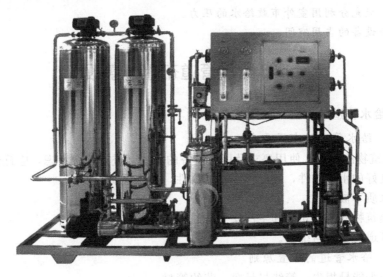

图 1.20　分质给水设备

在实际工程中，如何确定合理的供水方案，应当全面分析该项工程所涉及的各项因素——如技术因素，包括对城市给水系统的影响、水质、水压、供水可靠性、节水节能效果、操作管理、自动化程度等；经济因素，包括基建投资、年经常费用、现值等；社会和环境因素，包括对建筑立面和城市观瞻的影响、对结构和基础的影响、占地面积、对周围环境的影响、建设难度和建设周期、抗寒抗冻性能、分期建设的灵活性、对使用带来的影响等等，进行综合评定而确定。

有些建筑的给水方式，考虑到多种因素的影响，往往是两种或两种以上的给水方式适当组合而成。值得注意的是，有时候由于各种因素的制约，可能会使少部分卫生器具、给水附件处的水压超过规范推荐的数值，此时就应该采取减压限流的措施。

知识链接——高层建筑给水

在《建筑设计防火规范》GB 50016—2014 规定：10 层及 10 层以上的居住建筑；建筑高度超过 24m 的公共建筑称为高层建筑。

（1）高层建筑的给水特点

① 需采用高耐压管材、附件和配水器材。

② 阀门易产生水锤，引起噪声，损坏管道。

③ 由于水压大，造成水流过大，水头损失增加。

（2）高层建筑的给水要求

① 安全，应解决底层压力大的问题。

② 可靠，尽可能不断水。

③ 节能，以减少运行费用。

（3）高层建筑给水方式选择的原则

① 安全为第一原则，各区不应超压运行。

a. 各分区最低卫生器具配水点处的静水压力不大于 0.45MPa。

b. 水压大于 0.35MPa 的入户管（或配水横管），应设减压或调压设施。

c. 各分区最不利配水点的水压，应满足用水水压的要求。

d. 建筑高度不超过 100m 的建筑，宜采用垂直分区并联供水或分区减压的供水方式。建筑高度超过 100m 的建筑，宜采用垂直分区串联供水方式。

② 节能，应充分利用室外市政给水的压力。

③ 应减小设备的占用空间。

1.3　给水管道布置与敷设

1.3.1　给水管道的布置

1.3.1.1　给水管道的布置要求

应根据建筑物的性质、使用要求及用水设备的位置，进行综合考虑，应符合以下要求。

① 满足良好的水力条件，确保供水的可靠性，力求经济合理。

② 保证水质不被污染。

③ 保证建筑物的使用功能和生产安全。

④ 便于管道的安装与维修。

1.3.1.2　给水管道的布置原则

① 力求减少能量损失，管线尽量短，节约管材。

② 管道沿着墙、梁、柱布置，施工检修方便。

③ 室内给水管道的布置，不得妨碍生产操作、交通运输和建筑物的使用。

④ 为防止管道腐蚀，给水管道不得布置在风道、烟道、电梯井内、排水沟内，给水管道不宜穿越橱窗、壁柜，给水管道不得穿过大便槽和小便槽；且立管离大、小便槽端部不得小于 0.5m。

⑤ 给水管道不能妨碍生产操作、生产安全、交通运输和建筑物的使用。管道不应该穿越配电间，以免因渗漏造成电气设备故障或短路；不应穿越电梯机房、通信机房、大中型计算机房、计算机网络中心和音像库房等房间；不能布置在遇水易引起燃烧、爆炸、损坏的设备、产品和原料上方，还应避免在生产设备上面布置管道。

1.3.1.3　给水管道布置

引入管宜布置在用水量最大处或尽可能靠近不允许间断供水处，当卫生器具布置均匀，一般从建筑物中部引入。引入管一般设一条，当不允许间断供水时设两条，应从室外环状管网不同管段引入。若必须同侧引入时，两条引入管的间距不得小于 15m，并在两条引入管之间的室外给水管上装阀门。

给水管道的布置应力求短而直，尽可能与墙、梁、住、桁架平行。不允许间断供水的建筑，应从室外环状管网不同管段接出 2 条或 2 条以上引入管，在室内将管道连成环状或贯通枝状双向供水，若条件达不到，可采取设贮水池（箱）或增设第二水源等安全供水措施。

生活给水引入管与污水排出管管道外壁的水平净距不宜小于 1.0m。室内给水管与排水管之间的最小净距，平行埋设时，应为 0.5m；交叉埋设时，应为 0.15 m，且给水管应在排水管上面，埋地给水管道应避免布置在可能被重物压坏处。为防止振动，管道不得穿越生产设备基础，如必须穿越时，应与有关专业人员协商处理并采取保护措施。管道不宜穿过伸缩缝、沉降缝，如必须穿过，应采取保护措施，如软接头法（使用橡胶管或波纹管）、丝扣弯头法、活动支架法等。

塑料给水管道在室内宜暗设。明设时立管应布置在不易受撞击处，如不能避免时，应在管外加保护措施。高层建筑给水立管不宜采用塑料管。塑料给水管应远离热源，立管距灶边不得小于0.4m，与供暖管道、燃气热水器边缘的净距不得小于0.2m，且不得因热辐射使管外壁温度大于40℃；塑料给水管道不得与水加热器直接连接，应有不小于0.4m的金属管过渡；塑料管与其他管道交叉敷设时，应采取保护措施或用金属套管保护，建筑物内塑料立管穿越楼板和屋面处应为固定支承点；给水管道的给水补偿装置，应按直线长度、管材的线膨胀系数、环境温度和管内水温的变化、管道节点的允许位移量等因素经计算确定，应尽量利用管道自身的折角补偿温度变形。

布置管道时，其周围要留有一定的空间，在管道井中布置管道要排列有序，以满足安装维修要求。需进入检修的管道井，其通道不宜小于0.6m。管道井每层应设检修设施，每两层应有横向隔断，每层设外开检修门。给水管道与其他管道和建筑结构的最小净距应满足安装操作需要且不宜小于0.3m。

给水管道的布置可分为枝状和环状。枝状单向供水，供水安全性可靠性差，但节省管材，造价低；后者管道相互连通，双向供水，安全可靠，但管线长，造价高。一般建筑内给水管网宜采用枝状布置。高层建筑、重要建筑宜采用环状布置。

1.3.2　给水管道的敷设

1.3.2.1　敷设方式

建筑内部给水管道的敷设根据美观、卫生等要求分为明装、暗装。

（1）明装

明装即管道暴露敷设，其优点是安装维修方便，造价低。但外露的管道影响美观，表面易结露、积尘。一般用于对卫生、美观没有特殊要求的建筑。

（2）暗装

暗装即管道隐蔽敷设在管道井、技术层、管沟、墙槽、顶棚或夹壁墙中，或直接埋地或埋在楼板的垫层里，其优点是管道不影响室内的美观、整洁，但施工复杂，维修困难，造价高。适用于对卫生、美观要求较高的建筑。如宾馆、高级公寓和要求无尘、洁净的车间等。

1.3.2.2　敷设要求

引入管进入建筑内，一种情形是从建筑物的浅基础下通过，另一种是穿越承重墙或基础。其敷设方法见图1.21。在地下水位高的地区，引入管穿地下室外墙或基础时，应采取防水措施，如设防水套管等，如图1.22和图1.23所示。

室外给水管道的覆土深度应根据土壤冰冻深度、车辆荷载、管道材质及管道交叉等因素确定，行车道下管顶覆土厚度不宜小于0.7m，并应敷设在冰冻线以下0.15m处。建筑内埋地管在无活荷载和冰冻影响时，其管顶离地面高度不小于0.3m。当将交联聚乙烯管或聚丁烯管用作埋地管时，应将其设在套管内，其分支处宜采用分水器。

需要泄空的给水管道，其横管宜设有0.002～0.005的坡度坡向泄水装置。立管可敷设在管道井内，冷水管应在热水管右侧；给水管道与其他管道同沟或共架敷设时，宜敷设在管道井内，冷水管的上面或热水管、蒸汽管的下面；卫生器具的冷水连接管应在热水管的右侧。给水管不宜与输送易燃、可燃或有害的液体或气体的管道同沟敷设；通过铁路或地下构筑物下面的给水管道，宜敷设在套管内。

管道敷设时其周围要留有一定的空间，以满足安装、维修的要求，给水管道与其他管道和建筑结构的最小净距见表1.1。给水横管穿承重墙或基础、立管穿楼板时均应预留孔洞，

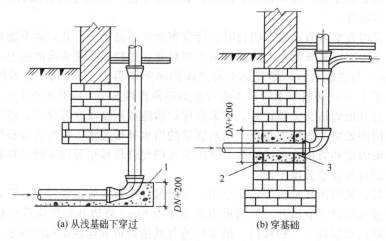

图 1.21 引入管进建筑物

1—混凝土支座；2—黏土；3—水泥砂浆封口

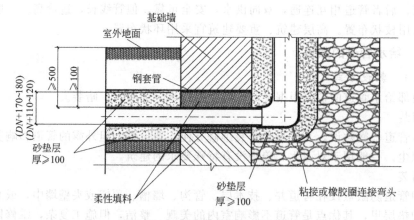

图 1.22 给水管道穿基础施工大样

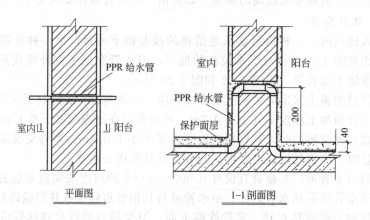

图 1.23 给水管道穿外墙

暗装管道在墙中敷设时，也应预留墙槽，以免临时打洞、刨槽影响建筑结构的强度。管道预留孔洞和墙槽的尺寸，见表1.2。管道穿越楼板、屋顶、墙预留孔洞（或套管）尺寸见表1.3。PP-R管、铝塑复合管的支架、吊架施工参见图1.25。

表 1.1　给水管与其他管道和建筑结构之间的最小净距　　　单位：mm

给水管道名称		室内墙面	地沟壁和其他管道	梁、柱、设备	排水管		备注
					水平净距	垂直净距	
引入管					≥1000	≥150	在排水管上方
横干管		≥100	≥100	≥50	≥500	≥150	在排水管上方
立管	管径	≥25					
	＜32						
	32～50	≥35					
	75～100	≥50					
	125～150	≥60					

表 1.2　给水管预留孔洞、墙槽尺寸　　　单位：mm

管道名称	管径	明管留孔尺寸/长(高)×宽	暗管墙槽尺寸/宽×深
立管	≤25	100×100	130×130
	32～50	150×150	150×130
	70～100	200×200	200×200
2 根立管	≤32	150×100	200×130
横支管	≤25	100×100	60×60
	32～40	150×130	150×100
引入管	≤100	300×200	

表 1.3　管道穿越楼板预留孔洞（或套管）尺寸　　　单位：mm

管道名称	穿楼板	穿屋面	穿(内)墙	备注
PVC-U 管	孔洞大于管外径50～100		与楼板同	
PVC-C 管	套管内径比管外径大50		与楼板同	为热水管
PP-R 管			孔洞比管外径大50	
PEX 管	孔洞宜大于管外径70,套管内径不宜大于管外径50	与楼板同	与楼板同	
PAP 管	孔洞或套管的内径比管外径大30～40	与楼板同	与楼板同	
铜管	孔洞比管外径大50～100		与楼板同	
薄壁不锈钢管	(可用塑料套管)	(需用金属套管)	孔洞比管外径大50～100	
刚塑复合管	孔洞尺寸为管道外径加40	与楼板同		

1.3.2.3　管道固定

在空间敷设管道时，必须采取固定措施，以防管道在自重、温度和外力影响下产生位移。常用的支、托架如图 1.24～图 1.27 所示。给水钢立管一般每层须安装 1 个管卡，当层高＞5m 时，则每层须安装 2 个，管卡安装高度，距地面应为 1.5～1.8m。钢管水平安装支架最大间距见表 1.4。钢塑复合管采用沟槽连接时，管道支架间距见表 1.5。塑料管、复合管支吊架间距要求见表 1.6。

表 1.4　钢管水平支架最大间距　　　单位：m

公称直径/mm	15	20	25	32	40	50	70	80	100	125	150	200	250	300
保温管	2	2.5	2.5	2.5	3	3	4	4	4.5	6	7	7	8	8.5
不保温管	2.5	3	3.25	4	4.5	5	6	6	6.5	7	8	9.5	11	12

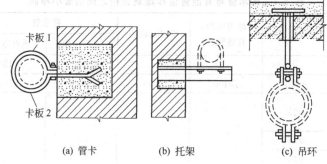

(a) 管卡   (b) 托架   (c) 吊环

图 1.24 支、托架

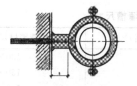

塑料支架安装（一）

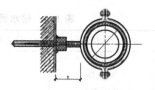

金属支架安装（一）

塑料支架安装（二）

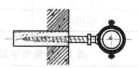

滑动支架安装（二）

图 1.25 支架安装

图 1.26 管卡

表 1.5 钢塑复合管沟槽连接时支、吊架最大间距   单位：m

管径/mm	65～100	125～200	250～315
最大支承间距	3.5	4.2	5.0

表 1.6 塑料管及复合管管道支架的最大间距   单位：m

管径/mm	12	14	16	18	20	25	32	40	50	63	75	90	110
立管	0.5	0.6	0.7	0.8	0.9	1.0	1.1	1.3	1.6	1.8	2.0	2.2	2.4
水平管	0.4	0.4	0.5	0.5	0.6	0.7	0.8	0.9	1.0	1.1	1.2	1.35	1.55

图 1.27　管道支架

　　给水管道不宜穿越伸缩缝、沉降缝、变形缝。如必须穿越时，应设置补偿管道伸缩和剪切变形的装置，在管道或保温层外皮上、下留有不小于 150mm 的净空；用丝扣弯头法（如图 1.28 所示）或活动支架法（如图 1.29 所示）将缝隙两边的管道连接起来。明装的复合管管道、塑料管管道亦需要安装相应的固定卡架，塑料管道的卡架相对密集一些。各种不同的管道都有不同的要求，使用时请按生产厂家的施工规程进行安装。

　　1.3.2.4　管道防护

　　（1）防腐

　　明装和暗装的金属管道都要采取防腐措施，通常的防腐做法是管道除锈后，在外壁刷涂防腐涂料。埋地管宜在管外壁刷冷底子油一道、石油沥青两道，有的还要加保护层，如防腐套管或防腐胶带。明装的热镀锌钢管应刷银粉两道或调和漆两道；明装铜管应刷防护漆。

　　（2）防冻、防露

　　敷设在有可能结冻的房间、地下室及管井、管沟等地方的生活给水管道，应有防冻保温

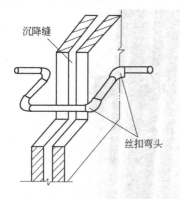

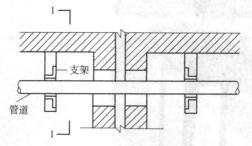

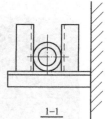

图 1.28　丝扣弯头法　　　　　　　　　　　图 1.29　活动支架法

措施。常用的保温方法是先对管道除锈涂漆，再用矿渣棉、玻璃棉、岩棉、聚乙烯等保温材料外包，最后外包玻璃布涂漆。如图 1.30 所示。

图 1.30　管道保温材料

空气中的水蒸气碰到比较冷的器壁凝结成水附着在器壁上的现象称为结露。明装在温度较高、湿度较大的房间内的管道应采取防结露措施，其方法与保温方法相同。

（3）防漏

管道布置不当，可能导致漏水，湿陷性黄土地区，埋地管漏水将会造成土壤湿陷，严重影响建筑基础的稳固性。防漏的主要措施是避免将管道布置在易受外力损坏的位置，或采取必要的保护措施，避免其直接承受外力。通常，在湿陷性黄土地区，将埋地管道敷设在防水性能良好的检漏管沟内，一旦漏水，水可沿沟排至检漏井内，便于及时发现和检修。管径较小的管道也可敷设在检漏管内。

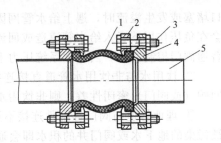

图 1.31 可曲挠橡胶接头
1—可曲挠橡胶接头；2—特制法兰；
3—螺杆；4—普通法兰；5—管道

（4）防振

当管道中水流速过大，关闭水嘴、阀门时易出现水击现象，会引起管道、附件的振动，不仅会损坏管道、附件，造成漏水，还会产生噪声。为防止噪声的产生和传播，住宅建筑进户管的阀门后（沿水流方向），宜装设家用可曲挠橡胶接头进行隔振，如图 1.31 所示。并可在管支架、吊架内衬垫减振材料，如图 1.32 所示。

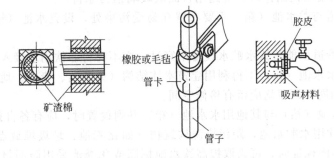

图 1.32 各种管道器材的防噪声措施

1.4 水质污染及防护

城市自来水管网中的水质一般都符合《生活饮用水卫生标准》，但若小区和建筑内的给水系统设计、施工安装和管理维护不当，就可能造成水质污染的现象，导致疾病传播，直接危害人体的健康和生命安全，也会导致产品质量问题。因此，必须重视和加强水质防护，确保供水安全。

1.4.1 水质污染

1.4.1.1 材料污染

如管道、水箱等制作材料、防腐涂料中含有害成分，就会逐渐融入水中，直接污染水质。金属管道内壁的氧化锈蚀也会直接污染水质。

1.4.1.2 滞留污染

如贮水池（箱）容积过大，水长时间不用，或进出水管道设计不合理，形成了死水区；或者生活、消防给水系统共用水箱时，消防水大量储存，长期不用，造成水停留时间太长，水中的余氯量耗尽后，有害微生物就会生长繁殖，使水腐败变质。

1.4.1.3 回流污染

非饮用水或其他液体倒流入生活给水系统，称为回流污染。

① 配水附件安装不当，出水口设在用水设备、卫生器具上沿或溢流口以下时，当溢流

口堵塞或发生溢流时，遇上给水管网因故供水压力下降较多，恰巧此时开启配水附件，污水会在负压作用下吸入给水管道造成回流污染。如饮用水管道与大便器冲洗管直接相连，并且普通阀门控制冲洗，当给水系统压力下降时，此时恰巧开启阀门也会出现回流污染。

② 饮用水与非饮用水管道直接连接，当非饮用水压力大于饮用水压力且连接管中的止回阀（或阀门）密闭性差，则非饮用水会渗入饮用水管道造成污染。

③ 埋地管道与阀门等附件连接不严密，平时渗漏，当饮用水断流，管道中出现负压时，被污染的地下水或阀门井的积水即会通过渗漏处进入给水系统，形成污染。

1.4.1.4 管理不善

如水池（箱）的人孔不严密，通气口和溢流口敞开设置，尘土、蚊虫、鼠类、雀鸟等均可能通过以上孔口进入水中游动或溺死池（箱）中，造成水质污染。

1.4.2 水质污染的防护措施

1.4.2.1 防止贮水设施污染

① 贮水池（箱）的本体材料和表面涂料，不得影响水质卫生。若需防腐处理，应采用无毒涂料。若采用玻璃钢制作时，应选用食品级玻璃钢为原料。

② 饮用水管道与贮水池（箱）不要布置在易受污染处，设置水池（箱）的房间应有良好的通风设施。

③ 非饮用水管道不能从饮水贮水设备中穿过，亦不得将非饮用水接入。

④ 生活饮用水水池（箱）不得利用建筑本体结构（如基础、墙体、地板等）作为壁板、底板、顶盖，其四周及顶盖均应留有检修空间。

生活饮用水水池（箱）与其他用水水池（箱）并列设置时，应有各自独立的分隔墙。

⑤ 埋地生活饮用水贮水池，距污染源构筑物（如化粪池、垃圾堆放点）不得小于 10m 的净距（当净距不能保证时，可采取提高饮水池标高或化粪池采用防漏材料等措施），周围 2m 以内不得有污水管和污染物。室内贮水池不应在有污染源的房间下面。

⑥ 贮水池（箱）的人孔盖应是带锁的密封盖，地下水池的人孔凸台应高出地面 0.15m。通气管和溢流管口要设铜（钢）丝网罩，以防杂物、蚊虫等进入，还应防止雨水、尘土进入。溢流管、排水管不能与污水管直接连接，应采取间接排水的方式。

⑦ 生活饮用水贮水池（箱）要加强管理，定期清洗。当贮水 48h 内不能得到更新时，应设置水消毒处理装置。

1.4.2.2 防止管道回流污染

① 不得在大便槽、小便槽、污水沟内敷设给水管道，不得在有毒物质及污水处理构筑物的污染区域内敷设给水管道。严禁生活饮用水管道与大便器（槽）、小便斗（槽）采用非专用冲洗阀直接连接冲洗。

② 生活饮用水管道在堆放及操作安装中，应避免外界的污染，验收前应进行清洗和封闭。

③ 生活饮用水管的配水出口，不允许被任何液体或杂质所淹没。配水出口与用水设备（卫生器具）溢流水位之间，应有不小于出水口直径 2.5 倍的空气间隙。

④ 生活饮用水管不得与非饮用水管道连接，城镇给水管道严禁与自备水源的供水管道直接连接，必须连接时，必须保证生活饮用水管道的水压高于其他管道内的水压，并且这两种管道连接处装设防污空气隔断阀或在连接处设两个止回阀，同时中间加设排水口。

中水、回用雨水等非生活饮用水管道严禁与生活饮用水管道连接。

⑤ 生活饮用水管道在与加热设备连接时，应有防止热回流使饮用水升温的措施。

⑥ 从给水管道上直接接出室内专用消防给水管道、直接吸水的管道泵、垃圾处理站的

冲洗水管、动物养殖场的动物饮水管道等，其起端应设置管道倒流防止器或其他有效的防止倒流污染的装置。

⑦ 非饮用水管道工程验收时，应逐段检查，以防与饮用水管道误接在一起，其管道上的放水口应有明显标志，避免非饮用水被人误饮和误用。

复习思考题

1. 建筑给水系统按照用途分为哪几种类型？
2. 建筑给水系统由哪几部分组成？
3. 建筑给水系统给水方式有哪几种？适用条件是什么？
4. 一幢7层住宅，外网压力 $20mH_2O$，试选择合适的给水方式。
5. 高层建筑给水系统为什么要竖向分区？常用给水方式有哪几种？各自特点是什么？
6. 给水管道的布置原则是什么？
7. 塑料给水管道在敷设时要注意哪些问题？
8. 如何减少管道振动？
9. 引起水质污染因素有哪些？
10. 如何防止贮水设施水质污染？
11. 防止管道回流污染的措施有哪些？

第2章 给水管材附件、增压和贮水设备

▶【知识目标】

- 了解给水管材、附件的种类和性能特点。
- 掌握水表的选择和水头损失的计算方法。
- 掌握水泵流量扬程、水箱、气压罐容积计算方法。

▶【能力目标】

- 能根据需要选择给水管材、附件，确定连接方式。
- 会选择水表，并计算水头损失。
- 会根据计算结果选择确定水泵、水箱、气压给水设备型号。

2.1 给水管材、附件及水表

2.1.1 给水管材种类、特点

给水管材主要有塑料管、金属管、复合管。

PE 管

PP-R 管

PE-X 管

UPVC 管

图 2.1 常用给水管材

2.1.1.1　塑料管

塑料管耐腐蚀，卫生及水力条件好，但刚性差，易受温度影响。目前，建筑内常用给水塑料管有三型无规共聚聚丙烯（PP-R）管、交联聚乙烯（PE-X）管、聚丁烯（PB）管、硬聚氯乙烯（UPVC）管、高密度聚乙烯（HDPE）管、丙烯腈-丁二烯-苯乙烯（ABS）管。

其连接方式有热熔连接、承插粘接或胶圈连接、铜接头夹紧连接。PP-R、PVC-U、ABS 管刚性较好，可明装；PE-X、PB 管为"柔性管"，宜暗敷。另外 PVC-U、ABS、PE 管仅能用于冷水管。部分塑料管材及连接件见图 2.1 和图 2.2。塑料管常用外径 D_e 表示，规格为 20、25、32、40、50、65、75、90、110 等，单位为 mm。

(1) 对接堵头	(2) 承插截止阀	(3) 承插内牙活接	(4) 承插内牙三通
(5) 承插内牙弯头	(6) 承插内牙直接	(7) 承插外牙活接	(8) 承插外牙三通
(9) 对接正四通	(10) 喷塑防腐法兰片	(11) 承插45°弯头	(12) 承插90°弯头

图 2.2　塑料管件

2.1.1.2　金属管

金属管包括镀锌钢管、铸铁管、不锈钢管、铜管。

（1）镀锌钢管

钢管有镀锌钢管和非镀锌钢管两种，镀锌钢管内外都有锌层保护，可防止管道腐蚀。焊接钢管规格用公称直径表示，从 $DN15\sim150mm$，共 11 种。1 英寸（1 英寸＝2.54cm）是 8 分管，直径 25.5mm；直径 15mm 通常称为 4 分管；20mm 称为 6 分管。

钢管的连接方式有螺纹连接、沟槽式卡箍连接、焊接和法兰连接。镀锌钢管不能焊接。螺纹连接时，镀锌管材要用镀锌管件，如图 2.3 所示。钢管机械强度高，抗振性能好，最大

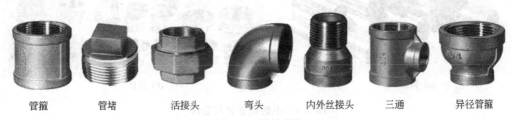

| 管箍 | 管堵 | 活接头 | 弯头 | 内外丝接头 | 三通 | 异径管箍 |

图 2.3　镀锌管件

的缺点是不耐腐蚀、易生水锈。

（2）铸铁管

铸铁管一般作为室外埋地生活给水管和消防给水管。铸铁管具有耐久性比较好，耐腐蚀性强（为保证水质，还应有衬里）、使用期长、价格较低等优点。铸铁管的缺点是性脆、长度小、重量大。铸铁管有砂型铸铁管、连续铸铁管、球墨铸铁管三种。前两种接口形式一般为承插连接、石棉水泥或膨胀水泥填打，球墨铸铁管一般是胶圈连接。铸铁管件如图 2.4 所示。

| (1) 全承三通 | (2) 双承单支盘三通 | (3) 双承一插三通 | (4) 承插单支盘三通 | (5) 全盘三通 |

| (6) 全承底三通 | (7) 双承单盘底三通 | (8) 双承双盘四通 | (9) 全承四通 | (10) 承插双承四通 |

| (11) 双承一丝/承插丝三通 | (12) 双盘短管 | (13) 法兰盘 | (14) 盘插短管 | (15) 盘承短管 |

图 2.4　铸铁管件

（3）不锈钢管

不锈钢管表面光滑，亮洁美观，摩擦阻力小；重量较轻，强度高且有良好的韧性，容易加工；耐腐性能优异，安全可靠，不影响水质。适合建筑给水、管道直饮水及热水系统。管道可采用焊接、螺纹连接、卡压式、卡套式等连接方式。如图 2.5 所示。

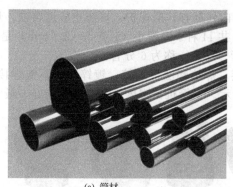

(a) 管材

(b) 管件

图 2.5　不锈钢管材与管件

（4）铜管

铜管是传统的给水管材，如图 2.6 所示，其化学性质稳定，且光亮美观，具有延展性好、承压高、线膨胀系数小等特点，冷热水均适用。根据我国几十年的使用情况，验证其效果优良。只是由于管件价格较高，铜管现在多用于宾馆等较高级的建筑之中。铜管采用螺纹连接、焊接、法兰连接（图 2-6）。

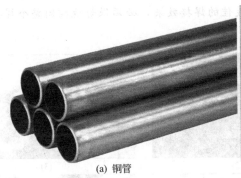

(a) 铜管

(b) 管件

图 2.6　铜管及管件

2.1.1.3　复合管

复合管主要有铝塑复合管、钢塑复合管和钢丝网骨架聚乙烯塑料复合管，如图 2.7 所示。

(a) 铝塑稳态管

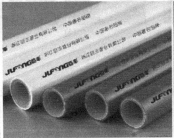

(b) 铝塑复合管

(c) 夹紧式铜接头

图 2.7　复合管

生活给水系统的干管、立管现常用钢塑复合管，即在钢管内表面衬一层塑料管，可螺纹连接、沟槽连接。

（1）钢塑复合管（SP 管）

钢塑复合管是以普通钢管为基材，内壁涂聚乙烯粉末，外壁镀锌合金，或者内外壁均涂聚乙烯粉末。这种管材既具有金属管的强度，又具有塑料管的耐腐蚀性和水流阻力小的特点。钢塑复合管可以用于建筑冷热水管、消防管道、采暖及空调管道以及天然气管道。常采用螺纹、卡箍、法兰等连接方式。

（2）铝塑稳态管

铝塑稳态管内层由 PP-R 管与合金铝采用热熔黏合工艺复合而成，外覆 PP-R 保护层，外层塑料较薄，施工时用专用卷削工具将管材插口部分的铝层保护层去除，再热熔承插连接。铝塑稳态管集合了金属管材刚性强、不易变形、卫生、耐腐蚀、熔接方便等优点，适用于明装和高水压水管。PP-R 塑铝稳态管可与 PP-R 管件热熔连接。

（3）铝塑复合管

铝塑复合管简称铝塑管（PAP），是以聚乙烯（PE）或交联聚乙烯（PEX）为内外层，中间芯层夹一焊接铝管，并在铝管的内外表面涂覆胶黏剂与塑料层粘接，通过一次成型或两次成型复合工艺成型的管材。

一般情况下，冷水管（白色）用于生活用给水、冷凝水、氧气、压缩空气、其他化学液体管道；热水管（橙色）用于采暖管道系统、地面辐射采暖管道系统；燃气管（黄色）用于天然气、液化气、煤气管道。铝塑复合管可以弯曲，耐温、耐压性能好，采用夹紧式铜接头。

知识链接——热熔对接

热熔对接是一种简易快捷的 PE 管道连接方法，适用于直径大于 63mm 的管材与管件间的连接。其焊接程序参见以下内容，为了达到最佳的焊接效果，必须很好地控制整个焊接过程，并符合焊接参数。

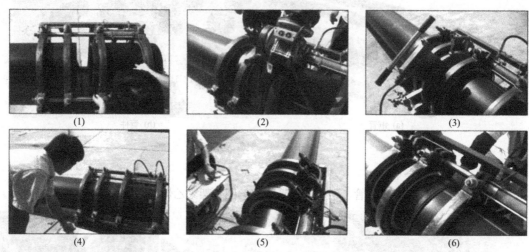

(1)　　　　　　　　(2)　　　　　　　　(3)

(4)　　　　　　　　(5)　　　　　　　　(6)

热熔对接程序

（1）管子的固定

将管子固定在焊机上，预留出 30～50mm 的空间，把旋转切割机固定在管端。

（2）铣平端面

调整切割机，将其紧贴管端后开始切割。切割完成后，缓慢减小压力直至切割机停止工作，这样做可以保证切割面光滑平整。

（3）加热管端

将加热板插入两管端中间加热管端。

（4）焊接

管端加热后，迅速将加热板移开，同时将管子向中间挤压。

（5）完成焊接

2.1.2　给水常用附件

给水附件是管网系统中调节水量、水压，控制水流方向，关断水流等各类装置的总称。可分为配水附件和控制附件两类。

2.1.2.1　配水附件

指把水分配出去的装置，生活给水系统中主要指卫生器具的给水配件，如配水龙头、淋浴喷头等，其种类有以下几种。

① 球形阀式配水龙头。一般安装在洗涤盆、污水盆、盥洗槽等卫生器具上。龙头压力损失较大。

② 旋塞式配水龙头。一般是铜制的，多安装在热水管道上，阻力较小。但由于启闭迅速，容易产生水锤。适用于洗衣房、开水间、浴室等处。

③ 普通洗脸盆水龙头。安装在洗脸盆洗手盆上，单供冷水或热水。

④ 单手柄浴盆水龙头。可以安装在各种浴盆上。

⑤ 装有节水消音装置的单手柄洗脸盆水龙头。这种水龙头既能节水，又能减小噪声。

⑥ 利用光电控制启闭的自动水龙头。

盥洗用水嘴有莲蓬式、鸭嘴式、角式、长脖式等多种形式。混合水嘴是将冷水、热水混合调节为温水水嘴，供盥洗、洗涤、沐浴等使用。该类新型水嘴式样繁多、外观光亮、质地优良，其价格差异也较悬殊。此外，还有小便器水嘴、皮带水嘴、消防水嘴、电子自动水嘴等。如图 2.8 所示。

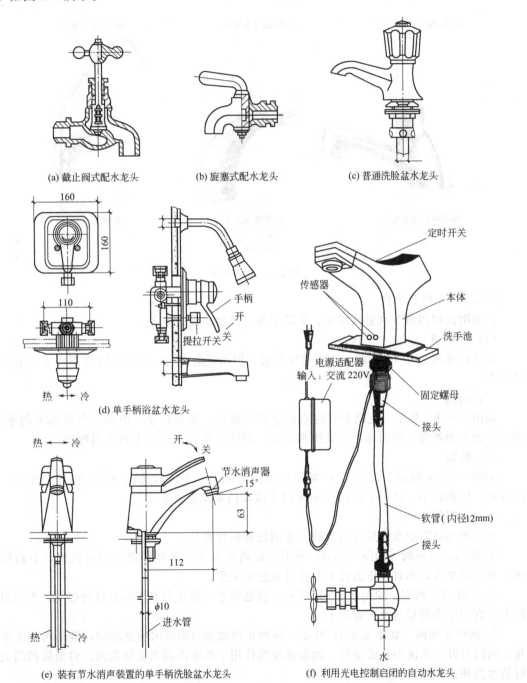

(a) 截止阀式配水龙头　　　(b) 旋塞式配水龙头　　　(c) 普通洗脸盆水龙头

(d) 单手柄浴盆水龙头

(e) 装有节水消声装置的单手柄洗脸盆水龙头　　　(f) 利用光电控制启闭的自动水龙头

结构图

(a) 旋塞式水龙头　　　　　(b) 混合水龙头　　　　　(c) 浴盆水龙头

(d) 延时自闭水龙头　　　　(e) 感应水龙头　　　　　(f) 鹅颈水龙头

实物图

图 2.8　各式龙头

2.1.2.2　控制附件

控制附件用以调节水量或水压、关断水流、改变水流方向等。

（1）截止阀

截止阀如图 2.9（a）所示。此阀关闭严密，但水流阻力大，适用在管径不大于 50mm 的管道上。

（2）闸阀

如图 2.9（b）所示。此阀全开时水流呈直线通过，阻力较小，但如有杂质落入阀座后，阀门不能关闭严实，因而易产生磨损和漏水。当管径在 70mm 以上时采用此阀。

（3）蝶阀

如图 2.9（c）所示。阀板在 90°翻转范围内起调节、节流和关闭作用，操作扭矩小，启闭方便，体积较小。适用于管径 70mm 以上或双向流动管道上。

（4）止回阀

止回阀用以阻止水流反方向流动。常用的有四种类型。

① 旋启式止回阀　如图 2.9（d）所示。此阀在水平、垂直管道上均可设置，它启闭迅速，易引起水击，不宜在压力过大的管道系统中采用。

② 升降式止回阀　如图 2.9（e）所示。它是靠上下游压力差使阀盘自动启闭。水流阻力较大，宜用于小管径的水平管道上。

③ 消声止回阀　如图 2.9（f）所示，这种止回阀是当水流向前流动时，推动阀瓣压缩弹簧，阀门打开。水流停止流动时，阀瓣在弹簧作用下在水击到来前即关阀，可消除阀门关闭时的水击冲击和噪声。

④ 梭式止回阀　如图 2.9（g）所示，它是利用压差梭动原理制造的新型止回阀，不但水

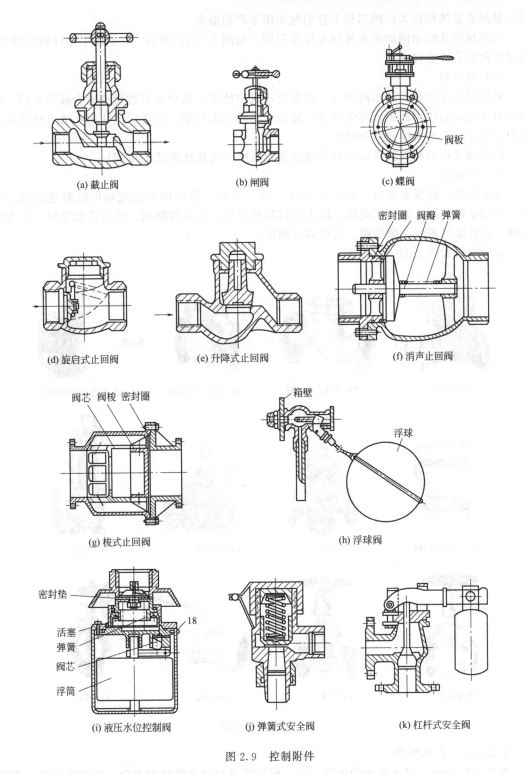

(a) 截止阀　(b) 闸阀　(c) 蝶阀

(d) 旋启式止回阀　(e) 升降式止回阀　(f) 消声止回阀

(g) 梭式止回阀　(h) 浮球阀

(i) 液压水位控制阀　(j) 弹簧式安全阀　(k) 杠杆式安全阀

图 2.9　控制附件

流阻力小，而且密闭性能好。

（5）浮球阀

浮球阀是一种用以自动控制水箱、水池水位的阀门，防止溢流浪费。如图 2.9（h）所示。其缺点是体积较大，阀芯易卡住引起关闭不严而溢水。

与浮球阀功能相同的还有液压水位控制阀，如图2.9(i) 所示。它克服了浮球阀的弊端，是浮球阀的升级换代产品。

（6）减压阀

减压阀的作用是降低水流压力。在高层建筑中使用，减少水泵数量或减少减压水箱，同时可增加建筑的使用面积，降低投资，防止水质的二次污染。它还广泛使用在消火栓给水系统中，用来防止消火栓栓口处超压。

减压阀常用的有弹簧式减压阀和活塞式减压阀（也称比例式减压阀）。

（7）安全阀

安全阀是一种保安器材。如图2.9(j)、（k）所示，管网中安装此阀可以避免管网、用具或密闭水箱因超压而受到破坏。除上述控制阀之外，还有脚踏阀、液压式脚踏阀、水力控制阀、弹性座封闸阀、排气阀、温度调节阀等。

常用阀门如图2.10所示。

| (a) 浮球阀 | (b) 升降式止回阀 | (c) 旋启式止回阀 | (d) 液压水位控制阀 |

| (e) 消声止回阀 | (f) 减压阀 | (g) 泄压阀 | (h) 安全阀 |

| (i) 截止阀 | (j) 闸阀 | (k) 球阀 | (l) 蝶阀 |

图2.10 常用阀门

2.1.2.3 其他附件

给水系统中为了保证系统的正常运行，延长管道和设备的使用寿命，还需要设置一些其他附件，如橡胶接头、管道过滤器、水锤消除器、伸缩器等。如图2.11所示。

2.1.3 水表

水表是用来计量累计通过管段的水量的仪表。建筑物引入管上、住宅入户管及需要计量

(a) 水锤消除器

(b) 管道过滤器

(c) 橡胶接头

(d) 管道伸缩器

图 2.11　其他附件

水量的管道上均应设置。

　　水表是利用管径一定时，水流通过水表的速度与流量成正比的原理来测量水量的。它主要由外壳、翼轮和传递指示机构等部分组成。当水流通过水表时，推动翼轮旋转，翼轮转轴传动一系列联动齿轮，指示针显示到度盘刻度上，便可读出流量的累积值。建筑给水中常用的是流速式水表。

2.1.3.1　水表的类型

　　流速式水表按翼轮结构不同分为旋翼式和螺翼式。旋翼式水表翼轮转轴与水流方向垂直，水流阻力大，适用于测量小流量、小口径管段；螺翼式水表的翼轮转轴与水流方向平行，水流阻力小，适用于大流量、大口径管段。若水流流量变化幅度较大，为计量准确，可采用旋翼式和螺翼式组合而成的复式水表，平行布置。如图 2.12～图 2.14 所示。

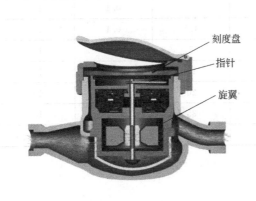
(a) 旋翼式水表

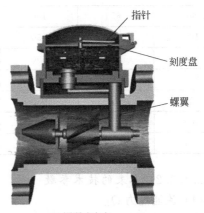
(b) 螺翼式水表

图 2.12　水表结构

图 2.13　旋翼湿式水表

图 2.14　水平螺翼式水表

　　流速式水表又分为干式和湿式两种。干式水表的计数机件用金属圆盘将水隔开，其构造复杂一些；湿式水表的计数机件浸在水中，构造简单、计量准确、不易漏水，适于计量清洁水。如果水质浊度高，将降低水表精度，产生磨损缩短水表寿命。水表的规格性能见表2.1、表2.2。

表 2.1　旋翼湿式水表技术数据

直径/mm	特性流动	最大流量	额定流量	最小流量	灵敏度 /(m³/h) ≤	最大示值 /m³
	m³/h					
15	3	1.5	1.0	0.045	0.017	10³
20	5	2.5	1.6	0.075	0.025	10³
25	7	3.5	2.2	0.090	0.030	10³
32	10	5	3.2	0.120	0.040	10³
40	20	10	6.3	0.220	0.070	10⁵
50	30	15	10.0	0.400	0.090	10⁵
80	70	35	22.0	1.100	0.300	10⁶
100	100	50	32.0	1.400	0.400	10⁶
150	200	100	63.0	2.400	0.550	10⁶

表 2.2　水平螺翼式水表技术数据

直径/mm	流通能力	最大流量	额定流量	最小流量	最小示值	最大示值
	m³/h				/m³	
80	65	100	60	3	0.1	10⁵
100	110	150	100	4.5	0.1	10⁵
150	270	300	200	7	0.1	10⁵
200	500	600	400	12	0.1	10⁷
250	800	950	450	20	0.1	10⁷
300		1500	750	35	0.1	10⁷
400		2800	1400	60		10⁷

2.1.3.2　水表的技术参数

（1）流通能力 Q_L

水流通过水表产生10kPa水头损失时的流量值。

（2）特性流量 Q_t

水流通过水表产生100kPa水头损失时的流量值，此值为水表的特性指标。根据水力学原理有如下关系：

$$H_B = \frac{Q_B^2}{K_B} \tag{2.1}$$

$$K_B = \frac{Q_t^2}{100} \tag{2.2}$$

式中　H_B——水流通过水表的水头损失，kPa；

　　　　Q_B——通过水表的流量，m³/h；

K_B——水表特性系数；

Q_t——水表特性流量，m^3/h；

100——水表通过特性流量时的水头损失值，kPa。

对于螺翼式水表，根据式（2.2）及流通能力的定义，则有：

$$K_B = \frac{Q_L^2}{10} \qquad (2.3)$$

式中　Q_L——水表的流通能力，m^3/h；

10——水表通过流通能力时的水头损失，kPa。

（3）最大流量

只允许水表在短时间内承受的上限流量值。

（4）额定流量

水表可以长时间正常运转的上限流量值。

（5）最小流量

水表能够开始准确指示的流量值。是水表正常运转的下限值。

（6）灵敏度

水表能够开始连续指示的流量，称为起步流量。

2.1.3.3　水表的选用

应当考虑的因素有水温、工作压力、用水量及其变化幅度、计量范围、水质、口径等。一般管径≤50mm 时，应采用旋翼式水表；管径＞50mm 时，应采用螺翼式水表；当流量变化幅度很大时，应采用复试水表；水温≤40℃的管段上用冷水表，水温≤100℃的管段上用热水表。一般应优先采用湿式水表。

水表口径的确定一般以通过水表的设计流量 Q_g≤水表的额定流量 Q_e（或者以设计流量通过水表产生的水头损失接近或不超过允许水头损失值）去确定水表的公称直径。

① 当用水均匀时（如工业企业生活间、公共浴池、洗衣房等），应以设计流量不超过水表的额定流量来确定水表口径。

② 当用水不均匀时（如住宅、集体宿舍、旅馆等），且高峰流量每昼夜不超过 3h，应按该系统的设计流量不超过水表的最大流量来确定水表口径，同时水表的水头损失不应超过允许值。

③ 当设计流量对象为生活（生产）、消防共有的给水系统时，选定水表时，不包括消防流量，但应加上消防流量复核，使其总流量不超过水表的最大流量限值（水头损失必须不超过允许水头损失值）。按最大小时流量选用水表时的允许水头损失值见表 2.3。

表 2.3　按最大小时流量选用水表时的允许水头损失值　　　　单位：kPa

表型	正常用水时	消防时
旋翼式	＜25	＜50
螺翼式	＜13	＜30

【例 2.1】　某建筑给水系统为生活消防共用系统，引入管上安装水表，通过引入管的设计流量为 $200m^3/h$，消防用水设计流量 30 L/s，试选择水表，进行复核，计算水头损失。

解　引入管的设计流量为 $200m^3/h$，查表 2.2 选择 DN150 螺翼式水表，额定流量为 $200m^3/h$，流通能力为 $270m^3/h$，按公式计算损失得：

$$K_B = \frac{Q_L^2}{10} = \frac{270^2}{10} = 7.29 \times 10^3$$

$$H_B = \frac{Q_B^2}{K_B} = \frac{200^2}{7.29 \times 10^3} = 5.49(\text{kPa}) < 13\text{kPa}$$

小于螺翼式水表正常用水的损失为13kPa，满足要求。

校核：消防用水量 $Q_X = 30\text{L/s} = 108(\text{m}^3/\text{h})$

$$Q_总 = 200 + 108 = 308(\text{m}^3/\text{h})$$

$$H_B' = \frac{308^2}{7.29 \times 10^3} = 13.01(\text{kPa}) < 30\text{kPa}$$

DN150螺翼式水表满足要求。

2.1.3.4　水表的设置

住宅的分户水表宜相对集中读数，应装设在观察方便、不冻结、不被任何液体及杂质所淹没和不易受损处。水表的安装位置要避免暴晒，砂石等杂物不能进入管道，水表一般应水平安装，字面朝上，水流方向应与表壳上的箭头一致。

（1）首层集中设置方式

分户水表可以集中设置在首层管道井或室外水表井，这种方式适合多层建筑，便于抄表。如图2.15所示。

图2.15　水表集中设置

（2）分层设置方式

分户水表分层设置在楼梯平台处，墙体预留分户水表箱安装孔洞。这种方式节省管材、水头损失小，适合多层及高层建筑。

（3）远传计量设置方式

一般是在每户分户管上安装远传水表，可以发出传感信号。远传水表分有线远传和无线远传，有线远传是利用综合布线的方式把表中数据传到管理收费单元进行计费，无线远传是利用无线电技术或WiFi技术等无线技术把表中数据实现无线数据传输，之后到管理单元进行计费管理（图2.16）。

图2.16　远传水表

目前远传计量采用脉冲远传水表、远传阀控水表、光电直读远传水表等，如图2.17所示。光电直读远传水表具有以下特点。

① 直接读取字轮数据，与传统的脉冲表相比，它可将读数误差降低至零。

② 采用低功耗设计，只有读数和阀门开关时才需供电。

③ 采用先进的数据编码及校验技术，通信可靠性高。

④ 采用旋翼式计量结构，计量精度高、抄表方便、外型美观。

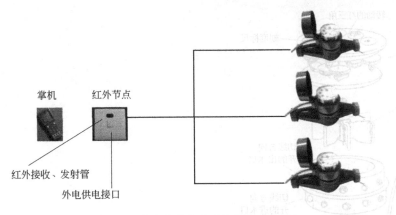

掌机　红外节点

红外接收、发射管

外电供电接口

图 2.17　光电直读水表手抄器抄表系统

（4）IC 卡计量设置方式

IC 卡智能水表（图 2.18）具有成本低、可靠性高、使用寿命长及安全性好等优点，它利用现代化智能技术对自来水实行自动监控，减轻供水部门因"先供水后收费"造成的资金压力，减少抄表收费带来的麻烦和因收费问题带来的纠纷。减轻了供水部门工作人员的劳动强度；供水部门可实现计算机全面管理，提高自动化程度，提高工作效率，实现了用水收费的电子化。

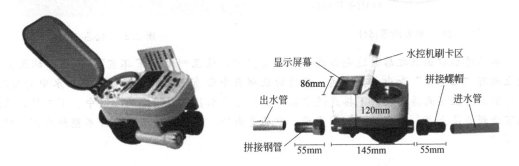

显示屏幕　　　　水控机刷卡区

86mm　　　　　拼接螺帽

出水管　　　　　　　　　进水管

120mm

拼接钢管　55mm　　145mm　55mm

图 2.18　IC 卡智能水表

知识链接——水表结构

水表可以分为电子水表、数字水表、IC 卡智能水表等，但是你有没有了解过水表的内部结构呢？

水表的内部结构大体都差不多，IC 卡智能水表与机械水表相比区别主要在于：智能水表内部多了电子元件，而机械水表没有电子元件。

1. 水表结构

水表整体结构（图 2.19）可以分为表壳、机芯（图 2.20）、压罩、接头管件、表玻璃五大部分（即五大件）。

2. 机芯的组成部分

表盘和指针、调整齿轮、齿轮盒、叶轮、叶轮盒、调整板、过滤网、玛瑙（又称"八大件"）。

以上则是普通水表的组成部分，均为标准正规配置。少用或替换责视为偷工减料产品和伪产品。

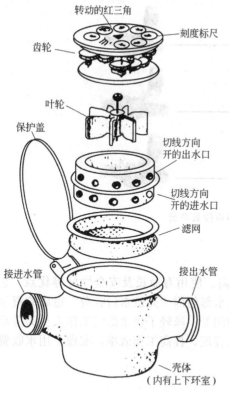

图 2.19　水表的零部件

图 2.20　机芯

水从进水口出来之后通过壳体的下部环形空间,这里叫做"下环室"。在这个环形空间的上面有"上环室"和出水口相通。套筒的底部有个带有小孔的过滤网,滤出水中的杂物。套筒侧面有上下两排圆孔,下排是进水孔,上排是出水孔。内芯分为上、中、下三层,从玻璃窗看到的是上层,只有指针和刻度盘,中层是齿轮,下层在轮边上有许多塑料叶片,叫做"叶轮"。

2.2　增压和贮水设备

2.2.1　增压设备

水泵是给水系统中主要的增压设备,在建筑给水系统中,当现有水源的水压较小,不能满足给水系统对水压的需要时,常采用设置水泵进行增高水压来满足给水系统对水压的需求。

2.2.1.1　常用水泵类型

水泵有叶片式水泵、容积式水泵和其他类型水泵。叶片式水泵一般有离心泵、轴流泵、混流泵,在建筑给水系统中,一般采用离心泵,如图 2.21 所示。离心泵特点是结构简单、流量和扬程范围宽、效率高。

单吸式水泵适合用水量较小的给水系统。双吸式水泵结构对称、吸水量大,扬程高,适合流量大的建筑给水系统,如低层和多层建筑。多级泵结构较复杂,是小流量大扬程水泵,适合高层建筑。立式泵占地面积小,卧式泵占地面积较大,有时为节省占地面积,可采用结构紧凑、安装管理方便的立式离心泵或管道泵;当采用设水泵、水箱的给水方式时,通常是

本案例节水不平是最小夫量平，宜用贮水箱节产：面积贮水量较大，本案室用地
因水田贮容量。

本课不能满足给水、城市给水引起大能口 (CB 50015—2019) 规范。根拐节约
之水率标准。

② 泵下使泵正

水泵的解满足水泵内量，当案室面水等泵全、水案来的要求，最需的小。
之点被允生内置水泵，建允间，量外，高应间最内室面值。

(a) 卧式离心泵

(b) 立式离心泵

(c) 潜水泵

(d) 多级离心泵

图 2.21　常用水泵

水泵直接向水箱输水，水泵的出水量与扬程几乎不变，可选用恒速离心泵；当采用不设水箱
而须设水泵的给水方式，可采用调速泵组供水。

2.2.1.2　水泵的选择

水泵的选择主要依据系统所需的水量和水压，选择水泵除满足设计要求外，还应考虑节
约能源，使水泵在大部分时间保持高效运行。

（1）选择水泵的要求

① 满足流量扬程需要：尽可能满足各个用水时刻流量与扬程的需要。

② 运行效率高：让多数的工作点在高效率区内，大泵、单泵的效率一般大于小泵和多
泵并联。

③ 设备造价低：小泵、单泵的造价一般小于大泵、多泵的造价。

④ 使用寿命长：转速小、允许吸上真空高度大的水泵使用寿命一般大于转速大、允许
吸上真空高度小的水泵。

（2）水泵的流量

在给水系统中，当无水箱（罐）调节时，其流量应按设计秒流量确定；有水箱调节时，

水泵流量应不小于最大小时用水量；当调节水箱容积较大，且用水量均匀，水泵流量可按平均小时流量确定。

消防水泵的流量应根据《建筑设计防火规范》（GB 50016—2014）规定，按室内消防设计水量确定。

（3）水泵的扬程

水泵的扬程应根据水泵的用途、与室内给水管网连接的方式来确定，满足最不利处用水点或消火栓所需水压。

① 当水泵从蓄水池吸水向室内管网输水时，其扬程由式（2.4）确定：

$$H_b = H_1 + H_2 + H_3 + H_4 \tag{2.4}$$

② 当水泵从蓄水池吸水向室内管网中的高位水箱输水时，其扬程由式(2.5)确定：

$$H_b = H_1 + H_2 + H_v \tag{2.5}$$

③ 当水泵直接由室外管网吸水向室内管网输水时，其扬程由式（2.6）确定。

$$H_b = H_1 + H_2 + H_3 + H_4 - H_0 \tag{2.6}$$

式中　　H_b——水泵扬程，kPa；

H_1——水泵吸入端最低水位至室内管网中最不利点（或水箱最高水位）所要求的静水压力，kPa；

H_2——水泵吸入口至室内最不利点的总水头损失，kPa；

H_3——水表的水头损失，kPa；

H_4——室内管网最不利点配水附件的最低工作压力，kPa；

H_v——水泵出水管末端的流速水头，kPa；

H_0——室外给水管网所能提供的最小压力，kPa。

对于水泵直接从室外管网吸水时，计算出水泵扬程，选定水泵后，还应以室外给水管网的最大压力校核水泵，如果超压过大，会损坏管道或附件，则应采取设置水泵回流管、管网泄压水管等保护性措施。水泵应在高效率区运行。

2.2.1.3　水泵的设置

水泵机组一般设置在水泵房内（如图 2.22 所示），泵房应远离需要安静、要求防振动、防噪声的房间，并有良好的通风、采光、防冻和排水条件，泵房的条件和水泵的布置要便于起吊设备的操作，期间要保证检修时能拆卸放置泵体和电动机，并能进行维修操作。

图 2.22　水泵机组

　　每台水泵一般应设独立的吸水管，如必须设置成几台水泵共用吸水管时，吸水管应管顶平接。吸水管口应设置喇叭口，喇叭口宜向下，低于水池最低水位不宜小于 0.3m，当达不到此要求时，应采取防止空气被吸入的措施。吸水管喇叭口至池底的净距，不应小于 0.8 倍吸水管管径，且不应小于 0.1m；吸水管喇叭口边缘与池壁的净距不宜小于 1.5 倍吸水管管径；吸水管与吸水管之间的净距，不宜小于 3.5 倍吸水管管径（管径以相邻两者的平均值计）。

　　水泵装置宜设计自动控制运行方式，间歇抽水的水泵应尽可能设计成自灌式（特别是消防泵），自灌式水泵的吸水管上应装设阀门。在不可能时才设计成吸上式，吸上式的水泵均应设置引水装置；每台水泵的出水管应装设阀门、止回阀和压力表，必要时设水锤消除器。

　　与水泵连接的管道力求短、直；水泵基础应高出地面≥0.1m；水泵吸水管内的流速宜控制在 1.0～1.2m/s 以内，出水管内的流速宜控制在 1.5～2.0m/s 以内。

　　建筑物给水泵房应采用下列减震防噪措施如下。

　　① 应选用低噪声机组。

　　② 吸水管和出水管上应设置减振装置。

　　③ 水泵基础应设减振装置。如装橡胶、弹簧减振器或橡胶隔振器（垫），在吸水管，出水管上装设可曲饶橡胶接头。如图 2.23 所示。

　　④ 管道支架、吊架和管道穿墙、楼板处，应采取防止固体传声措施；用弹性吊（托）架以及其他新型隔振技术措施等。

　　⑤ 当有条件和必要时，泵房的墙壁和天花上还应采取隔声吸声处理。生活和消防水泵应设备用泵，生产用水泵可根据工艺要求确定是否设置备用泵。

图 2.23　水泵减振装置

2.2.2　水箱

　　在给水系统中需要储存、调节、稳定水压时需要设置水箱，在高层建筑中，有时为了增压或减压也要设置水箱。如图 2.24 所示。

　　水箱按用途可分为高位水箱、减压水箱、冲洗水箱、断流水箱等类型。其形状多为矩形和圆形，制作材料有钢板（包括普通、搪瓷、镀锌、复合与不锈钢板等）、钢筋混凝土、玻璃钢和塑料等。钢板水箱施工安装方便，但易锈蚀，要做防腐。大容积水箱一般现场组装（图 2.24）。水箱构造可参看标准图集。

2.2.2.1　水箱的配管与附件

　　水箱的配管与附件如图 2.25 所示。

　　（1）进水管

　　进水管一般由水箱侧壁接入，也可从顶部或底部接入。为防止溢流，进水管出口应装设液压水位控制阀（优先采用，控制阀的直径应与进水管管径相同）或浮球阀，每个浮球阀进水管上还应装设检修用的阀门，当管径≥50mm 时，控制阀（或浮球阀）不少于 2 个，其中一个发生故障，其余阀门能正常工作。从侧壁进入的进水管其中心距箱顶应有 150～200mm 的距离。进水管的管径可按水泵出水量或管网设计秒流量计算确定。

持分水箱，一般应设独立的管道。设独立管道时应行水泵及其配水管道来管理。投不管设行配水管，隔水管口应设用下与阀行配…… 根末管行口下下 1.0m。当无消防口设管溢流时，起贮水作用水水口下 1.5 倍隔水管管注，比上管口于 0.1m而……水箱动水管，如间阀……水箱提管无水量……水管未行水……度设装设电防水水……水设动设接门工……行未装管行行接……上行行接接行行接

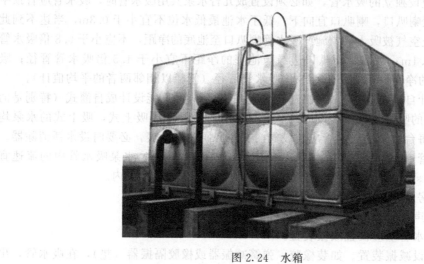

图 2.24 水箱

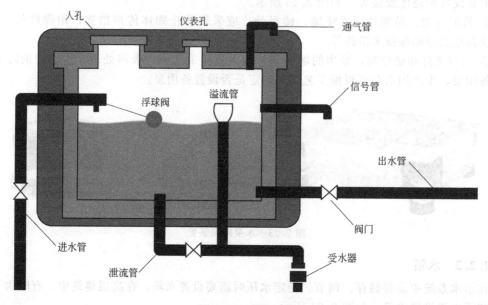

图 2.25 水箱结构

当水箱由水泵供水，并利用水位升降自动控制水泵运行时，不得装水位控制阀。

(2) 出水管

出水管可从侧壁或底部接出，管口下缘距水箱内底不应小于 50mm，以防止沉淀物进入配水管网；出水管管径应按设计秒流量计算；为防止水流短路，出水管不宜与进水管在同一侧面；为便于维修和减小阻力，出水管上应装设阻力较小的闸阀，不允许安装阻力大的截止阀；水箱进出水管宜分别设置；如进水、出水合用一根管道，则应在出水管上装设阻力较小的旋启式止回阀，止回阀的标高应低于水箱最低水位 1.0m 以上；消防和生活合用的水箱一般采用：①在吸水管上开设小孔，破坏真空（如图 2.26）；②在贮水池中设置溢流墙（如图 2.27）等措施，确保消防贮备水量不作他用的技术措施，同时尽量避免产生死水区。

(3) 溢流管

溢流管的作用是当水箱进水控制失灵时，多余的水从溢流管流出，避免造成破坏。溢流管宜采用水平喇叭口集水，喇叭口下的垂直管段不宜小于 4 倍溢流管管径。水箱溢流管管口

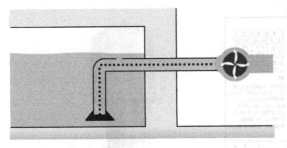
图 2.26　在吸水管上开设小孔

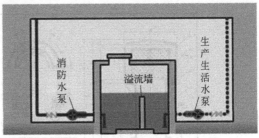
图 2.27　在贮水池中设置溢流墙

应高出水箱最高水位 50mm，溢流管上不允许设置阀门，溢流管出口应设网罩，防止杂物进入，管径应比进水管大 1～2 号。

（4）泄水管

作用是清洗检修时放空水箱。泄水管应自底部最低处接出，管上应装设阀门，平时关闭，其出口可与溢流管相接，但不得与排水系统直接相连，其管径≥50mm。

（5）水位信号装置

该装置是反映水位控制阀失灵报警的装置。可在自水箱侧壁溢流管口（或内底）以下 10mm 处设信号管，常用管径为 15mm，其出口接至经常有人值班房间内的污水盆上，以便及时发现。

若水箱液位与水泵联锁，则应在水箱侧壁或顶盖上安装液位继电器或信号器，如图 2.28 所示，并应保持一定的安全容积：最高电控水位应低于溢流水位 100mm；最低电控水位应高于最低设计水位 200mm 以上。

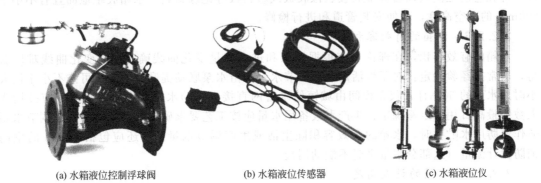

(a) 水箱液位控制浮球阀　　　　(b) 水箱液位传感器　　　　(c) 水箱液位仪

图 2.28　水位信号装置

为了就地指示水位，应在观察方便、光线充足的水箱侧壁上安装玻璃液位计。

（6）通气管

供生活饮用水的水箱，当贮量较大时，宜在箱盖上设通气管，以使箱内空气流通，防止水变质。其管径一般≥50mm，不少于 2 根，通气管末端设滤网，而且管口应朝下。如图 2.29 所示。

（7）人孔

为便于定期清洗、检修，箱盖上一般应设直径 700mm 的人孔，方便人员出入。

2.2.2.2　水箱的布置与安装

水箱间的位置应结合建筑、结构条件和便于管道布置来考虑，能使管线尽量简短，同时应有良好的通风、采光和防蚊蝇的条件，水箱间的温度不得低于 5℃。净高不得低于

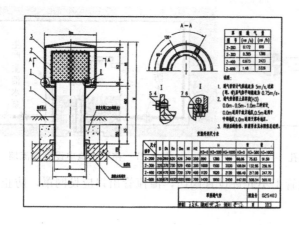 

图 2.29　通气管

2.20m，并能满足布管要求。水箱间的承重结构应为非燃烧材料。

　　池（箱）外壁与建筑本体结构墙面或其他池壁之间的净距，应满足施工或装配的要求，无管道的侧面，净距不宜小于0.7m；安装有管道的侧面，净距不宜小于1.0m，且管道外壁与建筑本体墙面之间的通道宽度不宜小于0.6m；设有人孔的池顶，顶板面与上面建筑本体板底的净空不应小于0.8m。箱底与水箱间地面板的净距，当有管道敷设时不宜小于0.8m。

　　对于大型公共建筑，为保证供水安全，宜将水箱分成两格或设置两个水箱。

　　金属水箱用槽钢（工字钢）梁或钢筋混凝土支墩支承。为防水箱底与支承接触面发生腐蚀，应在它们之间垫以石棉橡胶板、橡胶板或塑料板等绝缘材料。水箱底距地面宜有不小于800mm的净空高度，以便安装管道和进行检修。

2.2.2.3　水箱的有效容积

　　水箱的有效容积，在理论上应根据用水和进水流量变化曲线确定。但变化曲线难以获得，故常按经验确定：对于生活用水的调节水量，由水泵联动提升进水时，可按不小于最大小时用水量的50%计；仅在夜间由城镇给水管网直接进水的水箱，生活用水贮量应按用水人数和最高日用水定额确定；生产事故备用水量应按工艺要求确定；当生活和生产调节水箱兼作消防用水贮备时，水箱的有效容积除生活或生产调节水量外，还应包括10min的室内消防设计流量（这部分水量平时不能动用）。

2.2.2.4　水箱的设置高度

　　可由式（2.7）计算：

$$H \geqslant H_S + H_C \tag{2.7}$$

式中　H——水箱最低水位至配水最不利点位置高度所需的静水压力，kPa；

　　　　H_S——水箱出口至最不利点管路的总水头损失，kPa；

　　　　H_C——最不利点用水设备的最低工作压力，kPa。

　　贮备消防水量的水箱，满足消防设备所需压力有困难时，应采取设置增压泵等措施。

2.2.3　贮水池

　　贮水池是贮存和调节水量的构筑物，当城市给水管网不能满足流量要求或用水量很不均匀时，应在室内地下或室外水泵房附近设置贮水池，以补充供水量不足。

　　贮水池可设置成生活用水贮水池，生产用水贮水池，消防用水贮水池等。贮水池的形状一般有圆形、方形、矩形，小型贮水池可以使用砖石结构，混凝土抹面，大型贮水池通常是钢筋混凝土结构。

2.2.3.1 贮水池的容积

贮水池的容积与水源供水能力、生活（生产）调节水量、消防贮备水量和生产事故备用水量有关，可根据具体情况加以确定。

消防贮水池的有效容积应按消防的要求确定；生产用水贮水池的有效容积应按生产工艺、生产调节水量和生产事故用水量等情况确定；生活用水贮水池的有效容积应按进水量与用水量变化曲线经计算确定。当资料不足时，宜按建筑物最高日用水量的20%～25%确定。

【例 2.2】 某住宅楼给水系统分为高、低两个区，低区由市政管网供水，高区由变频泵组供水，在地下室设备间设有生活用储水箱和变频泵组，已知高区用户最高日用水量为$102.4m^3/d$，则储水箱的有效容积为多少。

解 根据《建筑给水排水设计规范》（GB 50015—2003）（2009版）规定，建筑物内部的生活用水低位储水池有效容积，当资料不足时，宜按最高日用水量的20%～25%确定。

储水池的有效容积为 $V=25\% \times V_{dmax}=102.4 \times 25\%=25.6 (m^3)$

2.2.3.2 贮水池的设置

生活饮用水水池不得利用建筑本体结构（如基础、墙体、地板等）作为壁板、底板、顶盖。其四周及顶盖均应留有检修空间。不管是哪种结构，必须牢固，保证不漏（渗）水。

贮水池不宜毗邻电气用房和居住用房或在其下方，防止水池渗漏，也防止噪声对周围的影响。

埋地生活饮用水贮水池，距污染源构筑物（如化粪池、垃圾堆放点）不得小于10m的净距（当净距不能保证时，可采取提高饮水池标高或化粪池采用防漏材料等措施），周围2m以内不得有污水管和污染物。室内贮水池不应在有污染源的房间下面。

生活贮水池不得兼作他用，消防和生产事故贮水池可兼作喷泉池、水景池和游泳池等，但不得少于两格；消防贮水池中包括室外消防用水量时，应在室外设有供消防车取水用的吸水口；昼夜用水的建筑物贮水池和贮水池容积大于$500m^3$时，应分成两格，以便清洗和检修。

贮水池外壁与建筑本体结构墙面或其他池壁之间的净距，应满足施工或装配的需要；无管道的侧面，其净距不宜小于0.7m；有管道的侧面，其净距不宜小于1.0m，且管道外壁与建筑本体墙面之间的通道宽度不宜小于0.6m；设有人孔的池顶顶板面与上面建筑本体板底的净空不应小于0.8m。

贮水池的设置高度应利于水泵自灌式吸水，且宜设置深度≥1.0m的集（吸）水坑，以保证水泵的正常运行和水池的有效容积；贮水池应设进水管、出（吸）水管、溢流管、泄水管、人孔、通气管和水位信号装置。溢流管应比进水管大一号，溢流管出口应高出地坪0.10m；通气管直径应为200mm，其设置高度应距覆盖层0.5m以上；水位信号应反映到泵房和操纵室；必须保证污水、尘土、杂物不得通过人孔、通气管、溢流管，以防污染物进入池内。

贮水池进水管和出水管应布置在相对位置，以便贮水经常流动，避免滞留和死角，以防池水腐化变质。

无调节要求的加压给水系统可不设置贮水池，设置仅满足水泵吸水要求的吸水井。吸水井的容积应大于最大一台水泵3min的出水量。对于生活用吸水井，应有防污染的措施。吸水井的尺寸应满足吸水管的布置、安装和水泵正常工作的要求。

2.2.4 气压给水设备

气压给水设备是利用密闭贮罐内空气的可压缩性，进行贮存、调节、压送水量和保持水压的装置，其作用相当于高位水箱或水塔。

2.2.4.1 气压给水设备的分类

气压给水设备按输水压力的稳定状况，可分为变压式和定压式两类。按罐内水、气接触方式，可分为气水接触式和气水分离式。按照设置方式，可分为立式和卧式。如图 2.30 所示。

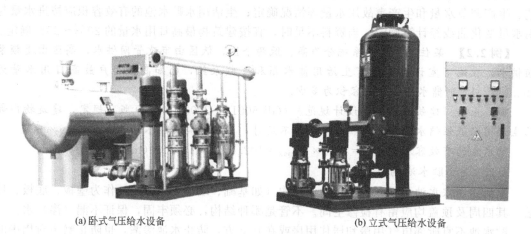

(a)卧式气压给水设备　　　　　　　　(b)立式气压给水设备

图 2.30　气压给水设备

（1）变压式气压给水设备

当罐内压力低到设定压力下限值时，在压力继电器作用下，水泵向室内给水系统加压供水，水泵出水除供用户外，多余部分进入气压罐，罐内水位上升，空气被压缩（图 2.31）。当压力达到设定压力上限值时，压力继电器切断电路，水泵停止工作，用户所需的水由气压罐提供。随着罐内水量的减少，空气体积膨胀，压力将逐渐降低，当压力降低至下限值时，水泵再次启动，如此往复循环。用户对水压允许有一定的波动时，常采用这种方式，这种方式一般用在中小型给水系统中。

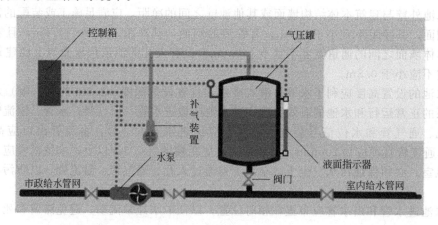

图 2.31　气压罐工作原理

（2）定压式气压给水设备

是在变压式供水管道上安装压力调节装置，将调节阀出口水压控制在要求范围内，使供水压力稳定。当用户要求供水压力稳定时，宜采用这种方式。

上述两种气压给水设备，水、气直接接触，在运行过程中，部分气体会溶于水中，气体将逐渐减少，罐内压力随之下降，时间稍长，就不能满足供水要求。为保证系统正常工作，需设补气装置。补气的方法有：泄空补气、空气压缩机补气、在水泵吸水管上安装补气阀、在水泵出水管上安装水射器或补气罐等。

(3) 隔膜式气压给水设备

隔膜式气压给水设备是在气压罐中设置弹性隔膜，将气与水分离，既使气体不会溶于水中，又使水质不易被污染，补气装置也就不需设置。隔膜有帽形或囊形（囊形优于帽形）弹性隔膜，固定在法兰盘上，图 2.32 所示为隔膜式气压给水设备。

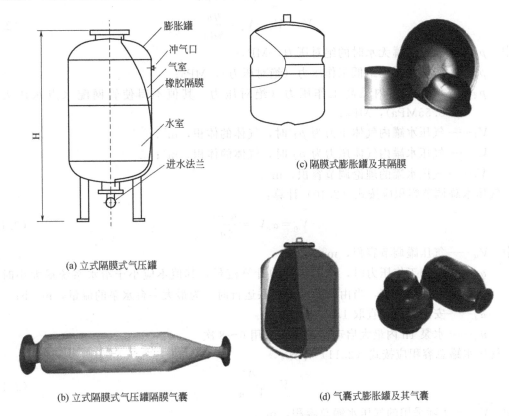

（a）立式隔膜式气压罐

膨胀罐
冲气口
气室
橡胶隔膜

水室

进水法兰

（c）隔膜式膨胀罐及其隔膜

（b）立式隔膜式气压罐隔膜气囊

（d）气囊式膨胀罐及其气囊

图 2.32 隔膜式气压罐

生活给水系统中的气压给水设备，必须注意水质防护措施。如气压水罐和补气罐内壁应涂无毒防腐涂料，隔膜应用无毒橡胶制作，补气装置的进气口都要设空气过滤装置，采用无油润滑型空气压缩机等。

2.2.4.2 气压给水设备的特点

(1) 气压给水设备的优点

灵活性大，设置位置限制条件少，便于隐蔽；便于安装、拆卸、扩建、改造，便于管理维护；占地面积少，建设速度快，土建费用低；水在密闭罐之中，水质不易被污染；具有消除水锤的作用。

(2) 气压给水设备的缺点

贮水量少，调节容积小，给水压力不太稳定，可能影响给水配件的使用寿命；供水可靠性较差，由于有效容积较小，一旦因故停电或自动失灵，断水的概率较大；因是压力容器，钢材耗量较大，对用材、加工条件、检验手段均有严格要求；耗电较多，水泵启动频繁，启动电流大；水泵不是都在高效区工作，平均效率低。

2.2.4.3 气压给水设备的计算

确定气压水罐的总容积和调节容积，确定配套水泵的流量和扬程。

（1）气压罐容积的计算

已知气压罐最低工作压力 p_1 [即供水管网中最不利点所需压力——用式（2.4）计算出的数值]。

计算的依据是波义耳-马略特定律。可得出：

$$V_z p_0 = V_1 p_1 = V_2 p_2 \tag{2.8}$$

$$V_t = V_1 - V_2 = \frac{q_b}{4n_q} \tag{2.9}$$

式中　p_0——气压水罐无水时的绝对压力，MPa；

　　　p_1——气压水罐内最低工作压力（绝对压力），MPa；

　　　p_2——气压水罐内最高工作压力（绝对压力。其值不得使管网配水点水压大于
　　　　　　0.55MPa），MPa；

　　　V_1——气压水罐内气体压力为 p_1 时，气体的体积，m³；

　　　V_2——气压水罐内气体压力为 p_2 时，气体的体积，m³；

　　　V_t——气压水罐的理论调节容积，m³。

气压水罐调节容积应按式（2.10）计算：

$$V_q = \alpha_a V_t = \frac{\alpha_a q_b}{4n_q} \tag{2.10}$$

式中　V_q——气压罐调节容积，m³；

　　　q_b——平均工作压力时，配套水泵的计算流量，其值不应小于给水系统最大小时流
　　　　　　量的 1.2 倍，当由几台水泵并联运行时，为最大一台水泵的流量，m³/h；

　　　α_a——安全系数，宜取 1.0～1.3；

　　　n_q——水泵 1h 内最大启动次数，宜采用 6～8 次。

气压水罐总容积应按式（2.11）计算。

$$V = \frac{\beta V_q}{1 - \alpha_b} \tag{2.11}$$

式中　V——实际采用的气压水罐总容积，m³；

　　　α_b——工作压力比，即 p_1 与 p_2 之比，宜采用 0.65～0.85。在有特殊要求（如农村
　　　　　　给水、消防给水）时，也可在 0.50～0.90 范围内选用；

　　　β——容积附加系数 $\beta = \dfrac{V_q}{V_1}$，隔膜式气压水罐宜采用 1.05。

（2）水泵的选型

水泵向气压罐输水时，出水压力在最大工作压力和最小工作压力之间变化，为提高水泵的平均工作效率，一般应选择流量扬程特性曲线较陡，特性曲线高效率区较宽的水泵。

对于变压式气压给水设备，应根据 p_1（给水系统所需压力）和采用的 α 值确定 p_2，其出水压力（扬程）在 p_1 与 p_2 之间变化。要尽量使水泵在压力为 p_1 时，水泵流量接近设计秒流量，当压力为 p_2 时，水泵流量接近最大小时流量；罐内为平均压力时水泵流量应不小于最大小时流量的 1.2 倍。对于定压式气压给水设备，确定的方法与变压式相同，但水泵的扬程应根据 p_1 选择，流量应不小于设计流量。

【例 2.3】　某住宅楼 2 幢 17 层，每层 4 个单元，每个单元 3 户，平均每户 4 口人，该建筑为一个给水系统，用水定额为 180L/（人·d），小时变化系数为 2.5。拟采用隔膜式气压给水设备供水，试计算气压罐的总容积为多少？

　　解　该住宅最高日最大时用水量为：

$$q_h = \frac{180 \times 4 \times 3 \times 4 \times 17 \times 2 \times 2.5}{24 \times 1000} = 30.6 (\text{m}^3/\text{h})$$

水泵的流量为：

$$q_b = 1.2 \times q_h = 1.2 \times 30.6 = 36.72 (\text{m}^3/\text{h})$$

取 $\alpha_a = 1.3$，$n = 6$，据公式（2.10）气压罐的调节容积为：

$$V_q = \frac{\alpha_a q_b}{4n_q} = \frac{1.3 \times 36.72}{4 \times 6} = 1.99 (\text{m}^3)$$

取 $\beta = 1.05$，$\alpha_b = 0.75$，据公式（2.11）气压罐的总容积为：

$$V = \frac{\beta V_q}{1 - \alpha_b} = \frac{1.05 \times 1.99}{1 - 0.75} = 8.36 (\text{m}^3)$$

【例 2.4】 某建筑给水系统所需压力为 200kPa，选用隔膜式气压给水设备升压供水，气压水罐水容积为 0.5m³，气压罐内工作压力比 α_b 为 0.65，求气压罐总容积和该设备运行时气压罐压力表显示最大压力？

解 气压罐总容积为 $V = \dfrac{\beta V_q}{1 - \alpha_b} = \dfrac{1.05 \times 0.5}{1 - 0.65} = 1.5 (\text{m}^3)$

气压罐内工作压力比 α_b 为最低工作压力与最高工作压力的比值（以绝对压力计），最低工作压力取管网所需压力 200kPa，气压罐压力表显示最大压力 p_2 为

$$p_2 = \frac{p_1 + 大气压}{\alpha_b} - 大气压 = \frac{200 + 98}{0.65} - 98 = 360.5 (\text{kPa})$$

2.2.5　变频调速供水设备

变频调速供水设备是根据管网中的实际用水量及水压，通过自动调节水泵的转数而达到供需平衡的装置。变频调速水泵在一定的转数范围内变化，才能保证高效率运行，为了扩大应用范围，变频调速供水设备一般都采用变频调速泵与恒速泵组合供水方式。在用水极不均匀的情况下，为避免在给水系统小流量用水时降低水泵机组的效率，还可并联配备小型水泵或小型气压罐与变频调速装置共同工作，在小流量用水时，大型水泵均停止工作，仅利用小水泵或小气压罐向系统供水。

2.2.5.1　工作原理

供水系统中扬程发生变化时，压力传感器即向微机控制器输入水泵出水管压力的信号，若出水管压力值大于系统中设计供水量对应的压力时，微机控制器即向变频调速器发出降低电源频率的信号，水泵转速随即降低，使水泵出水量减少，水泵出水管的压力降低。反之亦然。

变频调速供水设备主要由微机控制器、变频调速器、水泵机组、压力传感器等 4 部分组成（图 2.33）。

2.2.5.2　主要特点

节能效果明显、效率高；控制和保护功能完善，运行稳定可靠，自动化程度高；设备紧凑，占地面积小，水泵运行组合切换灵活，对管网系统中用水量变化适应能力强等优点。目前广泛应用在送水泵站、二次加压泵站、小区和建筑给水等领域。

2.2.5.3　控制方式

变频调速供水设备控制方式主要有恒压变流量和变压变流量两种。

恒压变流量可单泵运行，亦可几台水泵组合运行，组合运行其中一台为变频调速泵，其他为恒速泵（含一台备用泵）。恒压变流量供水设备，控制参数一般设置为设备出口恒压，自动控制系统比较简单，容易实现，运行调试工作量较少。当给水管网中动扬程比静扬程所占比例较小时，可以采用恒压变流量供水设备。

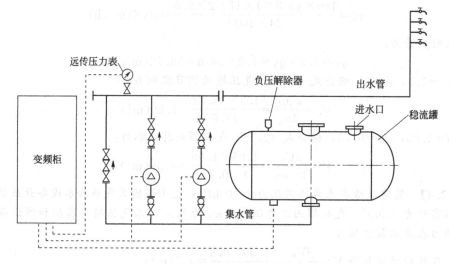

图 2.33 变频调速给水装置原理

变压变流量是指设备的出口按给水管网运行要求变压变流量供水。设备的构造和恒压变流量供水设备基本相同,只是控制信号的采集和处理及传感系统与恒压变流量设备不一致。控制参数在给水管网最不利点,亦可以在设备出口按时段恒压控制,还可在设备出口按设定的管网运行特性曲线变压控制。设备节能效果好,同时可改善给水管网对流量变化的适应性,提高了管网的供水安全可靠性。管道和设备的保养、维修工作量与费用大大减少。但这种设备控制信号的采集和传感系统比较复杂,调试工作量大。

工程实际多采用恒压变流量控制方式。

2.2.6 叠压给水设备

由稳流罐、变频数控柜和水泵组成,水泵直接从与管网连接的稳流罐吸水加压,送至各用水点,取消了水池、水箱(图 2.34)。

图 2.34 全自动无负压管网叠压供水设备

产品有以下特点。

(1) 无负压

该设备直接串联在自来水管网处,采用密封的流量调节装置和负压消除装置,使自来水管网不产生负压,不影响周围用户的用水,使"二次供水设施不得与城市供水管网直接连通不得在城市供水管网上直接装泵抽水"成为历史。

(2) 杜绝二次污染

产生二次污染的主要环节在二次加压系统,尤其是水池、水箱的污染更为突出,叠压供水设备为全密封运行,不需要水池、水箱,保证了供水水质。

(3) 节能、节水

无负压管网叠压供水设备与自来水管网直接串接,充分利用自来水管网的原有压力,当自来水压力满足要求,设备自动停机,全部由自来水直供,节能 50%～90% 以上。设备为全密封结构,也杜绝了水池的"跑、冒、滴、漏、渗"现象,节省了定期的清洗用水。

(4) 安装简便,占地面积小

设备体积小，成套供应用户，现场只需组装，施工周期短，安装快捷方便，对泵房基础无特殊要求。

（5）节省投资和运行成本

设备直接与自来水管网对接，不需建水池做水箱，因无二次污染，也节省了水处理设备的费用。设备采用多泵制并联运行，用水低峰期只一台泵变频运行，高峰时才启动其他泵，所以运行成本很低。

（6）智能化程度高，停电维持给水

设备有一个公共供水管路与用户管网直接相通，停电时虽然水泵停止工作，但低区用户可恢复自来水直供，维持供水。

 复习思考题

1. 常用建筑给水管材有哪几种？如何选择？

2. 各种管材有哪些连接方式？

3. 常用给水附件有哪些？用途是什么？

4. 水表有哪几种类型？主要技术参数的意义是什么？

5. 如何计算水表的水头损失？怎样选择水表？

6. 水表安装时要注意哪些问题？

7. 为了减小水泵运行时的噪声，可采取哪些措施？

8. 如何确定水箱、贮水池容积？

9. 怎样确定水箱的安装高度？

10. 水箱的配水管道有哪些？有什么要求？

11. 气压给水设备是如何工作的？

12. 如何计算气压罐容积？

13. 某住宅小区有 4 幢 20 层住宅，每层 4 个单元，每个单元 2 户（每户按 3 口人），用水定额为 180L/（人·天），小时变化系数为 2.5。拟设置隔膜式气压给水设备，计算气压罐的总容积。

第3章 建筑内部给水系统水力计算

▶【知识目标】
- 掌握用水量和设计秒流量的计算方法。
- 掌握给水水力计算方法。

▶【能力目标】
- 会查生活用水定额。
- 能根据设计秒流量进行水力计算。

建筑内用水包括生活、生产和消防用水三部分。生活用水是满足人们生活上各种需要所消耗的用水，其用水量受当地气候、生活习惯、建筑物使用性质、卫生器具和用水设备的完善程度、生活水平以及水价等多种因素的影响，一般不均匀。生产用水在生产期间内比较均匀且有规律性，其用水量根据地区条件、工艺过程、设备情况、产品性质等因素，按消耗在单位产品上的水量或单位时间内消耗在生产设备上的水量计算确定。消防用水具有偶然性，其用水量视火灾情形而定，计算方法详见第4章。

3.1 生活用水定额

3.1.1 用水定额

用水定额是指对于不同的用水对象，在一定时期内制定相对合理的单位用水量数值，是确定建筑物设计用水量的主要参数之一。是根据各地区人们生活水平、消防和生产用水情况进行多年的调查统计制定的，有生活用水定额、生产用水定额、消防用水定额。合理确定用水定额直接关系到给水系统的规模和工程投资。

生活用水定额一般指用水单位每日消耗的水量，一般以升为单位。以现行《建筑给水排水设计规范》作为依据进行计算。《建筑给水排水设计规范》中规定的用水定额见表3.1～表3.3。

表3.1 住宅最高日生活用水定额及小时变化系数

住宅类别		卫生器具设置标准	用水定额 /[L/(人·d)]	小时变化系数 K_h
普通住宅	Ⅰ	有大便器、洗涤盆	85～150	3.0～2.5
	Ⅱ	有大便器、洗脸盆、洗涤盆、洗衣机、热水器和沐浴设备	130～300	2.8～2.3
	Ⅲ	有大便器、洗脸盆、洗涤盆、洗衣机、集中热水供应(或家用热水机组)和沐浴设备	180～320	2.5～2.0
别墅		有大便器、洗脸盆、洗涤盆、洗衣机、洒水栓、家用热水机组和沐浴设备	200～350	2.3～1.8

注：1. 当地主管部门对住宅生活用水定额有具体规定时，应按当地规定执行。
　　2. 别墅用水定额中含庭院绿化用水定额和汽车洗车用水。

表 3.2　宿舍、旅馆和公共建筑生活用水定额及小时变化系数

序号	建筑物名称	单位	最高日生活用水定额/L	使用时数/h	小时变化系数 K_h
1	宿舍 　Ⅰ类、Ⅱ类 　Ⅲ类、Ⅳ类	每人每日 每人每日	150~200 100~150	24 24	3.0~2.5 3.5~3.0
2	招待所、培训中心、普通旅馆 　设公用盥洗室 　设公用盥洗室、淋浴室 　设公用盥洗室、淋浴室、洗衣室 　设单独卫生间、公用洗衣室	每人每日	50~100 80~130 100~150 120~200	24	3.0~2.5
3	酒店式公寓	每人每日	200~300	24	2.5~2.0
4	宾馆客房 　旅客 　员工	每床位每日 每人每日	250~400 80~100	24	2.5~2.0
5	医院住院部 　设公用盥洗室 　设公用盥洗室、淋浴室 　设单独卫生间 　医务人员 门诊部、诊疗所 疗养院、休养所住房部	每床位每日 每床位每日 每床位每日 每人每班 每病人每次 每床位每日	100~200 150~250 250~400 150~250 10~15 200~300	24 24 24 8 8~12 24	2.5~2.0 2.5~2.0 2.5~2.0 2.0~1.5 1.5~1.2 2.0~1.5
6	养老院、托老所 　全托 　日托	每人每日 每人每日	100~150 50~80	24 10	2.5~2.0 2.0
7	幼儿园、托儿所 　有住宿 　无住宿	每儿童每日 每儿童每日	50~100 30~50	24 10	3.0~2.5 2.0
8	公共浴室 　淋浴 　浴盆、淋浴 　桑拿浴（淋浴、按摩池）	每顾客每次 每顾客每次 每顾客每次	100 120~150 150~200	12 12 12	2.0~1.5
9	理发室、美容院	每顾客每次	40~100	12	2.0~1.5
10	洗衣房	每千克每次	40~80	8	1.5~1.2
11	餐饮业 　中餐酒楼 　快餐店、职工及学生食堂 　酒吧、咖啡馆、茶座、卡拉OK房	每顾客每次 每顾客每次 每顾客每次	40~60 20~25 5~15	10~12 12~16 8~18	1.5~1.2
12	商场 　员工及顾客	每平方米营业厅面积每日	5~8	12	1.5~1.2
13	图书馆	每人每次	5~10	8~10	1.5~1.2
14	书店	每平方米营业厅面积每日	3~6	8~12	1.5~1.2
15	办公楼	每人每班	30~50	8~10	1.5~1.2

续表

序号	建筑物名称	单位	最高日生活 用水定额/L	使用时数 /h	小时变化系数 K_h
16	教学、实验楼 中小学校 高等院校	每学生每日 每学生每日	20~40 40~50	8~9 8~9	1.5~1.2 1.5~1.2
17	电影院、剧院	每观众每场	3~5	3	1.5~1.2
18	会展中心(博物馆、展览馆)	每平方米展厅 面积每日	3~6	8~16	1.5~1.2
19	健身中心	每人每次	30~50	8~12	1.5~1.2
20	体育场(馆) 运动员淋浴 观众	每人每次 每人每场	30~40 3	4 4	3.0~2.0 1.2
21	会议厅	每座位每次	6~8	4	1.5~1.2
22	航站楼、客运站旅客	每人次	3~6	8~16	1.5~1.2
23	菜市场地面冲洗及保鲜用水	每平方米每日	10~20	8~10	2.5~2.0
24	停车库地面冲洗水	每平方米每次	2~3	6~8	1.0

注：1. 除养老院、托儿所、幼儿园的用水定额中含食堂用水，其他均不含食堂用水。

2. 除注明外，均不含员工生活用水，员工用水定额为每人每班 40~60L。

3. 医疗建筑用水中已含医疗用水。

4. 空调用水应另计。

表 3.3 汽车冲洗用水定额   单位：L/(辆·次)

冲洗方式	高压水枪冲洗	循环用水冲洗补水	抹车、微水冲洗	蒸汽冲洗
轿车	40~60	20~30	10~15	3~5
公共汽车 载重汽车	80~120	40~60	15~30	—

注：当汽车冲洗设备用水定额有特殊要求时，其值应按产品要求确定。

3.1.2 最高日用水量

建筑物最高日用水量即一年中最大日用水量。建筑内生活用水的最高日用水量可按式(3.1)计算。

$$Q_d = \frac{\sum m q_0}{1000} \tag{3.1}$$

式中 Q_d——最高日用水量；m^3/d；

     m——用水单位数，人数、床位数等；

     q_0——最高日生活用水定额，L/(人·d)、L/(床·d)等(见表3.1~表3.3)。

最高日用水量一般在确定贮水池(箱)容积、计算设计秒流量等过程中使用。

3.1.3 最大小时用水量

最大小时用水量即最高日最大用水时段内的小时用水量。根据最高日用水量，可算出最大小时用水量。

$$Q_h = \frac{Q_d}{T} K_h = Q_p K_h \tag{3.2}$$

$$K_h = \frac{Q_h}{Q_p}$$ (3.3)

式中　Q_h——最大小时用水量，m^3/h；

　　　　T——建筑物内每天用水时间，h；

　　　　Q_p——最高日平均小时用水量，m^3/h；

　　　　K_h——小时变化系数，见表 3.1～表 3.3。

最大小时用水量一般用于确定水泵流量和高位水箱容积等。

3.2　设计秒流量

建筑内的生活用水量是不均匀的，为了保证建筑内瞬时高峰流量的用水，其设计流量应为建筑内卫生器具配水最不利情况组合出流时瞬时高峰流量，称为设计秒流量。给水管道的设计秒流量是确定各管段管径、计算管路水头损失、确定给水系统所需压力的主要依据。

为计算方便采用卫生器具当量，将 1 个直径为 15mm 的配水水嘴的额定流量 0.2L/s 作为一个给水当量，其他卫生器具的给水额定流量与它的比值，即为该卫生器具的当量。把不同类型卫生器具的流量换算成当量值（表 3.4）。

表 3.4　卫生器具的给水额定流量、当量、连接管公称管径和最低工作压力

序号	给水配件名称	额定流量 /(L/s)	当量	连接管公称管径/mm	最低工作压力 /MPa
1	洗涤盆、拖布盆、盥洗槽 　单阀水嘴 　单阀水嘴 　混合水嘴	0.15～0.20 0.30～0.40 0.15～0.20(0.14)	0.75～1.00 1.50～2.00 0.75～1.00(0.70)	15 20 15	0.050
2	洗脸盆 　单阀水嘴 　混合水嘴	0.15 0.15(0.10)	0.75 0.75(0.50)	15 15	0.050
3	洗手盆 　感应水嘴 　混合水嘴	0.10 0.15(0.10)	0.50 0.75(0.50)	15 15	0.050
4	浴盆 　单阀水嘴 　混合水嘴(含带淋浴转换器)	0.20 0.24(0.20)	1.00 1.20(1.00)	15 15	0.050 0.050～0.070
5	淋浴盆 　混合阀	0.15(0.10)	0.75(0.50)	15	0.050～0.100
6	大便器 　冲洗水箱浮球阀 　延时自闭式冲洗阀	0.10 1.20	0.50 6.00	15 25	0.020 0.100～0.150
7	小便器 　手动或自动自闭式冲洗阀 　自动冲洗水箱进水阀	0.10 0.10	0.50 0.50	15 15	0.050 0.020
8	小便槽穿孔冲洗管(每米长)	0.05	0.25	15～20	0.015
9	净身盆冲洗水嘴	0.10(0.07)	0.50(0.35)	15	0.050
10	医院倒便器	0.20	1.00	15	0.050

续表

序号	给水配件名称	额定流量 /(L/s)	当量	连接管公称 管径/mm	最低工作压力 /MPa
11	实验室化验水嘴(鹅颈) 　单联 　双联 　三联	0.07 0.15 0.20	0.35 0.75 1.00	15 15 15	0.020 0.020 0.020
12	饮水器喷嘴	0.05	0.25	15	0.050
13	洒水栓	0.40 0.70	2.00 3.50	20 25	0.050~0.100 0.050~0.100
14	室内地面冲洗水嘴	0.20	1.00	15	0.050
15	家用洗衣机水嘴	0.20	1.00	15	0.050

注：1. 表中括弧内的数值系在有热水供应时，单独计算冷水或热水时使用。

2. 当浴盆上附设淋浴器时，或混合水嘴有淋浴器转换开关时，其额定流量和当量只计水嘴，不计淋浴器，但水压应按淋浴器计。

3. 家用燃气热水器，所需水压按产品要求和热水供应系统最不利配水点所需工作压力确定。

4. 绿地的自动喷灌应按产品要求设计。

5. 当卫生器具给水配件所需额定流量和最低工作压力有特殊要求时，其值应按产品要求确定。

当前我国生活给水管网设计秒流量的计算方法，按建筑的性质及用水特点分为 3 类，根据《建筑给水排水设计规范》，对于住宅由于用水时间长、用水分散，其生活给水设计秒流量计算采用概率法；对于用水分散的公共建筑采用平方根计算法；对于用水集中的建筑采用叠加法。

3.2.1　住宅建筑的生活给水管道的设计秒流量

（1）根据住宅配置的卫生器具给水当量、使用人数、用水定额、使用时数及小时变化系数，按式（3.4）计算出最大用水时卫生器具给水当量平均出流概率。

$$U_0 = \frac{100 q_L m K_h}{0.2 N_g T \times 3600} (\%) \tag{3.4}$$

式中　U_0——生活给水管道的最大用水量时卫生器具给水当量平均出流概率，%；

　　　q_L——最高用水日的用水定额，按表 3.1 取用；

　　　m——每户用水人数；

　　　K_h——小时变化系数，按表 3.1 取用；

　　　N_g——每户设置的卫生器具给水当量数，按表 3.4 取用；

　　　T——用水时数，h；

　　　0.2——一个卫生器具给水当量的额定流量，L/s。

给水干管管段上有两条或两条以上具有不同最大用水时卫生器具给水当量平均出流概率的给水支管时，该管段的最大用水时卫生器具给水当量平均出流概率应按式（3.5）计算：

$$\overline{U}_0 = \frac{\sum U_{0i} N_{gi}}{\sum N_{gi}} \tag{3.5}$$

式中　$\overline{U}_0$——给水干管的卫生器具给水当量平均出流概率；

　　　U_{0i}——支管的最大用水时卫生器具给水当量平均出流概率；

　　　N_{gi}——相应支管的卫生器具给水当量总数。

式（3.4）中的 U_0 与式（3.5）中的 $\overline{U}_0$ 均为平均出流概率，是针对不同情况的管段。

（2）根据计算管段上的卫生器具给水当量总数，可按式（3.6）计算得出该管段的卫生器

具给水当量的同时出流概率:

$$U_0 = 100 \frac{1 + \alpha_c (N_g - 1)^{0.49}}{\sqrt{N_g}} \quad (\%) \tag{3.6}$$

式中　U_0——计算管段的卫生器具给水当量同时出流概率,%;

　　　α_c——对应于U_0的系数(按表 3.5 查用);

　　　N_g——计算管段的卫生器具给水当量总数。

表 3.5　$U_0 - \alpha_c$ 值对应表

U_0/%	α_c	U_0/%	α_c	U_0/%	α_c
1.0	0.00323	3.0	0.01939	5.0	0.03715
1.5	0.00697	3.5	0.02374	6.0	0.04629
2.0	0.01097	4.0	0.02816	7.0	0.05555
2.5	0.01512	4.5	0.03263	8.0	0.06489

表 3.6　给水管段设计秒流量计算表(摘录)(U 单位%;q_g 单位 L/s)

U_0	1.0		1.5		2.0		2.5	
N_g	U	q_g	U	q_g	U	q_g	U	q_g
1	100.00	0.20	100.00	0.20	100.00	0.20	100.00	0.20
2	70.94	0.28	71.20	0.28	71.94	0.29	71.78	0.29
3	58.00	0.35	58.30	0.35	58.62	0.35	58.96	0.35
4	50.28	0.40	50.60	0.40	50.94	0.41	51.30	0.41
5	45.01	0.45	45.34	0.45	45.69	0.46	46.06	0.46
6	41.12	0.49	41.45	0.50	41.81	0.50	42.18	0.51
7	38.09	0.53	38.43	0.54	38.79	0.54	39.17	0.55
8	35.65	0.57	35.99	0.58	36.36	0.58	36.74	0.59
9	33.63	0.61	33.68	0.61	34.35	0.62	34.73	0.63
10	31.92	0.64	32.27	0.65	32.64	0.65	33.03	0.66
11	30.45	0.67	30.80	0.68	31.17	0.69	31.56	0.69
12	29.17	0.70	29.52	0.71	29.89	0.72	30.28	0.73
13	28.04	0.73	28.39	0.74	28.76	0.75	29.15	0.76
14	27.03	0.76	27.38	0.77	27.76	0.78	28.15	0.79
15	26.12	0.78	26.48	0.79	26.85	0.81	27.24	0.82
16	25.30	0.81	25.65	0.82	26.03	0.83	26.42	0.85
17	24.56	0.83	24.91	0.85	25.29	0.86	25.68	0.87
18	23.88	0.86	24.32	0.87	24.61	0.89	25.00	0.90
19	23.25	0.88	23.60	0.90	23.98	0.91	24.37	0.93
20	22.67	0.91	23.02	0.92	23.40	0.94	23.79	0.95
22	21.63	0.95	21.98	0.97	22.36	0.98	22.75	1.00
24	20.72	0.99	21.07	1.01	21.45	1.03	21.85	1.05
26	19.92	1.04	20.27	1.05	20.65	1.07	21.05	1.09

U_0	1.0		1.5		2.0		2.5	
N_g	U	q_g	U	q_g	U	q_g	U	q_g
28	19.21	1.08	19.56	1.10	19.94	1.12	20.33	1.14
30	18.56	1.11	18.92	1.14	19.30	1.16	19.69	1.18
32	17.99	1.15	18.34	1.17	18.72	1.20	19.12	1.22
34	17.16	1.19	17.81	1.12	18.19	1.24	18.59	1.26
36	16.97	1.22	17.33	1.25	17.71	1.28	18.11	1.30
38	16.53	1.26	16.89	1.28	17.27	1.31	17.66	1.34
40	16.12	1.29	16.48	1.32	16.86	1.35	17.25	1.38
42	15.74	1.32	16.09	1.35	16.47	1.38	16.87	1.42
44	15.38	1.35	15.74	1.39	16.12	1.42	16.52	1.45
46	15.05	1.38	15.41	1.42	15.79	1.45	16.18	1.49
48	14.74	1.42	15.10	1.45	15.48	1.49	15.87	1.52
50	14.45	1.45	14.81	1.48	15.19	1.52	15.58	1.56
55	13.79	1.52	14.15	1.56	14.53	1.60	14.92	1.64
60	13.22	1.59	13.57	1.63	13.95	1.67	14.35	1.72

（3）根据计算管段上的卫生器具给水当量同时出流概率，可按式（3.7）计算该管段的设计秒流量。

$$q_g = 0.2UN_g \tag{3.7}$$

式中　q_g——计算管段的设计秒流量，L/s。

为了计算快速、方便，在计算出 U_0 后，即可根据计算管段的 N_g 值从表 3.6 中直接查得给水设计秒流量 q_g，该表可用内插法。

当计算管段的卫生器具给水当量总数超过表 3.6 中的最大值时，其设计流量应取最大时用水量。

3.2.2　特定建筑的生活给水设计秒流量 1

宿舍（Ⅰ、Ⅱ类）、旅馆、宾馆、酒店式公寓、医院、疗养院、幼儿园、养老院、办公楼、商场、图书馆、书店、客运站、航站楼、会展中心、中小学教学楼、公共厕所等建筑的生活给水设计秒流量，按式（3.8）计算：

$$q_g = 0.2\alpha\sqrt{N_g} \tag{3.8}$$

式中　q_g——计算管段的给水设计秒流量，L/s；

　　　N_g——计算管段的卫生器具给水当量总数；

　　　α——根据建筑物用途而定的系数。应按表 3.7 采用。

表 3.7　根据建筑物用途而定的系数值（α 值）

建筑物名称	α 值
幼儿园、托儿所、养老院	1.2
门诊部、诊疗所	1.4
办公楼、商场	1.5
图书馆	1.6
书店	1.7

续表

建筑物名称	α 值
学校	1.8
医院、疗养院、休养所	2.0
酒店式公寓	2.2
宿舍（Ⅰ、Ⅱ类）、旅馆、招待所、宾馆	2.5
客运站、航站楼、会展中心、公共厕所	3.0

注：1. 如计算值小于该管段上一个最大卫生器具给水额定流量时，应采用一个最大的卫生器具给水额定流量作为设计秒流量。

2. 如计算值大于该管段上按卫生器具给水额定流量累加所得流量值时，应按卫生器具给水额定流量累加所得流量值采用。

3. 有大便器延时自闭冲洗阀的给水管段，大便器延时自闭冲洗阀的给水当量均以 0.5 计，计算得到的 q_g 附加 1.20L/s 的流量后，为该管段的给水设计秒流量。

4. 综合楼建筑的 α 值应按加权平均法计算。

$$\alpha = \frac{\alpha_1 N_{g1} + \alpha_2 N_{g2} + \cdots + \alpha_n N_{gn}}{N_{g1} + N_{g2} + \cdots + N_{gn}} \qquad (3.9)$$

式中　　　　　　α——综合性建筑总秒流量系数；

$\alpha_1, \alpha_2, \cdots, \alpha_n$——对应各类建筑物性质的系数；

$N_{g1}, N_{g2}, \cdots, N_{gn}$——对应各类建筑物的卫生器具的给水当量数。

【例 3.1】　有一直接供水方式的 6 层建筑，该建筑 1～2 层为商场，总当量数 24，3～6 层为旅馆，总当量数 150，该建筑引入管设计秒流量为多少？

解　商场 $\alpha = 1.5$，旅馆 $\alpha = 2.5$，加权平均

$$该建筑的 \ \alpha = \frac{24 \times 1.5 + 150 \times 2.5}{24 + 150} = 2.36$$

$$q_g = 0.2\alpha\sqrt{N_g} = 0.2 \times 2.36 \times \sqrt{174} = 6.23(L/s)$$

【例 3.2】　一教学楼男卫生间设有蹲式大便器 4 个（延时自闭冲洗阀），小便器 4 个（自动自闭式冲洗阀）、洗手盆 2 个（感应水嘴）、拖布池 1 个，该卫生间给水设计秒流量为多少？

解　根据规范注（3）大便器延时自闭冲洗阀的给水当量按 0.5 计算，计算后再加上 1.2L/s。

$$q_g = 0.2\alpha\sqrt{N_g} + 1.2 = 0.2 \times 1.8 \times \sqrt{0.5 \times 4 + 0.5 \times 4 + 0.5 \times 2 + 1} + 1.2 = 2.08(L/s)$$

3.2.3　特定建筑的生活给水设计秒流量 2

宿舍（Ⅲ、Ⅳ类）、工业企业的生活间、公共浴室、职工食堂或营业餐馆的厨房、体育场馆、剧院、普通理化实验室等建筑的生活给水管道的设计秒流量，应按式（3.10）计算：

$$q_g = \sum q_0 n_0 b \qquad (3.10)$$

式中　q_g——计算管段的给水设计秒流量，L/s；

q_0——同类型的一个卫生器具给水额定流量，L/s；

n_0——同类型卫生器具数；

b——卫生器具的同时给水百分数，应按表 3.8～表 3.10 选用。

【注】1. 如计算值小于该管段上一个最大卫生器具给水额定流量时，应采用一个最大的卫生器具给水额定流量作为设计秒流量。

2. 大便器自闭式冲洗阀应单列计算，当单列计算值小于 1.2L/s 时，以 1.2L/s 计；大于 1.2L/s 时，以计算值计。

表3.8 宿舍（Ⅲ、Ⅳ类）、工业企业生活间、公共浴室、影剧院、体育场馆等
卫生器具同时给水百分数 单位：%

卫生器具名称	宿舍（Ⅲ、Ⅳ类）	工业企业生活间	公共浴室	影剧院	体育场馆
洗涤盆（池）	—	33	15	15	15
洗手盆	—	50	50	50	70(50)
洗脸盆、盥洗槽水嘴	5～100	60～100	60～100	50	80
浴盆	—	—	50	—	—
无间隔淋浴器	20～100	100	100	—	100
有间隔淋浴器	5～80	80	60～80	(60～80)	(60～100)
大便器冲洗水嘴	5～70	30	20	50(20)	70(20)
大便槽自动冲洗水箱	100	100	—	100	100
大便器自闭式冲洗阀	1～2	2	2	10(2)	5(2)
小便器自闭式冲洗阀	2～10	10	10	50(10)	70(10)
小便器(槽)自动冲洗水箱	—	100	100	100	100
净身盆	33	—	—	—	—
饮水器	—	30～60	30	30	30
小卖部洗涤盆	—	—	50	50	50

注：1. 表中括号内的数值系电影院、剧院的化妆间、体育场馆的运动员休息室使用。
   2. 健身中心的卫生间、可采用本表体育场馆运动员休息室的同时给水百分率。

表3.9 职工食堂、营业餐馆厨房设备同时给水百分数 单位：%

厨房设备名称	同时给水百分数
洗涤盆（池）	70
煮锅	60
生产性洗涤机	40
器皿洗涤机	90
开水器	50
蒸汽发生器	100
灶台水嘴	30

注：职工或学生饭堂的洗碗台水嘴，按100%同时给水，但不与厨房用水叠加。

表3.10 实验室化验水嘴同时给水百分数 单位：%

化验水嘴名称	同时给水百分数	
	科研教学实验室	生产实验室
单联化验水嘴	20	30
双联或三联化验水嘴	30	50

【例 3.3】　如图所示工业企业生活间的给水系统，管段 AB、BC 的设计流量分别为多少？

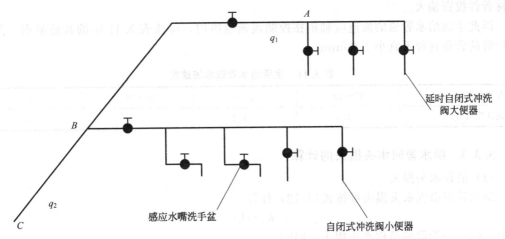

解　管段 AB 设计流量 q_1：3 个延时自闭冲洗阀大便器。

管段 BC 设计流量 q_2：3 个延时自闭冲洗阀大便器、2 个自闭式冲洗阀小便器、2 个洗手盆感应水嘴。

$q_1 = \sum q_0 n_0 b = 1.2 \times 3 \times 2\% = 0.072 \, (\text{L/s})$，小于一个大便器的 1.2L/s，取 1.2L/s 作为管段 AB 设计流量。

因 3 个延时自闭冲洗阀大便器，单列计算，单列计算值为 1.2L/s。所以

$$q_2 = \sum q_0 n_0 b = 1.2 + 0.1 \times 2 \times 10\% + 0.2 \times 2 \times 50\% = 1.42 \, (\text{L/s})$$

3.3　建筑给水管道水力计算

建筑内部给水管网的水力计算是在完成管网布置、了解管道长度、管道材料、绘出管线轴测图、初步选定出一条或者几条计算管路（也叫最不利管路）以后进行的。

3.3.1　水力计算目的

水力计算的目的是确定给水管网各管段的管径，求出计算管路通过设计秒流量时管段产生的水头损失，进而计算管网所需水压，确定给水方式，校核室外给水管网的压力能否满足最不利点配水口或消火栓所需的水压要求。选择给水升压贮水设备和给水附件，计算确定升压装置的扬程和高位水箱的高度。

3.3.2　管径的确定方法

根据建筑物的性质、卫生器具当量数计算各管段设计秒流量，再选定适当的流速，即可用式(3.11)求出管径。

$$d = \sqrt{\frac{4q_g}{\pi v}} \tag{3.11}$$

式中　d——计算管段的管径，m；

　　　q_g——管段的设计流量，m^3/s；

　　　v——选定的管中流速，m/s。

管段流量确定后，管中流速直接影响到管道系统技术、经济的合理性。流速与管径成反

比，如管径小，则流速过大，会产生噪声，易引起水击而损坏管道及附件，并将增加管网的水头损失，提高建筑内给水系统所需的压力，水泵扬程和电耗增加。如流速过小，又将造成管材管件投资偏大。

因此生活给水管道的流速应确定在控制流速范围内，可按表 3.11 中的数值采用。住宅入户管的公称直径不宜小于 20mm。

表 3.11　生活给水管道水流速度

公称直径/mm	15～20	25～40	50～70	≥80
水流速度/(m/s)	≤1.0	≤1.2	≤1.5	≤1.8

3.3.3　给水管网水头损失的计算

（1）沿程水头损失

给水管道沿程水头损失可按式（3.12）计算。

$$h_y = Li \tag{3.12}$$

式中　h_y——管段的沿程水头损失，kPa；

　　　L——管段的长度，m；

　　　i——管道单位长度的水头损失，kPa/m。

i 可按式（3.13）计算。

$$i = 105 c_h^{-1.85} d_j^{-4.87} q_g^{1.85} \tag{3.13}$$

式中　d_j——管道计算内径，m；

　　　q_g——给水设计流量，m³/s；

　　　C_h——海澄-威廉系数。

各种塑料管、内衬（涂）塑管 $C_h=140$；

铜管、不锈钢管 $C_h=130$；

内衬水泥、树脂的铸铁管 $C_h=130$；

普通钢管、铸铁管 $C_h=100$。

表 3.12　给水塑料管水力计算表（摘录）

q_g	D_e15		D_e20		D_e25		D_e32		D_e40		D_e50		D_e70		D_e80		D_e100	
	v	i	v	i	v	i	v	i	v	i	v	i	v	i	v	i	v	i
0.10	0.50	0.275	0.26	0.060														
0.15	0.75	0.564	0.39	0.123	0.23	0.033												
0.20	0.99	0.940	0.53	0.206	0.30	0.055	0.20	0.02										
0.30	1.49	1.930	0.79	0.422	0.45	0.113	0.29	0.040										
0.40	1.99	3.210	1.05	0.703	0.61	0.188	0.39	0.067	0.24	0.021								
0.50	2.49	4.77	1.32	1.04	0.76	0.279	0.49	0.099	0.30	0.031								
0.60	2.98	6.60	1.58	1.44	0.91	0.386	0.59	0.137	0.36	0.043	0.23	0.014						
0.70			1.84	1.90	1.06	0.507	0.69	0.181	0.42	0.056	0.27	0.019						
0.80			2.10	2.40	1.21	0.643	0.79	0.229	0.48	0.071	0.30	0.023						
0.90			2.37	2.96	1.36	0.792	0.88	0.282	0.54	0.088	0.34	0.029	0.23	0.012				

续表

q_g	D_e15		D_e20		D_e25		D_e32		D_e40		D_e50		D_e70		D_e80		D_e100	
	v	i	v	i	v	i	v	i	v	i	v	i	v	i	v	i	v	i
1.00					1.51	0.955	0.98	0.340	0.60	0.106	0.38	0.035	0.25	0.014				
1.50					2.27	1.96	1.47	0.698	0.90	0.217	0.57	0.072	0.39	0.029	0.27	0.012		
2.00							1.96	1.160	1.20	0.361	0.76	0.119	0.52	0.049	0.36	0.020	0.24	0.008
2.50							2.46	1.730	1.50	0.536	0.95	0.217	0.65	0.072	0.45	0.030	0.30	0.011
3.00									1.81	0.741	1.14	0.245	0.78	0.099	0.54	0.042	0.36	0.016
3.50									2.11	0.974	1.33	0.322	0.91	0.131	0.63	0.055	0.42	0.021
4.00									2.41	1.230	1.51	0.408	1.04	0.166	0.72	0.069	0.48	0.026
4.50									2.71	1.520	1.70	0.503	1.17	0.205	0.81	0.086	0.54	0.032
5.00											1.89	0.606	1.30	0.247	0.90	0.104	0.60	0.039
5.50											2.08	0.718	1.43	0.293	0.99	0.123	0.66	0.046
6.00											2.27	0.838	1.56	0.342	1.08	0.143	0.72	0.052
6.50													1.69	0.394	1.17	0.165	0.78	0.062
7.00													1.82	0.445	1.26	0.188	0.84	0.071
7.50													1.95	0.507	1.35	0.213	0.90	0.080
8.00													2.08	0.569	1.44	0.238	0.96	0.090
8.50													2.21	0.632	1.53	0.265	1.02	0.102
9.00													2.34	0.701	1.62	0.294	1.08	0.111
9.50													2.47	0.772	1.71	0.323	1.14	0.121
10.00															1.80	0.354	1.20	0.134

注：表中单位 q_g 为 L/s；D_e 为 mm；v 为 m/s；i 为 kPa/m。

在实际工程设计时，为计算方便直接使用利用上式编制的水力计算表（表 3.12），也可参见《给水排水设计手册》第 1 册和《建筑给水排水设计手册》，使用时根据管段的 q_g 和控制流速 v，便可查出管径 d 和单位长度水头损失 i 值，用式（3.12）算出沿程水头损失即可。

（2）局部水头损失

给水管道局部水头损失用式（3.14）计算。

$$h_j = \sum \xi \frac{v^2}{2g} \tag{3.14}$$

式中　h_j——管段局部水头损失之和，kPa 或 mH₂O；

$\sum \xi$——管段局部阻力系数之和；

v——管段部件下游的流速，m/s；

g——重力加速度，m/s²。

由于室内给水管网中，管道部件比较多，同类部件由于构造的差异，其 ξ 值也不同，实际工程设计时宜按管道的连接方式，采用管（配）件当量长度法计算。当管道的管（配）件当量长度资料不足时，可按下列管件的连接状况，按管网沿程水头损失的百分数取值。

① 管（配）件内径与管道内径一致，采用三通分水时，取 25%～30%；采用分水器分

水时，取 15%～20%。

② 管（配）件内径略大于管道内径，采用三通分水时，取 50%～60%；采用分水器分水时，取 30%～35%。

③ 管（配）件内径略小于管道内径，管（配）件的插口插入管口内连接，采用三通分水时，取 70%～80%；采用分水器分水时，取 35%～40%。

阀门和管件的摩阻损失可按《建筑给水排水设计规范》附录 D 确定。

(3) 某些配件局部水头损失的经验值可按如下数值采用

① 水表的水头损失，应按选用产品所给定的压力损失值计算。在未确定具体产品时，住宅入户管上的水表，宜取 0.01MPa；建筑物或小区引入管上的水表，在生活用水工况时，宜取 0.03MPa；在校核消防工况是，宜取 0.05MPa。

② 比例式减压阀的水头损失，阀后动水压宜按阀后静水压的 80%～90%采用。

③ 管道过滤器的局部水头损失，宜取 0.01MPa。

④ 倒流防止器、真空破坏器的局部水头损失，应按相应产品测试参数确定。

3.3.4 给水系统所需水压

可由式(3.15)确定。

$$H=H_1+H_2+H_3+H_4 \tag{3.15}$$

式中　H——给水系统所需的供水压力，kPa；

H_1——引入管起点至管网最不利点位置高度所要求的静水压力，kPa；

H_2——计算管道的沿程与局部水头损失之和，kPa；

H_3——水表的水头损失，kPa；

H_4——管网最不利点所需的最低工作压力，kPa，见表 3.4。

3.3.5 管网水力计算的方法和步骤

建筑物室内给水管网通常采用列表查阅水力计算表的方法进行水力计算。首先初步确定给水方式，根据建筑图中用水点分布情况，布置给水管道，并绘制出设计草图（平面图和系统图），依据设计草图进行水力计算。现以下行上给式枝状管网为例，列出计算步骤。

(1) 确定最不利点

根据系统图（轴测图）草图确定最不利点。如果根据标高或所需水压难以判别哪个是最不利点，可以选择几个用水点作为最不利点，分别进行水力计算，比较所需总压力。计算结果最大值为该给水系统所需的供水压力（如果是与消防共用的给水系统，其最不利点也可能是位置最高的消火栓或自动喷水喷头）。

(2) 确定最不利管段并编号

按照水流方向，把从引入管起点至最不利点作为计算管路，来确定最不利管路，并在轴测图中流量变化的节点处编号，将两节点间的管段长度记入计算表中。

(3) 计算各管段的设计秒流量

根据建筑物用途选择合适的计算公式，计算各管段的给水设计秒流量，查水力计算表，进行管网的水力计算。在计算管路的总水头损失时，如系统中有水表，则应算出水表的水头损失，进而求出给水系统所需总压力 H。

绘制出水力计算表格，见表 3.13，将每一步的计算结果填入表内。

(4) 校核

当室外给水管网压力（也称资用水头）H_0（或水泵提供的扬程）大于建筑内部所需压力 H 时，设计方案合理。在实际工程中，通常应使 H_0 略大于 H 的幅度一般取 5%～10%。H_0 较小时，宜接近上限，H_0 较大时，宜接近下限。

表 3.13　给水管网水力计算表

序号	管段编号	卫生器具名称　当量值　数量					当量总数 N_g	流量 q_g /(L/s)	管径 DN /mm	流速 v/(m /s)	单阻 i /(kPa /m)	管长 L /m	管段沿程水头损失 h_g /kPa	备注
		洗手盆	自闭冲洗阀大便器	自闭冲洗阀小便器	冲洗水箱大便器	污水盆								
		0.75	0.5	0.5	0.5	1.0								
1	1～2			1			0.5	0.1	15	0.50	0.275	0.8	0.22	计算值>器具额定流量
2	2～3			2			1	0.2	15	0.99	0.940	0.8	0.75	计算值>器具累加流量
3	3～4			3			1.5	0.3	20	0.79	0.422	2.7	1.14	计算值>器具累加流量
4	4～5	3	8	3		1	8.75	2.26	40	1.36	0.452	3.1	1.40	附加 1.20L/s
5	5～6	3	8	6		1	10.25	2.35	40	1.41	0.484	0.9	0.44	附加 1.20L/s
6	6～7	6	15	6	1	2	17.5	2.71	50	1.03	0.229	4.8	1.10	附加 1.20L/s
	$5.05 \times 1.30 = 6.57$ kPa												5.05	
7	1'～2'			1			0.5	1.3	32	1.27	0.555	0.9	0.50	计算值>器具额定流量附加 1.20L/s
8	2'～3'			2			1	1.4	32	1.37	0.626	0.9	0.56	计算值>器具累加流量附加 1.20L/s
9	3'～4'			3			1.5	1.5	32	1.47	0.698	0.9	0.63	计算值>器具累加流量附加 1.20L/s
10	4'～9″			4			2	1.6	40	0.96	0.246	1.1	0.27	计算值>器具累加流量附加 1.20L/s
11	9″～4	3	8			1	7.25	2.17	40	1.30	0.421	3.5	1.47	附加 1.20L/s
	$3.43 \times 1.30 = 4.46$ kPa												3.43	

当 H_0 大于 H 较多时，可将室内给水管网中部分管段的管径调小一些，以节约能源和投资。

当 H 略大于 H_0 时，可适当放大部分管段的管径，减小管道系统的水头损失，达到上述的要求，避免设置增压设备，从而可以减少投资。

当 H 大于 H_0 较多时，则需要在给水系统中设置增压和贮水设备。

（5）确定非计算管路各管段的管径

与计算管路一样也是根据管段的设计秒流量，查水力计算表，确定管径，但不用计算管路的水头损失。

（6）确定参数

如给水系统采用水泵、水箱等增压贮水设备，就需要计算水泵的流量、扬程、水箱的容积等并选择型号，确定安装高度。

【例 3.4】　某学校一幢 3 层文体馆，其给水平面布置如图 3.1 所示，一层有男、女及残疾人卫生间各一个，女卫生间有 3 个蹲式大便器；男卫生间有 4 个蹲式大便器、3 个小便

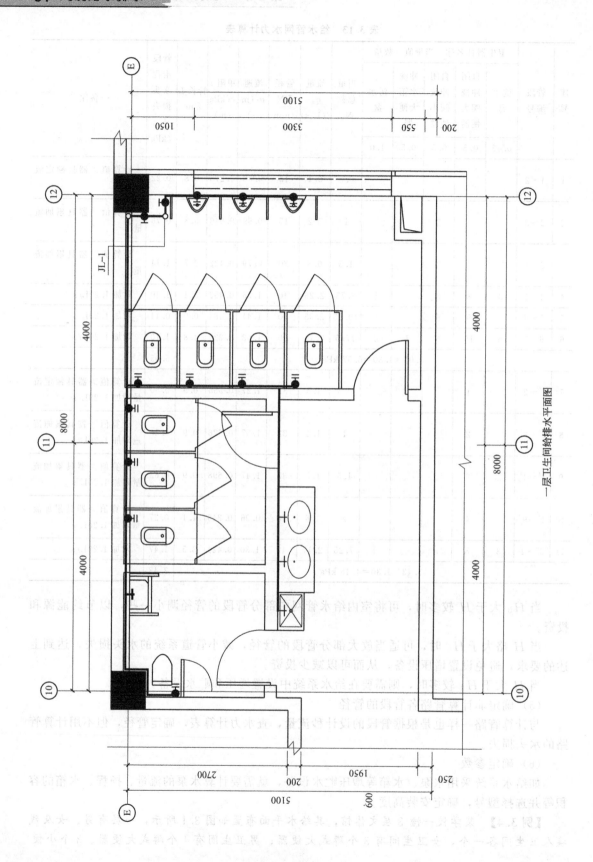

一层卫生间给水排水平面图

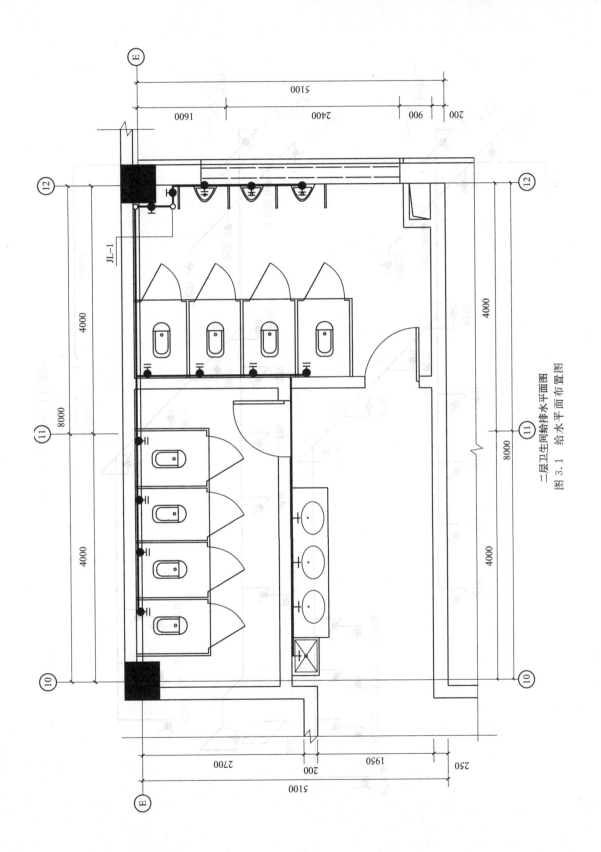

二层卫生间给排水平面图

图 3.1　给水平面布置图

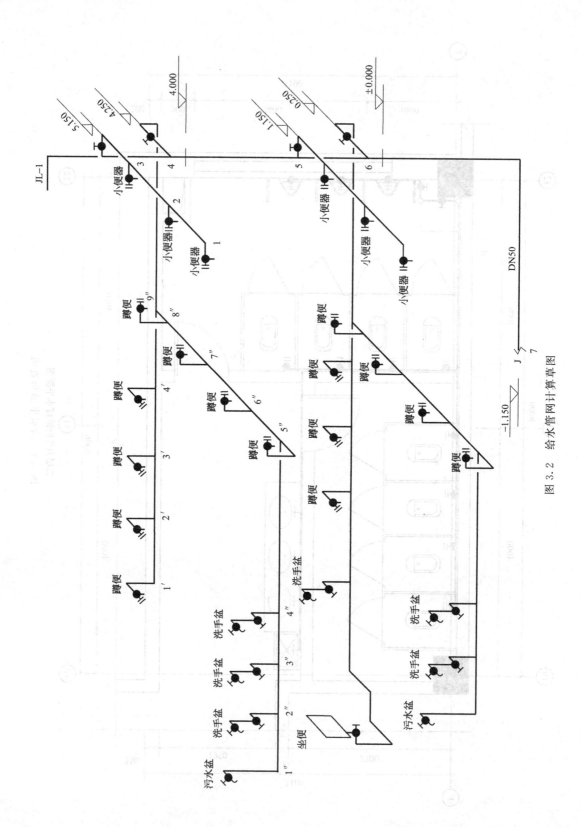

图 3.2 给水管网计算草图

器；残疾人卫生间有坐式大便器及洗手盆各 1 个。二层有男、女卫生间各一个。女卫生间有 4 个蹲式大便器；男卫生间有 4 个蹲式大便器、3 个小便器。一、二层卫生间入口设有洗脸盆洗手盆。三层无生活给水设施，管道采用塑料管，室外给水管网在建筑物的西侧，管道埋深 1.15m，由学校内加压供水，试进行给水系统水力计算。

解　(1) 由于文体馆只有三层，只有一二层有用水设施，给水管网布置成下行上给式。

(2) 绘出给水计算草图，如图 3.2 所示。

(3) 绘出给水水力计算用表格，见表 3.13。

(4) 确定最不利点。一般来说，最不利点应该是最高最远点，由于该系统的最不利点不是很明显，图中 1 点、$1''$ 点、$5''$ 点和 $1'$ 点均可能是最不利点。要进行水力计算后确定。

分析：$1''$ 点高程为 5.00m，取污水盆的最低工作压力为 5.0mH₂O，$5''$ 点高程为 4.25m，取延时自闭冲洗阀最低工作压力 10.0mH₂O，$1''$ 点和 $5''$ 点相比，不利点应该在 $5''$ 点。

$5''$ 点和 $1'$ 点相比，最低工作压力和高程均相同，$1''$ 点更远一些，因此 $1'$ 点更不利。

因此，最不利点可能在 $1'$ 点或 1 点。在水力计算表中列出 2 条计算管路进行水力计算。

(5) 在计算草图上标注出最不利管路。

(6) 选用式 (3.8)，$q_g = 0.2\alpha\sqrt{N_g}$，取 $\alpha = 1.8$，计算各管段设计秒流量填入表 3.13 中。

(7) 查塑料管水力计算表，进行水力计算，将数据填入表中，局部水头损失按照沿程水头损失的 30% 计。

(8) 确定最不利点。

$1'$ 点所需水压为

$$H = 4.25 - (-1.15) + 1.30 \times (0.50 + 0.56 + 0.63 + 0.27 + 1.47 + 1.40 + 0.44 + 1.10) \times \frac{1}{10} + 10.0$$

$$= 16.23(\text{mH}_2\text{O})$$

1 点所需水压为

$$H = 5.15 - (-1.15) + 1.30 \times (0.22 + 0.75 + 1.14 + 1.40 + 0.44 + 1.10) \times \frac{1}{10} + 5.0$$

$$= 11.96(\text{mH}_2\text{O})$$

因此，$1'$ 点为最不利点，$1' \sim 9'' \sim 4 \sim 5 \sim 6 \sim 7$ 为计算管路。所需水压为 16.23mH₂O。以此作为选择加压水泵的依据。

复习思考题

1. 给水管网水力计算目的是什么？

2. 说明给水水力计算的步骤。

3. 给水管网水力计算时，如何计算局部水头损失？

4. 如何确定给水系统中最不利点？如何确定给水系统所需压力？

5. 确定设计秒流量的方法有哪些？各自适用什么类型的建筑物？

6. 某居住人数为 1000 人的集体宿舍，最高日用水定额为 100L/(人·d)，小时变化系数为 2，BC 段供低区 500 人用水（给水当量总数为 49），为市政管网直接供水，BD 段供高区 500 人用水（给水当量总数为 49），为水泵加压供水，引入管 AB 段向 BC 段和 BD 段供水，AB 段的最小设计流量应为多少？

第4章 建筑内部消防给水系统

【知识目标】
- 了解室内消火栓系统和自动喷水系统的布置原则。
- 了解室内消火栓给水系统的给水方式。
- 掌握室内消火栓给水系统的组成。
- 掌握消火栓给水系统的水力计算。
- 了解自动喷水灭火系统的分类。
- 掌握自动喷水灭火系统的组成。
- 了解其他种类的灭火系统。

【能力目标】
- 能识读、绘制建筑消防给水施工图。
- 能进行消火栓系统的初步设计。
- 能进行自动喷水灭火系统的初步设计。
- 会选择消防设备。
- 会使用消防系统的相关规范。

4.1 消火栓给水系统

4.1.1 室内消火栓系统的设置原则

根据《建筑设计防火规范》（GB 50016—2014）规定，室内消防栓系统的设置应符合下列原则。

（1）下列建筑或场所应设置室内消火栓系统

① 建筑占地面积大于300m²的厂房和仓库。

② 高层公共建筑和建筑高度大于21m的住宅建筑，对于建筑高度不大于27m的住宅建筑，设置室内消火栓系统确有困难时，可只设置干式消防。

③ 体积大于5000m³的车站、码头、机场的候车（船、机）建筑、展览建筑、商店建筑、旅馆建筑、医疗建筑和图书馆建筑等单、多层建筑。

④ 特等、甲等剧场，超过800个座位的其他等级的剧场和电影院等以及超过1200个座位的礼堂、体育馆等单、多层建筑。

⑤ 建筑高度大于15m或体积大于10000m³的办公建筑、教学建筑和其他单、多层民用建筑。

⑥ 国家级文物保护单位的重点砖木或木结构的古建筑，宜设置室内消火栓。

⑦ 人员密集的公共建筑、建筑高度大于100m的建筑和建筑面积大于200m²的商业服务网点内应设置消防软管卷盘或轻便消防水龙；高层建筑宜设置轻便消防水龙。

（2）下列建筑或场所可不设置室内消火栓系统，但宜设置消防软管卷盘或轻便消防水龙

① 耐火等级为一、二级且可燃物较少的单、多层丁、戊类厂房（仓库）。

② 耐火等级为三、四级且建筑体积不大于 3000m³ 的丁类厂房；耐火等级为三、四级且建筑体积不大于 5000m³ 的戊类厂房（仓库）。

③ 粮食仓库、金库、远离城镇且无人值班的独立建筑。

④ 存有与水接触能引起燃烧爆炸的物品的建筑。

⑤ 室内无生产、生活给水管道，室外消防用水取自储水池且建筑体积不大于 5000m³ 的其他建筑。

4.1.2　室内消火栓给水系统的组成

室内消火栓给水系统一般由消防水源、管道系统、消火栓设备、水泵接合器、消防水池、消防水箱、消防水泵、报警装置、消防泵启动按钮等组成。

4.1.2.1　消防水源

（1）消防水源

市政给水、消防水池、天然水源等均可作为消防水源，雨水清水池、中水清水池、水景和游泳池可作为备用消防水源。由于市政给水取水最为便捷，所以市政给水是消防水源的首选。消防水池作为消防水源时，要注意冬季的防冻和消防用水不作他用。当条件有限时，雨水清水池、中水清水池、水景和游泳池也可作为消防水源，但这类水源的供水可靠性差，需做好相应的技术措施，保证在任何情况下均能满足消防给水系统所需的水量和水质。

（2）消防水质

消防水质的要求主要有两个方面，一方面要满足水灭火设施的功能需求，即灭火、控火、抑制、降温和冷却；另一方面不能对灭火设施造成损害，即颗粒物含量不能阻塞喷头和水枪、pH 值控制为 6.0～9.0、不能有腐蚀性等。

4.1.2.2　消火栓设备

消火栓设备包括室内消火栓、消防水带、消防水枪或消防软管卷盘，安装在消火栓箱内，如图 4.1 所示。

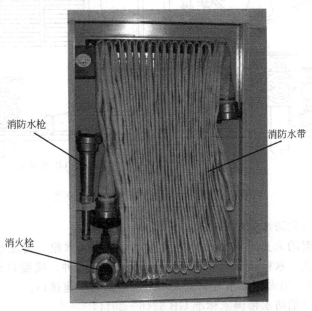

消防水枪

消防水带

消火栓

图 4.1　消火栓设备

(1) 消火栓箱（消火栓箱国家标准 GB 14561—2003）

消火栓箱按安装方式分为明装式、暗装式和半暗装式；按水带安置方式分为挂置式、卷盘式、卷置式和托架式，如图 4.2 所示。

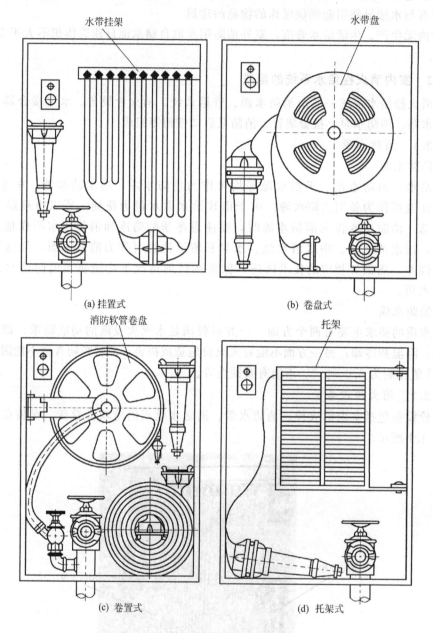

图 4.2 消火栓箱按水带安置方式分类

(2) 消防水枪（消防水枪国家标准 GB 8181—2005）

消防水枪按喷射的灭火水流形式分为直流水枪、喷雾水枪、直流喷雾水枪和多用途水枪，一般采用直流式。水枪接口直径有 50mm 和 65mm 两种，喷嘴口径有 11mm、13mm、16mm、19mm 四种。消火栓、水带和水枪均采用内扣式快速接口。

(3) 消防水带（消防水带国家标准 GB 6246—2011）

消防水带材质有麻织和化纤两种，有衬橡胶与不衬橡胶之分。水带内径为 25～300mm，分为 11 个等级，喷嘴口径 13mm 的水枪配置内径为 50mm 的水带，16mm 的水枪配置内径为 50mm 或 65mm 的水带，19mm 的水枪配置直径为 65mm 的水带。水带长度分为 15m、20m、25m、30m、40m、60m、200m 七种规格。

（4）室内消火栓（室内消火栓国家标准 GB 3445—2005）

室内消火栓按出水口形式分为单出口、双出口，按栓阀数量分为单栓阀、双栓阀，如图 4.3 所示。室内消火栓口径有 25mm、50mm、65mm 和 80mm 四种。

(a) 单出口　　　　　(b) 双出口　　　　　(c) 双阀双出口

图 4.3　室内消火栓

（5）消防软管卷盘

消防软管卷盘又称消防卷盘，能在迅速展开软管的过程中喷射灭火剂的灭火器具，适用于扑灭初期火灾和小型火灾，方便快捷，如图 4.4 所示。消防卷盘的栓口直径宜为 25mm，配备的胶带内径不小于 19mm，喷嘴口径不小于 6mm。

(a) 消防软管卷盘　　　　　　(b) 卷置式消火栓箱（配置消防软管卷盘）

图 4.4　消防软管卷盘

（6）室内消火栓的配置

根据《消防给水及消火栓系统技术规范》（GB 50974—2014）规定，室内消火栓的配置应符合下列要求。

① 应采用 ND65 室内消火栓，并可与消防软管卷盘或轻便水龙设置在统一箱体内。

② 应配置公称直径 65mm 有内衬里的消防水带，长度不宜超过 25m；消防软管卷盘应配置内径不小于 φ19mm 的消防软管，其长度宜为 30m。

③ 宜配置当量喷嘴直径 16mm 或 19mm 的消防水枪，当消火栓设计流量为 2.5L/s 时，宜配置当量喷嘴直径 11mm 或 13mm 的消防水枪。

4.1.2.3 水泵接合器

根据《消防给水及消火栓系统技术规范》（GB 50974—2014）规定，自动喷水灭火系统、水喷雾灭火系统、泡沫灭火系统和固定消防炮灭火系统等系统以及下列建筑的室内消火栓给水系统应设置消防水泵接合器。

（1）设有消防给水的住宅、超过 5 层的其他多层民用建筑。

（2）高层工业建筑和超过 4 层的多层工业建筑。

（3）高层民用建筑。

（4）超过 2 层或建筑面积大于 10000m² 的地下或半地下建筑（地下室）、室内消火栓设计流量大于 10L/s 平战结合的人防工程。

（5）城市交通隧道。

水泵接合器由进水用消防接口、本体、止回阀、安全阀和闸阀组成，具备排放余水、止回、安全排放、截断等功能，如图 4.5 所示。水泵接合器处应设置永久性标志铭牌，并应标

(a) 地上式　　　　　　　　　　(b) 墙壁式

(c) 地下式

图 4.5　水泵接合器

明供水系统、供水范围和额定压力。水泵接合器有地上式、地下式和墙壁式三种，按其出口的公称通径可分为 100mm 和 150mm 两种，按公称压力可分为 1.6MPa 和 2.5MPa 两种。

水泵接合器一端由室内消防给水干管引出，另一端设于消防车易于使用和接近的地方，其作用是，当火灾发生室内消防用水量不足时，利用消防车从室外消火栓、消防水池或天然水源取水，通过水泵接合器送至室内消防管网，供灭火使用。因此，水泵接合器应设置在室外便于消防车使用的地点，与室外消火栓或消防水池取水口的距离宜为 15～40m。水泵接合器的数量应按室内消防用水量计算确定，每个消防水泵接合器的流量宜按 10～15L/s 计算。消防给水为竖向分区供水时，在消防车供水压力范围内的分区，应分别设置水泵接合器。

4.1.2.4　消防水池

(1) 消防水池的设置原则

根据《消防给水及消火栓系统技术规范》(GB 50974—2014) 规定，下列情况需要设置消防水池。

① 当生产、生活用水量达到最大时，市政给水管网或入户引入管不能满足室内、室外消防给水设计流量。

② 采用一路消防供水或只有 1 条入户引入管，且室内外消火栓设计流量大于 20L/s 或建筑高度大于 50m。

③ 市政消防给水设计流量小于建筑室内外消防给水设计流量。

(2) 消防水池的一般规定

根据《消防给水及消火栓系统技术规范》(GB 50974—2014)，消防水池应符合下列规定：

① 容量大于 $500m^3$ 的消防水池，应分设成两个能独立使用的消防水池；当大于 $1000m^3$ 时，应设置能独立使用的两座消防水池。

② 供消防车取水的消防水池应设置取水口或取水井，且吸水高度不应大于 6.0m。取水口或取水井与被保护建筑物（水泵房除外）的距离不宜小于 15m；与甲、乙、丙类液体储罐的距离不宜小于 40m；与液化石油气储罐的距离不宜小于 60m，如采取防止辐射热的保护措施时，可减为 40m。

③ 消防用水与生产、生活用水合并的水池，应采取确保消防用水不作他用的技术措施。常用的技术措施有两种，一种是将生活生产用水的出水管设在消防水位之上，另一种方法是在消防水池内设置隔墙，如图 4.6 所示。

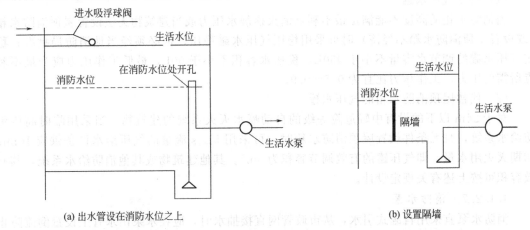

(a) 出水管设在消防水位之上　　　　　　　　(b) 设置隔墙

图 4.6　消防水不被动用的技术措施

④ 消防水池的出水管应保证消防水池的有效容积能全部利用。

⑤ 严寒和寒冷地区的消防水池应采取防冻保护设施。

（3）消防水池的构造

消防水池的构造与生活给水水池的构造相似，除了进水管和出水管外，应设有水位显示装置、溢流管、排水管和通气管，并符合下列要求。

① 消防水池除了就地设置水位显示装置外，还应在消防控制中心或值班室等地点设置显示消防水池水位的装置，同时应设有最高和最低报警水位。

② 溢流管和排水管应采用间接排水。

③ 通气管和溢流管应采取防止虫鼠等进入消防水池的技术措施。

4.1.2.5　消防水箱

消防水箱的构造与生活给水水箱相同，作用是在发生火灾时提供扑救初期火灾的消防用水量和水压。采用临时高压给水系统的建筑物要设置消防水箱；采用常高压给水系统并能保证最不利点消火栓和自动喷水灭火系统等的水量和水压的建筑物，或设置干式消防竖管的建筑物，可不设置消防水箱。

根据《消防给水及消火栓系统技术规范》（GB 50974—2014），消防水箱的设置应符合下列规定。

（1）消防水箱的设置位置应高于其所服务的水灭火设施，且最低有效水位应满足水灭火设施最不利点处的静水压力，当不能满足要求时应设稳压泵。

（2）消防水箱应储存 10min 的消防用水量，各类建筑的消防水箱有效容积需符合规范要求，当与规范规定不一致时应取较大值。

（3）消防水箱在屋顶露天设置时，水箱的人孔以及进出水管的阀门等设置锁具或阀门箱等保护措施。

（4）消防水箱可分区设置，并联给水方式的分区消防水箱容量应与高位消防水箱相同。

（5）除串联消防给水系统外，发生火灾后由消防水泵供给的消防用水不应进入消防水箱。

（6）水箱间应通风良好，不应结冰，当必须设置在严寒、寒冷等冬季结冰地区的非采暖房间时，应采取防冻措施，环境温度或水温不能低于 5℃。

4.1.2.6　气压水罐

气压水罐一般可分为两种形式，稳压气压水罐和代替屋顶消防水箱的气压水罐。

（1）稳压气压水罐

当消防水箱的高度不能满足最不利点消火栓静水压力或当建筑物无法设置屋顶消防水箱（或设置屋顶消防水箱不经济）时可采用稳压气压水罐稳压，但必须经当地消防局批准；稳定气压水罐的调节水容量不小于 450L，稳压水容积不小于 50L，最低工作压力应为最不利点所需的压力，工作压力比宜为 0.5～0.9。

（2）代替屋顶消防水箱的气压水罐

对于 24m 以下的设有中轻危险等级的自动喷水灭火系统的建筑物，当采用临时高压消防给水系统，且无条件设置屋顶消防水箱时，可采用 5L/s 流量的气压给水设备供应 10min 初期灭火用水量，即气压罐的有效调节容积为 3m³。其他建筑物或其他消防给水系统，其有效容积可按上述有关规定设计。

4.1.2.7　消防水泵

消防水泵宜采用自灌式引水，从市政管网直接抽水时，应在水泵出水管上设置倒流防止器。消防水泵组的吸水管和出水管均不应少于两条，当其中一条损坏时，另一条吸水管或压水管仍可供应全部水量。高压和临时高压消防系统，其每台工作消防水泵应有独立的吸水管。

消防水泵应设有备用泵，其性能与工作泵性能一致。但符合下列条件之一时，可不用设备用泵。

① 建筑高度小于 54m 的住宅和室外消防给水设计流量小于等于 25L/s 的建筑。

② 室内消防设计流量小于等于 10L/s 的建筑。

消防水泵应保证在火警后 5min 内达到正常工作，并在火场断电时仍能正常运转；消防水泵房宜设有与消防队直接联络的通信设备。

4.1.2.8　减压节流装置

当发生火灾消防泵工作时，同一立管上不同高度的消防栓压力是不同的，当栓口压力超过 0.5MPa 时，射流的反作用力使消防人员难以控制水枪射流方向，从而影响灭火效果。因此，压力过大的消火栓应采取减压措施。减压值应为消火栓口实际压力值减去消火栓工作压力值。

常用的减压装置为减压孔板。常为不锈钢、铝或铜制的孔板，其中央有一圆孔，水流过截面较小的孔洞，造成局部损失而减压，如图 4.7 所示。

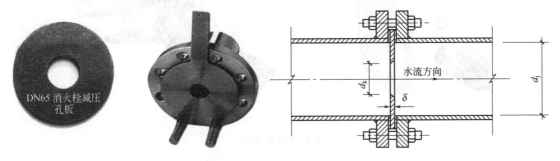

图 4.7　减压孔板

相关知识链接——"全自动消防水炮"

"全自动消防水炮"是利用自然界的可燃物质在燃烧时所释放出的光谱射线为目标，采用特种红紫外探测系统对燃着点火源射线进行监测感知火灾的发生与存在。采用了先进的红紫外火焰探测系统、中央电脑控制系统和机电一体化系统，全天候、全方位自动监测其保护区域内的一切火情。一旦发生火灾，装置立即启动，发出信号到消防控制中心，实行报警，同时全方位地进行巡回扫描寻找，精确定位，并驱动灭火装置把喷口迅速准确地瞄准火源，继而自动启泵、开阀，把灭火剂及时、准确地喷向着火点，瞬间即可把刚刚初燃的火源扑灭，若有新的火源，灭火装置将重复上述灭火过程，待全部火源扑灭后又重新回到监测状态。确保把火灾的苗头扼灭在初萌状态，使之不能成灾，真正地做到"防患于未然"。

消防水炮具有探测距离远，保护面积大，喷射距离远，喷洒流量大，灵敏度高，响应速度快，智能化、自动化水平高，灭火时间短等众多优点，可进行全方位监控，无死角、无盲区、误报误动率极低的特性，能够极大地消除火灾给人们带来的危害。

自动水炮特点如下。

1. 自动水炮采用红外、紫外复合火焰探测技术，可以主动发现早期火源，有效识别真假火源，定位准确。

2. 自动水炮炮内采用减压设计，减少水炮后坐力，射程更远，水量更集中，对火场穿透力强，不易雾化。

3. 自动水炮采用激光定位检测，可以准确指示射水方向。

手动消防水炮

全自动消防水炮

　　4. 自动水炮可通过视频管理系统或现场手动控制箱进行自动/手动转换，启/停止水泵。

　　5. 自动水炮内置通信防雷模块、启动灵敏度根据不同场所可调，不同场所可调节不同灵敏度。设有急停按钮，紧急情况下切断电磁阀电源。

4.1.3　消火栓给水系统的给水方式

4.1.3.1　无加压水泵和水箱的室内消火栓给水系统

　　当建筑物不太高，室外给水管网的水压和流量完全能满足室内最不利点消火栓的设计水压和流量时采用，如图4.8所示。

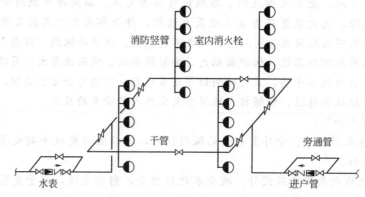

图4.8　无加压水泵和水箱的室内消火栓给水系统

4.1.3.2　设有水箱的室内消火栓给水系统

　　常用在室外给水管网压力变化较大的城市或居住区，当生活、生产用水量达到最大时，室外管网不能保证室内最不利点消火栓的压力和流量；而当生活、生产用水量较小时，室外管网压力又较大，能向高位水箱补水。因此，常设水箱调节生活、生产用水量，同时贮存 10min 的消防用水量，如图 4.9 所示。

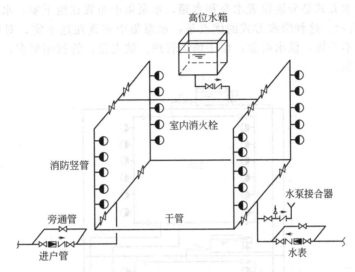

图 4.9　设有水箱的室内消火栓给水系统

4.1.3.3　设置消防水泵和水箱的室内消火栓给水系统

　　当室外水管网的水压不能满足室内消火栓给水系统水压时，选用此方式。

　　水箱应储备 10min 的室内消防用水水量，且采用生活用水泵补水，严禁消防水泵补水。水箱进入消火栓给水管网的管道上应设止回阀，以防消防时消防水泵出水进入水箱，如图 4.10 所示。

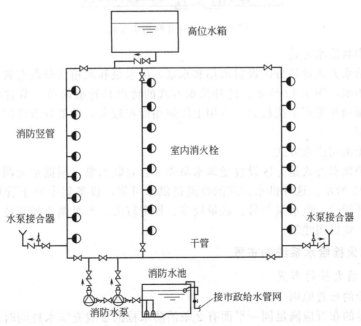

图 4.10　设置消防水泵和水箱的室内消火栓给水系统

4.1.3.4 分区室内消火栓给水系统

当消火水系统的工作压力大于 2.4MPa、消火栓栓口处静水压强大于 1.0MPa、自动喷水灭火系统报警阀处的工作压力大于 1.6MPa 或喷头处的工作压力大于 1.2MPa 时，应采用分区供水。常用的分区给水方式有分区并联、分区串联和分区无水箱三种。

（1）分区并联给水方式

分区并联给水方式是分区设置水泵和水箱，水泵集中布置在地下室，水箱分别布置在各区，如图 4.11 所示。这种给水方式的优点是：水泵集中布置在地下室，对用户干扰小；各区独立运行，互不干扰，供水可靠；便于维护管理。缺点是：管材用量多，投资较大；水箱占用上层使用面积。

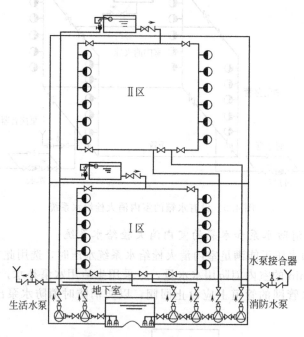

图 4.11　分区并联给水方式

（2）分区串联给水方式

分区串联给水方式也是分区设置水箱和水泵，但水泵和水箱均分散布置，水泵从下区水箱抽水供上区用水，图 4.12 所示。这种给水方式的特点是管道简单，节省投资，但水泵布置在楼板上，振动和噪声干扰较大，占用上层使用面积较大，设备分散维护管理不便，上区供水受下区限制。

（3）分区无水箱供水方式

分区无水箱供水方式是分区设置变速水泵或多台并联水泵，根据水量调节水泵转速或运行台数，图 4.13 所示。这种供水方式的特点是供水可靠，设备集中便于管理，不占用上层使用面积，能耗较少，但水泵型号、数量较多、投资较大，水泵调节控制技术要求高。适用于各类型高层工业民用建筑。

4.1.4　消火栓给水系统的布置

4.1.4.1　消火栓的布置

（1）消火栓的布置原则

室内消火栓的布置应满足同一平面有 2 条消防水枪的 2 股充实水柱同时达到任何部位的要求，但建筑物高度小于或等于 24m 且体积小于或等于 5000m³ 的多层仓库、建筑高度小于

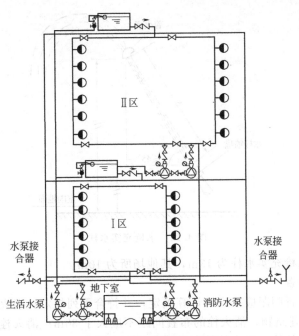

图 4.12　分区串联给水方式

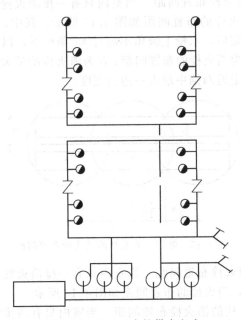

图 4.13　分区无水箱供水方式

或等于 54m 且每单元设置一部疏散楼梯的住宅，以及《消防给水及消火栓系统技术规范》（GB 50974—2014）规定的可采用 1 支消防水枪的 1 股充实水柱达室内任何部位。

充实水柱为由水枪喷嘴起到射流 90％的水柱水量穿过直径 380mm 圆孔处的一段射流长度，如图 4.14 所示。由于火场的辐射热使消防人员无法接近着火点，从水枪喷嘴喷出的水流应该具有足够的射程，保证所需的消防流量到达着火点。但水枪的充实水柱长度过大时，射流的反作用力会使消防人员无法把握水枪灭火，影响灭火。因此，《消防给水及消火栓系统技术规范》（GB 50974—2014）规定：高层建筑、厂房、库房和室内净高超过 8m 的民用

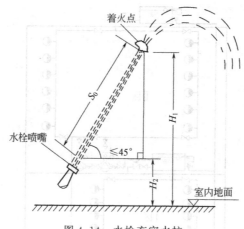

图 4.14　水枪充实水柱

建筑等场所，消防水枪充实水柱为 13m，其他场所为 10m。

（2）消火栓的布置

室内消火栓的布置间距应按设计计算确定，并符合下列规定：消火栓按 2 支消防水枪的 2 股充实水柱布置的建筑物，消火栓的布置间距不应大于 30m；消火栓按 1 支消防水枪的 1 股充实水柱布置的建筑物，消火栓的布置间距不应大于 50m。

① 单排一股水柱的消火栓布置间距　当室内只有一排消火栓，且要求有 1 股充实水柱达到室内任何部位时，消火栓的布置间距如图 4.15 所示。其中，R 为消火栓的保护半径，指消火栓、水带和水枪选定后，水枪上倾角不超过 45°条件下，以消火栓为圆心，消火栓能充分发挥作用的半径；S 为消火栓的布置间距；b 为消火栓的最大保护宽度，外廊式建筑为建筑宽度，内廊式建筑为走道两侧中最大一边的宽度。

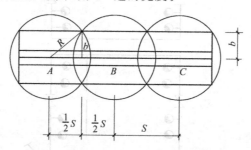

图 4.15　单排一股水柱的消火栓布置间距

② 单排两股水柱的消火栓布置间距　当室内只有一排消火栓，且要求有 2 股充实水柱同时达到室内任何部位时，消火栓的布置间距如图 4.16 所示。

③ 多排消火栓一股水柱的消火栓布置间距　当室内只有两排消火栓，且要求有 1 股充实水柱同时达到室内任何部位时，消火栓的布置间距如图 4.17 所示。

④ 多排消火栓两股水柱的消火栓布置间距　当室内只有两排消火栓，且要求有 2 股充实水柱同时达到室内任何部位时，消火栓的布置间距如图 4.18 所示。

（3）消火栓布置的一般规定

根据《消防给水及消火栓系统技术规范》（GB 50974—2014）的规定，消火栓的布置应符合下列要求。

① 设置室内消火栓的建筑，包括设备层在内的各层均应设置消火栓。

② 消防电梯前应设置消火栓。

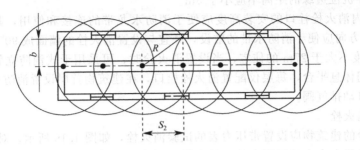

图 4.16　单排两股水柱的消火栓布置间距

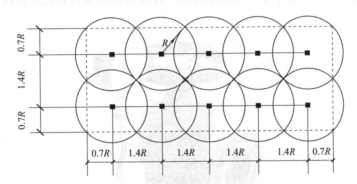

图 4.17　多排消火栓一股水柱的消火栓布置间距

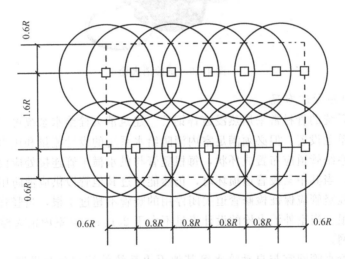

图 4.18　多排消火栓两股水柱的消火栓布置间距

③ 跃层住宅和商业网点的室内消火栓应至少满足一股充实水柱到达室内任何部位，并宜设置在户门附近。

④ 室内消火栓设置在楼梯间及其休息平台和前室、走道灯等明显易于取用，以及便于火灾扑救的位置。同一楼梯间及其附近不同层设置的消火栓，其平面位置应相同。

⑤ 汽车库内消火栓的设置应不影响汽车的通行和车位的设置，并应确保消火栓的开启。

⑥ 冷库的消火栓应设置在常温穿堂或楼梯间内。

⑦ 屋顶设有直升机停机坪的建筑，应在停机坪出入口处或非电器设备机房处设置消火

栓，且距停机坪机位边缘的距离不应小于 5m。

⑧ 建筑室内消火栓栓口的安装高度应便于消防水龙带的连接和使用，其距地面高度宜为 1.1m，出水方向应便于消防水带的敷设，并宜与设置消火栓的墙面成 90°角或向下。

⑨ 建筑高度不大于 27m 的住宅，当设置消火栓时，可采用干式消防立管。干式消防立管设置在楼梯间休息平台，每层仅配置消火栓栓口，在建筑物首层设置消防车供水接口，竖管顶端应设置自动排气阀。

（4）试验消火栓

设置消火栓的建筑物应设置带压力表的试验消火栓，如图 4.19 所示。对于单层建筑物，试验消火栓应设置在水力最不利点处，且应靠近出入口。对于多层和高层建筑物，试验消火栓应设置在屋顶，严寒、寒冷等冬季结冰地区可设置在顶层出口处或水箱间内等便于操作和防冻的位置。

图 4.19　试验消火栓

4.1.4.2　消防管道布置

消火栓给水系统的管材常采用热浸镀锌钢管。建筑消火栓给水系统可与生活、生产给水系统合并，也可单独设置，但必须满足室内消防给水系统的设计流量和压力要求。

室内消火栓系统管道应布置成环状，每根竖管与供水横干管连接处应设置阀门。环状管网供水可靠性高，当其中某段管道损坏时，仍然能通过其他管段供应消防用水。环状管网检修时，室内消火栓竖管应保证检修管道关闭停用的竖管不超过 1 根，当竖管超过 4 根时，可关闭不相邻的 2 根。当室外消火栓的设计流量不大于 20L/s，且室内消火栓不超过 10 个时，可布置成枝状管网。

室内消火栓给水管网宜与自动喷水等其他灭火系统的管网分开设置。当合用消防水泵时，供水管路沿水流方向应在报警阀前分开设置。

室内消防管道的管径应根据系统设计流量、流速和压力要求经计算确定。竖管管径应根据竖管最低流量经计算确定，但不应小于 $DN100$。

4.1.5　消火栓给水系统的水力计算

4.1.5.1　构筑物消防给水设计流量

根据《消防给水及消火栓系统技术规范》（GB 50974—2014）的规定，建筑物室内消火栓设计流量如表 4.1 所示，室外消防栓设计流量如表 4.2 所示，且消防给水管道的设计流速不宜大于 2.5m/s。

表 4.1　建筑物室内消火栓设计流量

建筑物名称			高度 h(m)、层数、体积 V(m³)、座位数(n)、火灾危险性		消火栓设计流量/(L/s)	同时使用消防水枪数/支	每根竖管最小流量/(L/s)
工业建筑	厂房		$h\leqslant24$	甲、乙、丁、戊	10	2	10
				丙	20	4	15
			$24<h\leqslant50$	乙、丁、戊	25	5	15
				丙	30	6	15
			$h>50$	乙、丁、戊	30	6	15
				丙	40	8	15
	仓库		$h\leqslant24$	甲、乙、丁、戊	10	2	10
				丙	20	4	15
			$h>24$	丁、戊	30	6	15
				丙	40	8	15
民用建筑	单层及多层	科研楼、试验楼	$V\leqslant10000$		10	2	10
			$V>10000$		15	3	10
		车站、码头、机场的候车(船、机)楼和展览建筑(包括博物馆)等	$5000<V\leqslant25000$		10	2	10
			$25000<V\leqslant50000$		15	3	10
			$V>50000$		20	4	15
		剧场、电影院、会堂、礼堂、体育馆等	$800<n\leqslant1200$		10	2	10
			$1200<n\leqslant5000$		15	3	10
			$5000<n\leqslant10000$		20	4	15
			$n>10000$		30	6	15
		旅馆	$5000<V\leqslant10000$		10	2	10
			$10000<V\leqslant25000$		15	3	10
			$V>25000$		20	4	15
		商店、图书馆、档案馆等	$5000<V\leqslant10000$		15	3	10
			$10000<V\leqslant25000$		25	5	15
			$V>25000$		40	8	15
		病房楼、门诊楼等	$5000<V\leqslant25000$		10	2	10
			$V>25000$		15	3	10
		办公楼、教学楼等其他建筑	$V>10000$		15	3	10
		住宅	$21<h\leqslant27$		5	2	5
	高层	住宅　普通	$27<h\leqslant54$		10	2	10
			$h>54$		20	4	10
		二类公共建筑	$h\leqslant50$		20	4	10
			$h>50$		30	6	15
		一类公共建筑	$h\leqslant50$		30	6	15
			$h>50$		40	8	15
	国家级文物保护单位的重点砖木或木结构的古建筑		$V\leqslant10000$		20	4	10
			$V>10000$		25	5	15

建筑物名称		高度 h(m)、层数、体积 V(m³)、座位数(n)、火灾危险性	消火栓设计流量/(L/s)	同时使用消防水枪数/支	每根竖管最小流量/(L/s)
汽车库/修车库［独立］			10	2	10
地下建筑		$V \leqslant 5000$	10	2	10
		$5000 < V \leqslant 10000$	20	4	15
		$10000 < V \leqslant 25000$	30	6	15
		$V > 25000$	40	8	20
人防工程	展览厅、影院、剧场、礼堂、健身体育场所等	$V \leqslant 1000$	5	1	5
		$1000 < V \leqslant 2500$	10	2	10
		$V > 2500$	15	3	10
	商场、餐厅、旅馆、医院等	$V \leqslant 5000$	5	1	5
		$5000 < V \leqslant 10000$	10	2	10
		$10000 < V \leqslant 25000$	15	3	10
		$V > 25000$	20	4	10
	丙、丁、戊类生产车间、自行车库	$V \leqslant 2500$	5	1	5
		$V > 2500$	10	2	10
	丙、丁、戊类物品库房、图书资料档案库	$V \leqslant 3000$	5	1	5
		$V > 3000$	10	2	10

注：1. 丁、戊类高层厂房（仓库）室内消火栓的设计流量可按本表减少 10L/s，同时使用消防水枪数量可按本表减少 2 支。

2. 当高层民用建筑高度不超过 50m，室内消火栓用水量超过 20L/s，且设有自动喷水灭火系统时，其室内、外消防用水量可按本表减少 5L/s。

3. 消防软管卷盘、轻便消防水龙及多层住宅楼梯间中的干式消防竖管，其消防给水设计流量可不计入室内消防给水设计流量。

表 4.2　建筑物室外消火栓设计流量　　　　　　单位：L/s

耐火等级	建筑物类别			建筑物体积 V/m³					
				$V \leqslant 1500$	$1500 < V \leqslant 3000$	$3000 < V \leqslant 5000$	$5000 < V \leqslant 20000$	$20000 < V \leqslant 50000$	$V > 50000$
一、二级	工业建筑	厂房	甲、乙	15	20	25	30	35	
			丙	15	20	25	30	40	
			丁、戊	15				20	
		仓库	甲、乙	15		25		—	
			丙	15		25	35	45	
			丁、戊	15				20	
	民用建筑	住宅	普通	15					
		公共建筑	单层及多层	15		25	30	40	
			高层	—		25	30	40	
	地下建筑(包括地铁)、平战结合的人防工程			15		20	25	30	
	汽车库、修车库［独立］			15				20	

耐火等级	建筑物类别		建筑物体积 V/m^3					
			$V \leqslant 1500$	$1500 < V$ $\leqslant 3000$	$3000 < V$ $\leqslant 5000$	$5000 < V$ $\leqslant 20000$	$20000 < V$ $\leqslant 50000$	$V > 50000$
三级	工业建筑	乙、丙	15	20	30	40	45	—
		丁、戊	15			20	25	35
	单层及多层民用建筑		15	20	25	30	—	
四级	丁、戊类工业建筑		15	20	25	—		
	单层及多层民用建筑		15	20	25	—		

注：1. 成组布置的建筑物应按消火栓设计流量较大的相邻两座建筑物的体积之和确定。

　　2. 火车站、码头和机场的中转库房，其室外消火栓设计流量应按相应耐火等级的丙类物品库房确定。

　　3. 国家级文物保护单位的重点砖木、木结构的建筑物室外消火栓设计流量，按三级耐火等级民用建筑物消火栓设计流量确定。

4.1.5.2　消防用水量

一起火灾灭火用水量：同时作用的室内和室外消防给水用水量之和，两座及以上建筑合用时，取最大者。

$$V = V_1 + V_2$$

$$V_1 = 3.6 \sum_{i=1}^{n} q_{1i} t_{1i}$$

$$V_2 = 3.6 \sum_{i=1}^{m} q_{2i} t_{2i}$$

式中　V——建筑消防给水一起火灾灭火用水量，m^3；

　　　V_1——室外消防给水一起火灾灭火用水量，m^3；

　　　V_2——室内消防给水一起火灾灭火用水量，m^3；

　　　q_{1i}——室外第 i 种水灭火系统的设计流量，L/s；

　　　t_{1i}——室外第 i 种水灭火系统的火灾延续时间，h；

　　　n——建筑需要同时作用的室外水灭火系统数量；

　　　q_{2i}——室内第 i 种水灭火系统的设计流量，L/s；

　　　t_{2i}——室内第 i 种水灭火系统的火灾延续时间，h；

　　　m——建筑需要同时作用的室内水灭火系统数量。

当室内有多个防护对象或防护区时，需要以各防护对象或防护区为单位分别计算消防用水量，取其中的最大者为建筑物的室内消防用水量。

【**例 4.1**】　有一高层综合楼（高度超过 50m），主体为酒店和办公服务设施，地下室设有车库和餐厅等娱乐设施（$V > 25000 m^3$），地上有裙房，此建筑设有消火栓灭火系统和自动喷水灭火系统，消火栓灭火系统的火灾延续时间为 3h，自动喷水灭火系统的火灾延续时间为 1h，求此高层建筑的室内消防用水量是多少？（其中，地下室自动喷水灭火系统的设计流量为 40L/s，酒店、裙房自动喷水灭火系统的设计流量为 25L/s）

解　查表 4.1，得到：地下室消火栓给水系统的设计流量为 20L/s

酒店、裙房消火栓给水系统的设计流量为 40L/s

地下室的消防用水量为：

$$V_2 = 3.6 \sum_{i=1}^{m} q_{2i} t_{2i} = 3.6 \times 20 \times 3 + 3.6 \times 40 \times 1 = 360 (m^3)$$

酒店、裙房的消防用水量为：

$$V'_2 = 3.6 \sum_{i=1}^{m} q_{2i} t_{2i} = 3.6 \times 40 \times 3 + 3.6 \times 25 \times 1 = 522 \ (\text{m}^3)$$

由于 $V'_2 > V_2$

所以，此建筑物室内消防用水量是 522m³。

4.1.5.3 消火栓的布置间距

$$\text{消火栓的保护半径} \ R = k_3 L_d + L_s$$

式中 k_3——消防水带弯曲折减系数，取 0.8~0.9；

L_d——消防水带的长度，m；

L_s——充实水柱的长度在平面上的投影长度（m），按 45°计算，取 $0.71S_k$。

【例 4.2】 现有一栋 6 层的民用住宅楼，楼内设有消火栓灭火系统，计算消火栓的保护半径是多少？

解 普通多层住宅的充实水柱为 10m

消防水带弯曲折减系数取 0.8

消防水带的长度为 25m

消火栓的保护半径为

$$R = k_3 L_d + L_s = k_3 L_d + 0.71 S_k = 0.8 \times 25 + 0.71 \times 10 = 27.1 (\text{m})$$

4.2 自动喷水灭火系统

4.2.1 自动喷水灭火系统的分类

自动喷水灭火系统是一种在发生火灾时，能自动打开喷头喷水灭火并同时发出火警信号的消防灭火设施。自动喷水灭火系统是当今世界公认的最为有效的自救灭火设施，能有效扑灭火灾初期的火，应用广泛、安全可靠。

自动喷水灭火系统按喷头的开启形式可分为闭式系统和开式系统；按报警阀的形式可分为湿式系统、干式系统、干湿两用系统、预作用系统和雨淋系统等；按对保护对象的功能又可分为暴露防护型（水幕或冷却等）和控制灭火型；按喷头形式又可分为传统型（普通型）喷头和洒水型喷头、大水滴型喷头和快速响应早期抑制型喷头等。

4.2.2 闭式自动喷水灭火系统

闭式自动喷水灭火系统是指在系统中采用闭式喷头，平时系统处于封闭状态，当火灾发生时喷头可自动打开，整个喷水灭火系统开始工作。闭式自动喷水灭火系统是目前应用非常广泛的一种自动喷水灭火系统。

4.2.2.1 闭式自动喷水灭火系统的设置原则

根据《建筑设计防火规范》（GB 50016—2014）规定，下列情况要设置自动喷水灭火系统。

① 除规范另有规定和不宜用水保护或灭火的场所外，下列厂房或生产部位应设置自动喷水灭火系统。

a. 不小于 50000 纱锭的棉纺厂的开包、清花车间，不小于 5000 锭的麻纺厂的分级、梳麻车间，火柴厂的烤梗、筛选部位。

b. 占地面积大于 1500m² 或总建筑面积大于 3000m² 的单、多层制鞋、制衣、玩具及电子等类似生产的厂房。

c. 占地面积大于 1500m² 的木器厂房。

d. 泡沫塑料厂的预发、成型、切片、压花部位。

e. 高层乙、丙、丁类厂房。

f. 建筑面积大于 500m² 的地下或半地下丙类厂房。

② 除规范另有规定和不宜用水保护或灭火的仓库外，下列仓库应设置自动喷水灭火系统。

a. 每座占地面积大于 1000m² 的棉、毛、丝、麻、化纤、毛皮及其制品的仓库。

【注】单层占地面积不大于 2000m² 的棉花库房，可不设置自动喷水灭火系统。

b. 每座占地面积大于 600m² 的火柴仓库。

c. 邮政建筑内建筑面积大于 500m² 的空邮袋库。

d. 可燃、难燃物品的高架仓库和高层仓库。

e. 设计温度高于 0℃ 的高架冷库，设计温度高于 0℃ 且每个防火分区建筑面积大于 1500m² 的非高架冷库。

f. 总建筑面积大于 500m² 的可燃物品地下仓库。

g. 每座占地面积大于 1500m² 或总建筑面积大于 3000m² 的其他单层或多层丙类物品仓库。

③ 除规范另有规定和不宜用水保护或灭火的场所外，下列高层民用建筑或场所应设置自动喷水灭火系统。

a. 一类高层公共建筑（除游泳池、溜冰场外）及其地下、半地下室。

b. 二类高层公共建筑及其地下、半地下室的公共活动用房、走道、办公室和旅馆的客房、可燃物品库房、自动扶梯底部。

c. 高层民用建筑内的歌舞娱乐放映游艺场所。

d. 建筑高度大于 100m 的住宅建筑。

④ 除规范另有规定和不宜用水保护或灭火的场所外，下列单、多层民用建筑或场所应设置自动喷水灭火系统。

a. 特等、甲等剧场，超过 1500 个座位的其他等级的剧场，超过 2000 个座位的会堂或礼堂，超过 3000 个座位的体育馆，超过 5000 人的体育场的室内人员休息室与器材间等。

b. 任一层建筑面积大于 1500m² 或总建筑面积大于 3000m² 的展览、商店、餐饮和旅馆建筑以及医院中同样建筑规模的病房楼、门诊楼和手术部。

c. 设置送回风道（管）的集中空气调节系统且总建筑面积大于 3000m² 的办公建筑等。

d. 藏书量超过 50 万册的图书馆。

e. 大、中型幼儿园，总建筑面积大于 500m² 的老年人建筑。

f. 总建筑面积大于 500m² 的地下或半地下商店。

g. 设置在地下或半地下或地上四层及以上楼层的歌舞娱乐放映游艺场所（除游泳场所外），设置在首层、二层和三层且任一层建筑面积大于 300m² 的地上歌舞娱乐放映游艺场所（除游泳场所外）。

4.2.2.2　系统组成和工作原理

闭式自动喷水灭火系统按充水与否分为下列四种类型，其工作原理如下。

（1）湿式自动喷水灭火系统

① 湿式自动喷水灭火系统的组成　湿式自动喷水灭火系统由闭式洒水喷头、水流指示器、湿式报警阀组以及管道和供水设施等组成，而且管道内始终充满水保持一定压力，如图 4.20 所示。

② 湿式自动喷水灭火系统的工作流程　发生火灾时，火点温度达到开启闭式喷头时，喷头出水灭火，水流指示器发生电信号报告起火区域，报警阀组或稳压泵的压力开关输出启

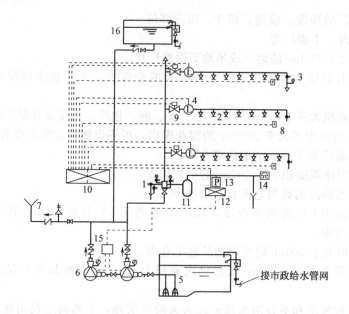

图 4.20　湿式自动喷水灭火系统

1—湿式报警阀；2—闭式喷头；3—末端试水装置；4—水流指示器；5—消防水池；
6—消防水泵；7—水泵接合器；8—探测器；9—信号闸阀；10—报警控制器；
11—延迟器；12—电气控制箱；13—压力开关；14—水力警铃；15—水泵启动箱；
16—高位水箱

动消防水泵的信号，完成系统的启动，以达到持续供水的目的。系统启动后，由消防水泵向开启的喷头供水，开启的喷头将水按设计的喷水强度均匀喷洒，实施灭火。

③ 湿式自动喷水灭火系统的特点　湿式系统结构简单，通常处于警戒状态，由消防水箱或稳压泵、气压给水设备等稳压设施维持管道内充水的压力。适合在温度不低于 4℃（低于 4℃ 水有结冻的危险）并不高于 70℃（高于 70℃，水临近汽化状态，有加剧破坏管道的危险）的环境中使用，因此绝大多数的常温场所采用此系统。

（2）干式自动喷水灭火系统

干式系统与湿式系统的区别在于采用干式报警阀组，警戒状态下配水管道内充有压缩空气等有压气体，为保持气压，需要配套设置补气设施。干式系统配水管道中维持的气压，根据干式报警阀入口前管道需要维持的水压、结合干式报警阀的工作性能确定，如图 4.21 所示。

闭式喷头开启后，配水管道有一个排气过程。系统开始喷水的时间，将因排气充水过程而产生滞后，因此喷头出水不如湿式系统及时，削弱了系统的灭火能力。但因管网中平时不充水，对建筑装饰无影响，对环境温度也无要求，适用于环境温度不适合采用湿式系统的场所。为减少排气时间，一般要求管网内的容积不大于 3000L。

（3）干、湿交替自动喷水灭火系统

当环境温度满足湿式系统设置条件时，报警阀后的管段充以有压水，形成湿式系统；当环境温度不满足湿式系统设置条件时，报警阀后的管段充以压缩空气，形成干式系统。一般用于冬季可能结冻又无采暖设施的建筑物或构筑物内。管网中在冬季为干式（充气），在夏天转换成湿式（充水）。

（4）预作用喷水系统

该系统采用预作用报警阀组，并由配套使用的火灾自动报警系统启动。处于警戒状态

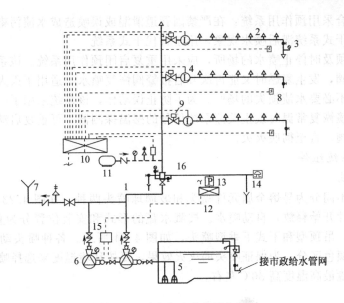

图 4.21 干式自动喷水灭火系统

1—干式报警阀；2—闭式喷头；3—末端试水装置；4—水流指示器；5—消防水池；
6—消防水泵；7—水泵接合器；8—探测器；9—信号闸阀；10—报警控制器；
11—空压机；12—电气控制箱；13—压力开关；14—水力警铃；15—水泵启动箱；
16—过滤器

时，配水管道内不冲水。发生火灾时，利用火灾探测器的热敏性能优于闭式喷头的特点，由火灾报警系统开启雨淋阀后为管道充水，使系统在闭式喷头动作前转换为湿式系统，如图4.22 所示。

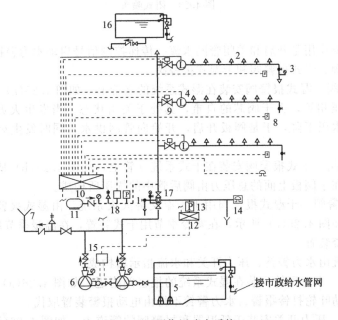

图 4.22 预作用喷水系统

1—预作用阀；2—闭式喷头；3—末端试水装置；4—水流指示器；5—消防水池；6—消防水泵；7—水泵接合器；
8—探测器；9—信号闸阀；10—报警控制器；11—空压机；12—电气控制箱；13—压力继电器；
14—水力警铃；15—水泵启动箱；16—高位水箱；17—过滤器；18—低气压报警压力开关

下列场所适合采用预作用系统：在严禁因管道泄漏或误喷造成水渍污染的场所替代湿式系统；为了消除干式系统滞后喷水现象，用于替代干式系统。

对灭火后必须及时停止喷水的场所，应采用重复启闭预作用系统。该系统能在扑灭火灾后自动关闭报警阀，发生复燃时又能再次开启报警阀恢复喷水，适用于灭火后必须及时停止喷水、要求减少不必要水渍损失的场所。为了防止误动作，该系统采用了一种既可输出火警信号，又可在环境恢复常温时发生关停系统信号的感温探测器，可重复启动水泵和打开具有复位功能的雨淋阀，直至彻底灭火。

4.2.2.3 系统组件

（1）闭式喷头

按热敏元件不同分为易熔金属元件喷头和玻璃球喷头两种，如图4.23所示。当达到一定温度时热敏元件开始释放，自动喷水。按溅水盘的形式和安装位置分为直立型、下垂型、边墙型、普通型、吊顶型和干式下垂型喷头，如图4.24所示。各种喷头动作温度不同，主要从热敏元件的颜色区分，为保证喷头的灭火效果，要按环境温度来选择喷头温度，喷头的动作温度要比环境最高温度高30℃左右。

　　　(a) 玻璃球喷头　　　　　(b) 易熔金属元件喷头

图 4.23　闭式喷头

（2）报警阀

报警阀的主要作用是开启和关闭管网水流、传递控制信号启动水力警铃直接报警。报警阀分为湿式报警阀、干式报警阀和干湿式报警阀。

① 湿式报警阀　湿式报警阀安装在湿式系统的立管上，如图4.25(a)所示。工作原理：平时阀芯前后水压相等，由于阀芯的自重，其处于关闭状态。当发生火灾时，闭式喷头喷水，报警阀上面水压下降，于是阀板开启，开始向管网供水，同时发生火警信号并启动消防泵。

② 干式报警阀　干式报警阀安装在干式系统立管上，如图4.25(b)所示，原理同湿式报警阀。其区别在于阀板上面的总压力由阀后管中的气压所构成。

③ 干湿式报警阀　干湿式报警阀用于干湿交替灭火系统，由湿式报警阀与干式报警阀依次连接而成，如图4.25(c)所示，在寒冷季节用干式装置，在温暖季节用湿式装置。

（3）水流报警装置

水流报警装置由水力警铃、压力开关和水流指示器构成。

① 水力警铃　水力警铃安装在湿式系统的报警阀附近，如图4.26(a)所示，当有水流通过时，水流冲动叶轮打铃报警。水力警铃不得由电动报警装置取代。

② 压力开关　压力开关安装于延迟器和报警阀的管道上，如图4.26(b)所示，水力警铃报警时，自动接通电动警铃报警，并把信号传至消防控制室或启动消防水泵。

③ 水流指示器　水流指示器安装在湿式系统各楼层配水干管或支管上，如图4.26(c)所示，当开始喷水时，水流指示器将水流信号转换为电信号送至报警控制器，并指示火灾

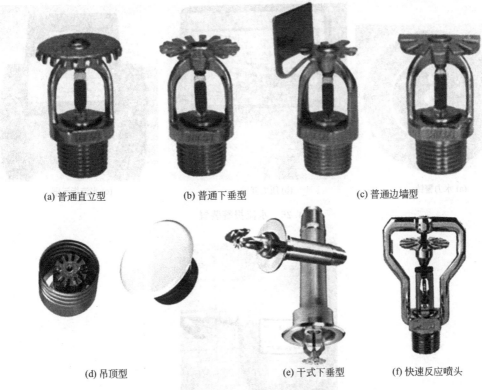

(a) 普通直立型　　　(b) 普通下垂型　　　(c) 普通边墙型

(d) 吊顶型　　　(e) 干式下垂型　　　(f) 快速反应喷头

图 4.24　按溅水盘的形式和安装位置的喷头分类

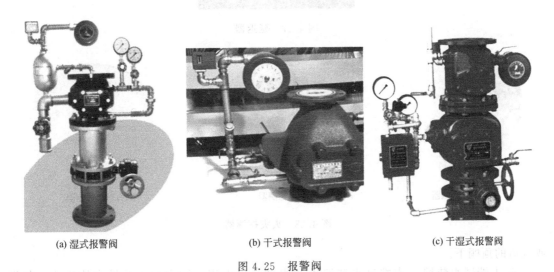

(a) 湿式报警阀　　　(b) 干式报警阀　　　(c) 干湿式报警阀

图 4.25　报警阀

楼层。

④ 延迟器　延迟器安装于报警阀与水力警铃之间的信号管道上，如图 4.27 所示，用以防止水源进水管发生水锤时引起水力警铃误动作。报警阀开启后，需经 30s 左右水充满延迟器后方可冲打水力警铃报警。

⑤ 火灾探测器　目前常用的火灾探测器有感烟、感温和感光探测器，如图 4.28 所示。感烟探测器是利用火灾发生地点的烟雾浓度进行探测；感温探测器是通过起火点空气环境的升温进行探测；感光探测器是通过起火点的发光强度进行探测。火灾探测器一般布置在房间

(a) 水力警铃

(b) 压力开关

(c) 水流指示器

图 4.26　水流报警装置

图 4.27　延迟器

(a) 感烟探测器

(b) 感温探测器

(c) 感光探测器

图 4.28　火灾探测器

或过道的顶棚下。

⑥ 末端试水装置　末端试水装置由试水阀、压力表、试水接头及排水管组成，如图 4.29 所示，设于每个水流指示器作用范围的供水最不利点，用于检测系统和设备的安全可靠性。末端试水装置的出水，应采取孔口出流的方式排入排水管道。

4.2.2.4　配水管网的布置

自动喷水灭火系统配水管网的布置，应根据建筑的具体情况布置成中央式和侧边式两种形式，配水管网应采用内外壁热浸镀锌钢管。报警阀前管道采用内壁不防腐的钢管时，应在该管道的末端设过滤器。系统管道的连接，应采用沟槽式连接件（卡箍）或丝扣、法兰连接。报警阀前采用内壁不防腐钢管时，可焊接连接。

图 4.29　末端试水装置

系统中直径等于或大于 100mm 的管道，应分段采用法兰或沟槽式连接件（卡箍）连接。水平管道上法兰间的管道长度不宜大于 20m；立管上法兰间的距离，不应跨越 3 个及以上楼层。净空高度大于 8m 的场所内，立管上应有法兰。短立管及末端试水装置的连接管，其管径不应小于 25mm。干式系统、预作用系统的供气管道采用钢管时，管径不宜小于 15mm；采用钢管时，管径不宜小于 10mm。配水支管管径不应小于 25mm。

配水管道的工作压力不应大于 1.20MPa，并不应设置其他用水设施。

管道的直径应经水力计算确定。配水管道的布置，应使配水管入口的压力均衡。轻危险级、中危险级场所中各配水管入口的压力均不宜大于 0.40MPa。

干式系统的配水管道充水时间，不宜大于 1min；预作用系统与雨淋系统的配水管道充水时间，不宜大于 2min。

配水管两侧每根配水支管控制的标准喷头数，轻危险级、中危险级场所不应超过 8 只，同时在吊顶上下安装喷头的配水支管，上下侧均不应超过 8 只。严重危险及仓库危险级场所不应超过 6 只。

配水支管相邻喷头间应设支吊架，配水立管、配水干管与配水支管上应再附加防晃支架。

分隔阀门应设在便于维修的地方，分隔阀门应经常处于开启状态，一般用锁链锁住。分隔阀门最好采用明杆阀门。

水平安装的管道宜有坡度，并应坡向泄水阀。充水管道的坡度不宜小于 2%，准备工作状态不充水的管道的坡度不宜小于 4%，并在管网的末端设充水时用的排气装置。

4.2.3　开式自动喷水灭火系统

开式自动喷水灭火系统采用开式喷头，平时报警阀处于关闭状态，管网中无水，系统为敞开状态。当发生火灾时报警阀开启，管网充水，喷头开始喷水灭火。

开式自动喷水灭火系统分为雨淋自动喷水灭火系统、水幕自动喷水灭火系统和水喷雾自动灭火系统（本书略）。

4.2.3.1　雨淋自动喷水灭火系统

当建筑物发生火灾，由感温（或感光、感烟）等火灾探测器接到火灾信号后，通过自动控制开启雨淋阀，其喷水灭火。不仅可以扑灭着火处的火源，而且可以同时自动向整个被保护的面积上喷水，从而防止火灾的蔓延和扩大，具有出水量大、灭火及时等优点。

（1）雨淋自动喷水灭火系统的适用范围

根据《建筑设计防火规范》（GB 50016—2014）规定，下列建筑或部位应设置雨淋自动喷水灭火系统。

① 火柴厂的氯酸钾压碾厂房，建筑面积大于 100m² 且生产或使用硝化棉、喷漆棉、火胶棉、赛璐珞胶片、硝化纤维的厂房。

② 乒乓球厂的轧坯、切片、磨球、分球检验部位。

③ 建筑面积大于 60m² 或储存量大于 2t 的硝化棉、喷漆棉、火胶棉、赛璐珞胶片、硝化纤维的仓库。

④ 日装瓶数量大于 3000 瓶的液化石油气储配站的灌瓶间、实瓶库。

⑤ 特等、甲等剧场、超过 1500 个座位的其他等级剧场和超过 2000 个座位的会堂或礼堂的舞台葡萄架下部。

⑥ 建筑面积不小于 400m² 的演播室，建筑面积不小于 500m² 的电影摄影棚。

（2）系统组成和工作原理

雨淋灭火系统由开式喷头、雨淋阀、火灾探测器、管道系统、报警控制装置、控制组件和供水设备等组成。

发生火灾时，火灾探测器把探测到的火灾信号立即送到控制器，控制器将信号作声光显示并输出控制信号，打开管网上的传动阀门，自动放掉传动管网中的有压水，使雨淋阀后传动水压骤然降低，雨淋阀启动，消防水便立即充满管网，同时开式喷头开始喷水，压力开关和水力警铃发出声光报警，作反馈指示，控制中心的消防人员便可观测系统的工作情况。

（3）系统组件

① 开式喷头　开式喷头与闭式喷头的区别在于缺少热敏元件组成的释放机构。由本体、支架、溅水盘等组成。分为双臂下垂型、单臂下垂型、双臂直立型和双臂边墙型四种，如图 4.30 所示。

(a) 双臂下垂型　　　　　(b) 双臂直立型　　　　　(c) 双臂边墙型

图 4.30　开式喷头

② 雨淋阀　雨淋阀用于雨淋、预作用、水幕、水喷雾自动灭火系统，在立管上安装，室温不超过 4℃，如图 4.31 所示。

③ 火灾探测传动系统

a. 带易熔锁封的钢丝绳传动控制系统　带钢丝绳的易熔锁封，通常布置在淋水管的上面，房间整个顶棚的下面，靠拉紧弹簧的拉力使传动阀保持密封状态，如图 4.32 所示。当发生火灾时，室内温度上升，易熔锁封熔化，钢丝绳拉紧，传动阀开启放水，传动管网水压骤然下降，雨淋阀自动开启，开式喷头向整个保护区喷水灭火。同时，水流指示器将信号送

图 4.31　雨淋阀

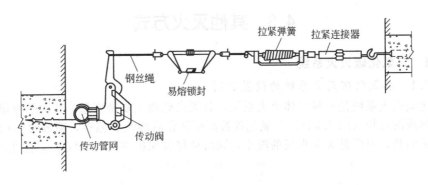

图 4.32　带易熔锁封的钢丝绳传动控制系统

至报警控制器，自动启动消防泵。

b. 带闭式喷头的传动控制系统　在保护露天设备时，雨淋系统用带易熔元件的闭式喷头或带玻璃球塞的闭式喷头作为系统探测火灾的感温元件，把系统安装在保护区内，并在闭式喷头的传动管路内充水或充压缩空气（即干式系统），使其起到传递信号的作用。工作原理与带易熔锁封的钢丝绳控制系统一致，不同处在于使用闭式喷头出水泄压，管理比较方便，节省投资，如图 4.33 所示。

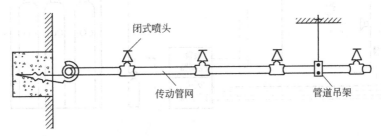

图 4.33　带闭式喷头的传动控制系统

4.2.3.2　水幕系统

（1）水幕系统的设置范围

根据《建筑设计防火规范》（GB 50016—2014）规定，下列建筑或部位应设置水幕系统。

① 特等、甲等剧场、超过 1500 个座位的其他等级的剧场、超过 2000 个座位的会堂或礼堂和高层民用建筑内超过 800 个座位的剧场或礼堂的舞台口及上述场所内与舞台相连的侧台、后台的洞口。

② 应设置防火墙等防火分隔物而无法设置的局部开口部位。

③ 需要防护冷却的防火卷帘或防火幕的上部。

【注】舞台口也可采用防火幕进行分隔，侧台、后台的较小洞口宜设置乙级防火门、窗。

（2）水幕系统的组成和工作原理

水幕系统的组成与雨淋系统基本相同。水幕系统不具备直接灭火的能力，而是用密集喷洒所形成的水墙或水帘，或配合防火卷帘等分隔物，阻断烟气和火势的蔓延，属于暴露防护系统，可单独使用，用来保护建筑物的门、窗、洞口或在大空间造成防火水帘起防火分隔作用。

水幕系统的控制阀可采用雨淋阀、干式报警阀或手动控制阀。设置要求与雨淋系统相同，其他组件也与雨淋系统相同。

4.3　其他灭火方式

4.3.1　二氧化碳灭火系统

4.3.1.1　二氧化碳灭火系统的设置原则

二氧化碳灭火系统是一种气体灭火系统，其灭火原理主要是窒息，其次是冷却，灭火过程是一个物理的过程（图 4.34）。二氧化碳被高压液化后罐装、储存，喷放时体积急剧膨胀并吸收大量的热，可降低火灾现场的温度，同时稀释被保护空间的氧气浓度达到窒息灭火的

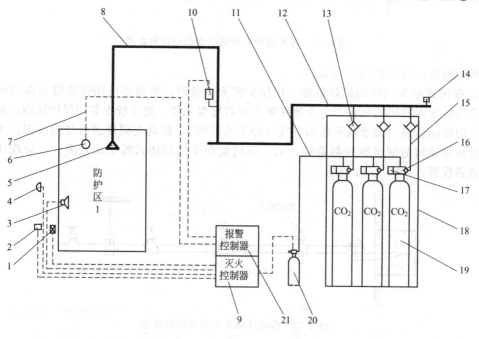

图 4.34　二氧化碳灭火系统的组成

1—紧急启停按钮；2—放气指示灯；3—声报警器；4—光报警器；5—喷嘴；6—火灾探测器；
7—电气控制线路；8—灭火剂输送管道；9—灭火控制器；10—信号反馈装置；11—启动管路；
12—集流管；13—灭火剂管路单向阀；14—安全泄压阀；15—压力软管；16—灭火剂容器阀；
17—机械应急启动把手；18—瓶组架；19—灭火剂容器；20—启动装置；21—报警控制器

效果。二氧化碳是一种惰性气体，价格便宜，灭火时不污染火场环境，灭火后很快散逸、不留痕迹。但是二氧化碳对人体有窒息作用，系统只能用于无人场所，如在经常有人工作的场所安装使用时应采取适当的防护措施以保障人员的安全。我国制定的二氧化碳灭火系统设计规范规定，二氧化碳灭火系统适用于扑救下列一些火灾：液体或可溶化的固体（如石蜡、沥青）火灾；固体表面火灾及部分固体（如棉花、纸张）深位火灾；电器火灾；气体火灾（灭火前不能切断气源的除外）。

规范同时还规定，二氧化碳灭火系统不得用于扑救下列物质的火灾：含氧化剂的化学制品，如消化纤维、火药、过氧化氢等；活泼金属，如钾、钠、镁、钛、锆等；金属氢化物（含金属氨基化合物），如氰化钾、氢化钠等。

下列部分应设置气体灭火系统：省级或超过 100 万人口城市广播电视发射塔楼内的微波机房、分米波机房、米波机房、变配电室和不间断电源（UPS）室；国际电信局、大区中心、省中心和一万路以上的地区中心的长途程控交换机房、控制室和信令转换接点室；二万线以上的市话汇接局和六万门以上的市话端局程控交换机房、控制室和信令转接点室；中央及省级治安、防灾和网局级以上的电力等调度指挥中心的通信机房和控制室；主机房的建筑面积不小于 $140m^2$ 的电子计算机房中的主机房和基本工作间的已记录磁（纸）介质库；其他特殊重要设备室。

下列单位应设置二氧化碳等气体灭火系统，但不得采用卤代烷 1211、1301 灭火系统：省级或藏书超过 100 万册的图书馆的特藏库；中央和省级的档案馆中的珍藏库和非纸质档案库；大、中型博物馆中的珍品库房；一级纸、绢质文物的陈列室；中央和省级广播电视中心内，建筑面积不小于 $120m^2$ 的音像制品库房。

4.3.1.2　二氧化碳灭火系统的分类

二氧化碳灭火系统按灭火方式分为全淹没灭火方式和局部施用灭火方式。二氧化碳从储存系统中释放出来，液态的二氧化碳大部分迅速被汽化，大约 1kg 液态二氧化碳会产生 $0.5m^3$ 的二氧化碳气体。它将在被保护的封闭空间里扩散开来，直至充满全部空间，形成均一且高于所有被保护物质要求的灭火浓度，此时就能扑灭空间里任意部位的火灾，这一灭火方式称为全淹没灭火方式。局部施用系统是采用专用的喷头，使喷出的二氧化碳能直接、集中地施放到正在燃烧的物体上。因此要求喷放的二氧化碳能穿透火焰，并在燃烧物的燃烧表面上达到一定的供给强度，延续一定的时间，这样才使得燃烧熄灭。用于不需封闭空间条件的具体保护对象的非深位火灾。

4.3.1.3　二氧化碳灭火系统的组成

二氧化碳灭火系统由储存装置（含储存容器、单向阀、容器阀、集流管及称重捡漏装置等）、管道、管件、二氧化碳喷头及选择阀组成，如图 4.34 所示。

4.3.2　蒸汽灭火系统

水蒸气是不燃的惰性气体，也是一种廉价的灭火介质。它能稀释或置换燃烧区内的可燃气体（蒸汽）和助燃气体，并降低这两种气体的浓度，从而达到有效窒息灭火的作用。蒸汽灭火系统的优点是：设备简单、安装方便、使用灵活、维护容易；蒸汽价格低廉，设备费及安装费均较低，是一种经济可靠的灭火系统；淹没性能好，可以扑救空间各点火灾；扑救高温设备火灾时，不会引起设备热胀冷缩的应力而破坏设备。但是，蒸汽灭火系统不适用于体积大、面积大的火区，不适用于扑灭电气设备、贵重仪表、文物档案等火灾。

蒸汽灭火系统有固定式和半固定式两种。固定式蒸汽灭火系统为全淹没式灭火系统，用于扑灭整个房间、舱室的火灾，即使燃烧房间惰性化而熄灭火焰，对保护空间的容积不大于 $500m^3$ 效果较好。半固定式蒸汽灭火系统用于扑救局部火灾，利用水蒸气的机械冲击力量吹散可燃气体，并瞬间在火焰周围形成蒸汽层扑灭火灾。

蒸汽灭火系统的设置范围：使用蒸汽的甲、乙类厂房和操作温度等于或超过本身自燃点的丙类液体厂房；单台锅炉蒸发量超过 2t/h 的燃油、燃气锅炉房；火柴厂的火柴生产联合机部位；有条件适用蒸汽灭火系统设置的场所。

4.3.3　干粉灭火系统

干粉灭火系统是以氮气或二氧化碳为动力，向干粉罐内提供压力，推动干粉罐内的干粉灭火剂，通过管路输送到固定喷嘴喷出，通过化学抵制和物理灭火共同作用，以达到扑救易燃、可燃液体，可燃气体和电气设备火灾的目的。

干粉灭火剂由基料和添加剂组成，基料起灭火作用，添加剂则用于改善干粉灭火剂的流动性、防腐性、防结块等性能。目前品种最多、用量最大的是 B、C 类干粉，及用于 B 类火灾和 C 类火灾的干粉。按成分可分为钠盐干粉、钾盐干粉、氨基干粉和金属干粉（用于 D 类火灾）等。主要对燃烧物起到化学抑制、燃爆作用，使燃烧物熄灭。灭火剂的选用应根据燃烧物的性质确定。

4.3.3.1　干粉灭火系统的特点

干粉灭火剂具有不导电、不腐蚀、扑救火灾迅速等特点。主要用于扑救可燃气体、易燃液体火灾，也适用于扑救电气设备和可燃固体火灾。干粉灭火系统具体有以下优点：灭火时间短、效率高，对石油及石油产品的灭火效果较好；绝缘性能好，可扑救带电设备火灾；对人畜无毒或低毒，对环境不会产生危害；灭火后，对机器设备的污染较小；不受电源限制；能长距离输送，设备能远离火区；寒冷地区使用不需防冻；灭火剂可以长期储存；适用于缺水地区。但是，由于干粉没有冷却作用，干粉灭火系统灭火后如果留有余火易发生复燃，对于精密仪器也有一定的危害，不能扑救深度阴燃的火灾。

4.3.3.2　干粉灭火系统的使用范围

干粉灭火设备对 A、B、C、D 四类火灾都可以使用，但大量的还是 B、C 类火灾，一般适用于如下场所：易燃、可燃液体和可熔化的固体火灾；可燃气体和可燃液体以压力形式喷射的火灾；各种电气火灾；木材、纸张、纺织品等 A 类火灾的明火；D 类火灾指金属火灾，如钾、钠等。

干粉灭火系统不适于扑救的火灾：不能用于扑救自身能够释放氧气或提高氧源的化合物火灾（如过氧化物等）；不能扑救普通燃烧物质的深部位的火或阴燃火；不宜扑救精密仪器、精密电气设备、计算机等火灾，因为易产生污染和破坏。

4.3.3.3　干粉灭火系统的分类

干粉灭火系统按其安装方式可分为固定式、半固定式。按喷射方式可分为全淹没式和局部应用式。按其控制启动方式又可分为自动启动控制和手动控制。

全淹没灭火系统是固定的管道、固定的喷嘴与固定的干粉储罐连接在一体的一种干粉灭火系统。其主要用于密闭的或可密闭的建筑，如地下室、洞室、船舱、变压器室、油漆仓库、油品以及汽车库等。

局部应用灭火系统是由喷嘴通过固定的管道与干粉储罐连接，将干粉直接喷射到保护对象上的一种干粉灭火系统。其主要用于建筑物空间很大，不易形成整个建筑物火灾，而只有个别设备容易发生火灾，或者一些露天装置易发生火灾的场所。这些场所不可能或者没有必要设置全淹没灭火系统，可以选择某个容易发生火灾部位设置局部应用灭火系统。

4.3.4　泡沫灭火系统

泡沫灭火系统以泡沫为灭火剂，其主要灭火机理是通过泡沫的遮断作用将燃烧液体与空气隔离窒息而实现灭火。因为泡沫中水的成分占 96% 以上，所以它同时伴有冷却而降低燃烧液体蒸发的作用以及灭火过程中产生的水蒸气的窒息作用，使燃烧熄灭。

　　泡沫灭火剂由普通型泡沫、蛋白泡沫、氟蛋白泡沫、水成膜泡沫、成膜氟蛋白泡沫等。泡沫灭火剂的基本成分有发泡剂、稳泡剂、耐液添加剂、助熔剂、抗冻剂及其他添加剂等。

　　泡沫灭火系统按发泡倍数分为低倍数、中倍数和高倍数灭火系统；按使用方式可分为全淹没式、局部应用式和移动式灭火系统；按泡沫的喷射方式分为液上喷射、液下喷射和喷淋喷射三种形式。

　　泡沫灭火系统的适用范围：石油化工装置区易于泄漏处、固体物质仓库，易燃液体仓库，有火灾危险的工业厂房、地下建筑，各种船舶的机舱、泵舱和货舱等，设有贵重仪器设备和物质，以及可燃物液体、液化石油气和液化天然气的流淌火灾等。

4.3.5　七氟丙烷气体灭火系统

　　七氟丙烷（HFC-227ea、FM-200）是无色、无味、不导电、无二次污染的气体，具有清洁、低毒、电绝缘性好，灭火效率高的特点，特别是它对臭氧层无破坏，在大气中的残留时间比较短，其环保性能明显优于卤代烷，是目前为止研究开发比较成功的一种洁净气体灭火剂，被认为是替代卤代烷 1301、1211 的最理想的产品之一。

　　七氟丙烷自动灭火系统是集气体灭火、自动控制及火灾探测等于一体的现代化智能型自动灭火装置，符合 DBJ15-23—1999《七氟丙烷（HFC-227ea）洁净气体灭火系统设计规范》及 ISO 14520-9《气体灭火系统-物理性能和系统设计》系统设计及产品标准规范的要求，本系统装置设计先进、性能可靠，操作简单，环保良好等特点（图 4.35、图 4.36）。

　　七氟丙烷自动灭火系统由储存瓶组、储存瓶组架、液流单向阀、集流管、选择阀、三通、异径三通、弯头、异径弯头、法兰、安全阀、压力信号发送器、管网、喷嘴、药剂、火灾探测器、气体灭火控制器、声光报器、警铃、放气指示灯、紧急启动/停止按钮等组成。

　　灭火系统有自动、手动、机械应急手动和紧急启动/停止四种控制方式。

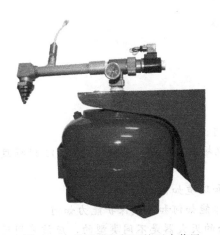

图 4.35　悬挂式七氟丙烷灭火装置

图 4.36　管网式七氟丙烷自动灭火系统

　　灭火特性如下。

① 灭火效率高。

② 洁净环保，具有良好的清洁性，在大气中完全汽化不留残渣。

③ 经济实惠。

④ 良好的电气绝缘性。

⑤ 适用于有人工作的场所，对人体基本无害。

相关知识链接——"消防灭火器配备标准有哪些?"

消防灭火器可以按照三种方式进行划分。第一种是按照消防灭火器的移动方式（图4.37）进行划分的，可以分为手提式灭火器和推车式灭火器；第二种是按照灭火的动力进行划分的，可以分为化学反应式灭火器、储压式灭火器以及储瓶式灭火器；最后一种是按照灭火剂进行划分的，可以分为干粉灭火器、泡沫灭火器以及二氧化碳灭火器等。

消防器材的配置标准如下。

根据《建筑灭火器配置设计规范》（GB 50240—2005）的规定，消防灭火器的配置标准分为火灾种的分类和灭火器的选择以及消防设施的设置。

1. 火灾种的分类

火灾种的分类需要根据火灾现场里面的物质和易燃物的特性进行分类，比如说带电的火灾的火灾种可能是充电器等。

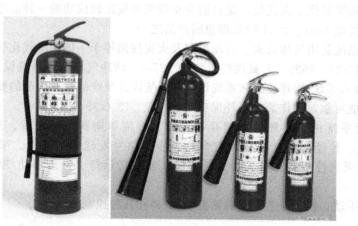

图 4.37　移动式灭火器

2. 灭火器的选择

在选择灭火器的时候，应该考虑以下六个因素。

① 配置灭火器的现场的容易发生的火灾的种类；

② 配置灭火器的现场的发生火灾的危险程度大小；

③ 配置灭火器的现场的灭火器的性能和通用性如何；

④ 配置灭火器的现场的灭火器里面的灭火剂对现场物品是否有所损坏以及污损程度大小；

⑤ 配置灭火器的现场的灭火器的设置地点的温度和环境如何；

⑥ 配置灭火器的现场的能够使用灭火器的人员的体能如何和自我保护能力如何。

值得注意的是，如果在同一个灭火场所，如果现场的灭火器是不同类型的，应该采用灭火剂可以相容的灭火器。如果是火灾的类型不同的话，应该选择通用性的灭火器。

3. 消防设施的设置

灭火器的配置必须符合 GB 50140 的规定。灭火器应设置在人们可一眼看到的明显的位置以及最方便取用的位置。如果灭火器设置的位置对人们的视线有干扰或者是障碍，应该在那个位置设置明显的或者是发光的标志，并且这个位置不能够影响到之后的疏散。手提式灭火器不应该放在距离地面超过 1.5m 的地方，并且灭火箱要进行一定的保护措施但是不能够锁上。

复习思考题

1. 室内消火栓给水系统有哪几部分组成？

2. 室内消火栓的配置要求有哪些？

3. 水泵接合器由哪几部分组成？简述水泵接合器的用途。

4. 消防给水的水源有哪几种？消防水源对水质有哪些要求？

5. 消防用水与生产、生活用水合并的水池，应采取哪些措施确保消防用水不作他用？

6. 消火栓给水系统有哪几种给水方式？简述其适用条件。

7. 简述消火栓给水系统中消火栓的布置原则，并解释什么是充实水柱。

8. 简述自动喷水灭火系统的分类。

9. 简述湿式自动喷水灭火系统的工作流程。

10. 简述干式自动喷水灭火系统与湿式自动喷水灭火系统的区别。

11. 什么是预作用喷水系统？

12. 闭式喷头的动作温度主要从哪个方面区分？

13. 自动喷水灭火系统中水流报警装置有哪几部分组成？简述其各部分的作用。

14. 简述自动喷水灭火系统中延迟器的作用。

15. 简述雨淋自动喷水灭火系统的工作原理。

16. 简述雨淋自动喷水灭火系统与水幕系统的区别。

17. 简述二氧化碳灭火系统的分类。

18. 简述干粉灭火系统的特点。

19. 简述泡沫灭火系统的适用范围。

20. 试述七氟丙烷自动灭火系统应用及特点。

21. 现有一个高层（$h > 54\text{m}$）住宅小区，设有地下车库（$V \leqslant 5000\text{m}^3$），高层住宅设有消火栓灭火系统，地下车库设有消火栓灭火系统和自动喷水灭火系统，消火栓灭火系统的火灾延续时间为 3h，自动喷水灭火系统的火灾延续时间为 1h，求此高层住宅的室内消防用水量是多少？（其中，地下车库自动喷水灭火系统的设计流量为 30L/s）

22. 现有一栋高层住宅楼，楼内设有消火栓灭火系统和自动喷水灭火系统，计算消火栓的保护半径是多少？

第5章　建筑内部排水系统

▶【知识目标】

- 了解排水系统分类、组成及排水体制。
- 熟悉常用卫生器具、排水管材及附件。
- 掌握排水管道布置敷设方法。
- 熟悉排水通气管的类型和布置敷设要求。
- 掌握排水管道水力计算方法。
- 了解污水的抽升和局部处理方法，了解化粪池、降温池、隔油井用途、结构。
- 了解高层建筑排水系统及常用配件。

▶【能力目标】

- 会选择排水管材及附件。
- 能进行排水管道布置、敷设及排水管道试验。
- 会确定排水设计秒流量，进行排水管道水力计算，确定排水管道管径。
- 能进行化粪池容积计算，选择化粪池等局部处理构筑物的型号。
- 能识读建筑排水施工图。

5.1　建筑内部排水系统分类和组成

5.1.1　排水系统分类

建筑内部排水系统是把建筑内的生活污水、工业废水和屋面雨、雪水收集起来，有组织地及时畅通地排至室外排水管网、处理构筑物或水体。

按系统接纳的污、废水性质的不同，可将建筑内排水系统分为以下3类。

5.1.1.1　生活排水系统

排除居住建筑、公共建筑、工业企业生活间的生活污水和生活废水。生活污水一般是指大便器（槽）、小便器（槽）以及与此相似的卫生设备排出的污水。生活废水是指洗涤盆（池）、淋浴设备、洗脸盆、化验盆等卫生器具排出的洗涤废水。一般可作为中水的原水，经过处理可以作为杂用水，主要用于冲洗厕所、浇洒绿地、冲洗道路、洗车等。

5.1.1.2　工业废水排水系统

排除生产过程中产生的污废水。按照污染程度可以分为生产污水排水系统和生产废水排水系统。

生产污水排水系统排除生产过程中被污染较重的工业废水的排水系统。生产污水需经过处理后才允许回用或排放，如含酚污水，含氰污水，酸、碱污水等。

生产废水排水系统排除生产过程中只有轻度污染或水温提高，只需经过简单处理即可循环或重复使用的较洁净的工业废水的排水系统。如冷却废水、洗涤废水等。

5.1.1.3　屋面雨水排水系统

排除降落在屋面上的雨、雪水的排水系统。

5.1.2 排水体制选择

5.1.2.1 排水体制

建筑内部排水体制分为分流制和合流制两种。分流制是指建筑中的粪便污水和生活污水，工业建筑中的生产污水和生产废水各自由单独的排水管道系统排除。合流制是指建筑中两种或两种以上的污、废水合用一套排水管道系统排除。

建筑物宜设置独立的屋面雨水排水系统，迅速、及时地将雨水排至室外雨水管渠或地面。

5.1.2.2 排水体制选择

建筑内部排水体制确定时，应根据污水性质、污染程度、结合建筑外部排水系统体制、有利于综合利用、污水的处理和中水开发等方面的因素考虑。

(1) 建筑内下列情况宜采用生活污水与生活废水分流的排水系统。

① 建筑物使用性质对卫生标准要求较高时。

② 生活污水需经化粪池处理后才能排入市政排水管道时。

③ 生活废水需回收利用时。

(2) 下列建筑排水应单独排水至水处理或回收构筑物。

① 职工食堂、营业性餐厅的厨房含有大量油脂的洗涤废水。

② 机械自动洗车台冲洗水。

③ 含有大量致病菌，放射性元素超过排放标准的医院污水。

④ 水温超过 40℃ 的锅炉、水加热器等加热设备排水。

⑤ 用作回用水水源的生活排水。

⑥ 实验室有毒有害废水。

(3) 建筑物雨水管道应单独设置，在缺水或严重缺水地区，宜设置雨水贮存池。

目前，很多城市建有雨水贮存设施，如上海世博园、日本东京地下雨水调蓄设施，如图5.1。我国也在大力推崇 "海绵城市" 建设理念。

图 5.1　日本东京雨水调蓄设施

相关知识链接——"海绵城市"

所谓 "海绵城市"，是指像海绵一样，城市在适应环境变化和应对自然灾害等方面具有良好 "弹性"，下雨时吸水、蓄水、渗水、净水，干旱缺水时将蓄存的水 "释放" 并加以利用。这种 "生态治水" 的新方式，突破了 "以排为主" 的传统雨水管理理念，有助于防止城市内涝（图5.2）。

海绵城市是一种新型的城市建设理念。现在所说的海绵城市，原来也被称为 "低影响开发" ——在自然地上的房屋建筑，修房前后雨水径流量不发生太大变化。通过渗透、过滤、

图 5.2   海绵城市水的收集与释放示意

储存、蒸发和滞留等设施，让水文条件尽量不受到开发的影响，这一概念最早于 20 世纪 90 年代提出并应用，是一种新的雨水管理思想与技术体系。

海绵城市突破了传统的"以排为主"的城市雨水管理理念，以建筑与小区、绿地与广场、城市道路、城市水系等各种城市基础设施作为载体，充分考虑城市基础设施安全运行和城市水安全的问题、水文条件的差异性、规划指标及项目操作的可行性，并综合利用"渗、滞、蓄、净、用、排"等多种生态化的技术，构建起新型的城市低影响开发雨水系统。

调蓄是维持自然水文循环和城市良性水文循环极关键的环节，也是构建"海绵城市"的重大举措。我国古人在治水、用水中已充分显示了对调蓄的理解和智慧的运用，甚至可追溯到古老、边远的少数民族地区——云南元阳的哈尼梯田和南宋时期赣州的福寿沟蓄排系统等。然而当代，随着城市雨水"快排"理论的发展和灰色排水基础设施的大量建设，城市自然蓄排系统的格局发生了显著变化。传统灰色基础设施的增加减少了对自然调蓄排放设施的需求，大量河道、坑塘、湿地等天然调蓄设施被破坏、填埋甚至消失，城市调蓄能力大幅下降。尽管传统"快排"模式在城市排水和内涝防治方面发挥了重要作用，但难以有效解决城市水资源流失、径流污染、洪涝风险加剧等突出问题。而这也警示人们，重拾古代雨洪管理智慧，利用现代雨洪管理理念和技术，构建现代城市雨洪调蓄系统的重要性。

调蓄是综合解决城市雨水问题的重要技术手段，近年来开始成为雨水领域新的研究热点，受到广泛重视。业内已开展了大量基础理论研究和工程实践应用，相关国家规范标准也正在编制，如《城市雨水调蓄工程技术规范》《城镇内涝防治技术规范》等。

5.1.3   建筑内部排水系统组成

建筑内部排水系统的任务：一是要能迅速畅通地将污废水排到室外，二是能保持系统气压稳定，有害有毒气体不能进入室内，而保证室内环境卫生，三是管道布置合理，造价低。如图 5.3 所示。排水系统由以下部分组成。

5.1.3.1   污废水受水器

是指各种卫生器具、收集生产污废水设备以及雨水斗等，是建筑内部排水系统的起点。

5.1.3.2   排水管道

排水管道包括卫生器具排水管（指连接卫生器具和横支管的一段短管，除坐式大便器

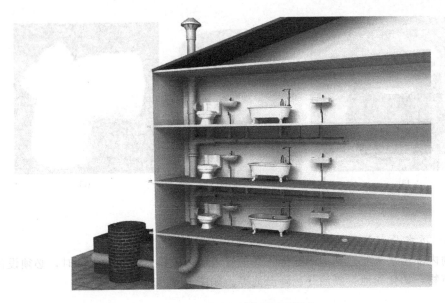

图 5.3　排水系统组成示意

外，其间含有一个存水弯）、排水横支管、排水立管、排水横干管和排出管。

5.1.3.3　通气管道

又称透气管，有伸顶通气管、专用通气立管、环形通气立管等。通气管的作用一是将排水管道内的有毒有害气体排放到大气中去；二是向排水管道内补给空气，以减小气压变化，防止卫生器具水封破坏，使水流通畅；三是补充新鲜空气，减缓金属管道内壁的腐蚀。通气帽如图 5.4 所示。

(a)　　　　　　　　　　　　　　(b)

图 5.4　通气帽

5.1.3.4　清通设备

为疏通建筑内部排水管道，保障排水畅通，常需设检查口、清扫口、带清扫门的 90°弯头或三通、室内埋地横干管上的检查井等。如图 5.5 所示。

5.1.3.5　提升设备

工业与民用建筑的地下室、人防建筑物、高层建筑地下技术层、地下铁道、立交桥等建筑物的污废水不能自流排至室外时，常须设污废水抽升设备。

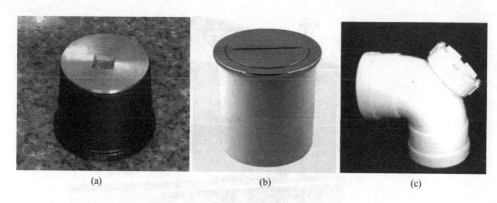

(a)   (b)   (c)

图 5.5　清通设备

5.1.3.6　污水局部处理构筑物

当建筑物内部污水未经过处理不能排入其他管道或市政排水管网和水体时，必须设污水局部处理构筑物，如化粪池、隔油井、降温池等。如图 5.6。

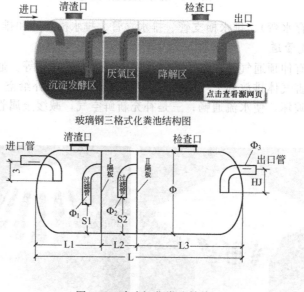

图 5.6　玻璃钢化粪池结构

5.1.4　常用管材及附件

5.1.4.1　常用管材

建筑内部排水管材主要有建筑排水铸铁管（图 5.7）、排水塑料管（图 5.8）及钢管。当连续排水温度大于 40℃时，应采用金属排水管或耐热性塑料排水管。

（1）排水塑料管

目前在建筑内使用的排水塑料管主要有硬聚氯乙烯塑料管（PVC-U 管）和高密度聚乙烯（HDPE）管，如图 5.8 所示。PVC-U 管具有重量轻、耐腐蚀、不结垢、光滑、水流阻力小、容易切割、便于安装、节省投资等优点，但塑料管也有强度低、耐温差（使用温度在 −5~+50℃之间）、线性膨胀量大、立管产生噪声、易老化等缺点，排水塑料管通常标注公称外径 D_e。硬聚氯乙烯塑料管规格见表 5.1。

图 5.7　排水铸铁管　　　　　　　　　图 5.8　排水塑料管

表 5.1　排水硬聚氯乙烯塑料管规格

公称直径/mm	40	50	75	100	150
外径/mm	40	50	75	110	160
壁厚/mm	2.0	2.0	2.3	3.2	4.0
参考质量/(g/m)	341	431	751	1535	2803

　　常用硬聚氯乙烯管件见图 5.9。

　　(2) 排水铸铁管

　　排水铸铁管，有排水铸铁承插口直管、排水铸铁双承直管，管径在 $50\sim200mm$ 之间，是目前建筑内部排水系统常用的管材之一，如图 5.7。其管件有弯管、管箍、弯头、三通、四通、存水弯、检查口等，如图 5.10 和图 5.11 所示。

　　排水铸铁管有刚性接口和柔性接口两种。为了使管道具有良好的曲挠性和伸缩性，防止管道裂缝、折断，建筑内部采用较为广泛的是柔性抗震排水铸铁管，它是采用橡胶圈密封、螺栓紧固，具有较好的曲挠性、伸缩性、密封性及抗震性能，且便于施工。柔性抗震排水铸铁管采用橡胶圈及不锈钢带连接，具有如下优点。

　　① 噪声低、强度高、寿命长。

　　② 装卸简便，易于安装和维修。

　　③ 耐高温，阻燃防火。

　　④ 无二次污染，可再生循环使用。

　　⑤ 柔性接口排水管具有较强的抗曲挠、伸缩变形能力和抗震能力，具有广泛的适用性。

　　柔性抗震排水铸铁管适用于新建、扩建和改建的民用和工业建筑室内、外管径为 $DN50\sim300mm$、内压不大于 $0.3MPa$ 的承插式和卡箍式连接的灰口铸铁管及其配套管件的生活排水管道、雨水管道、无侵蚀作用的工业生产废水管道和雨落管。

　　建筑高度超过 100m 的建筑物，排水立管应采用柔性接口；排水立管在 50m 以上，或在抗震设防 8 度地区的高层建筑，应在立管上每隔二层设置柔性接口；在抗震设防 9 度的地区，立管和横管均应设置柔性接口。其他建筑在条件许可时，也可采用柔性接口。

　　(3) 钢管

　　钢管主要用于洗脸盆、小便器、浴盆等卫生器具与排水横支管间的连接短管，管径一般为 32mm、40mm、50mm。工厂车间内振动较大的地点也可采用钢管代替铸铁管，但应注意分清其排出的工业废水是否对金属管道有腐蚀性。

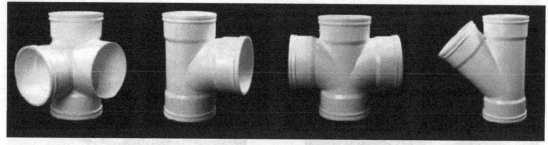

(a) 三通四通

(b) 90°弯头

(c) 45°弯头

(d) 变径

(e) 存水弯

(f) 伸缩节

图 5.9　硬聚氯乙烯管件

图 5.10　铸铁排水管件

环境温度可能出现 0℃以下的场所应采用金属排水管；连续或经常排水温度大于 40℃或瞬时排水温度大于 80℃的排水管道，如公共浴室、旅馆等有热水供应系统的卫生间生活废水排水管道系统、高温排水设备的排水管道系统、公共建筑厨房及灶台等有热水排出的排水横支管及横干管等，应采用金属排水管或耐热塑料排水管，如图 5.12 和图 5.13。

5.1.4.2　附件

（1）存水弯

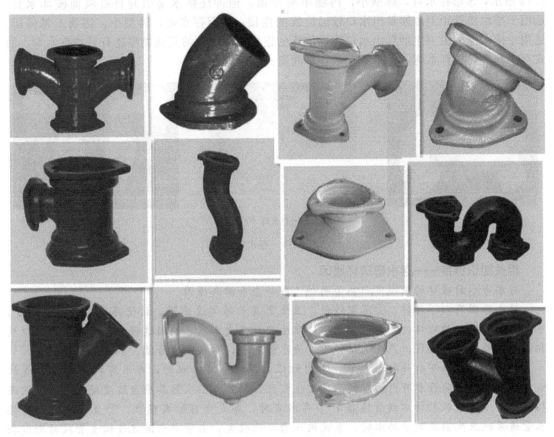

图 5.11　铸铁排水管件

图 5.12　耐热塑料管

图 5.13　耐压塑料管

存水弯是指卫生器具内部或器具排水管段上配置的一种内有水封的配件，其作用是利用一定高度的静水压来抵抗排水管内气压变化，隔绝和防止排水管所产生的腐臭、有害、可燃气体和小虫等通过卫生器具、地漏等进入室内而污染环境。存水弯中会保持一定的水，可以将下水道下面的空气隔绝，防止臭气进入室内。材质多为铸铁与塑料。它要求水封高度不小于 50mm，且要便于清通。

凡构造内无存水弯的卫生器具与生活污水管道或其他可能产生有害气体的排水管道连接时，必须在排水口以下设存水弯。医疗卫生机构内门诊、病房、化验室、实验室等不在同一房间内的卫生器具不得公用存水弯。存水弯的类型主要有 S 形、P 形和 U 形三种，如图

5.14 所示，S 形存水弯，体型小，污物不易停留，但冲洗排水易引起自虹吸而破坏水封，适用于排水横管距卫生器具出水口较远位置的连接；P 形存水弯，体型小，污物不易停留，适用于排水横管距卫生器具出水口较近位置的连接；存水弯的其他类型还有管式存水弯、瓶式存水弯、筒式存水弯、钟罩式存水弯、间壁式存水弯等。

 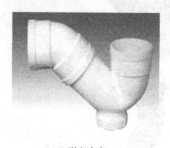 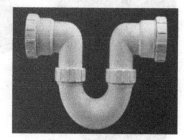

S 形存水弯   P 形存水弯   U 形存水弯

图 5.14　存水弯

相关知识链接——存水弯破坏原因

存水弯水封破坏的原因可归纳为两种，即静态和动态原因。

静态原因有以下两种。①蒸发作用，卫生器具长时间没使用，致使存水弯内水量蒸发，水量减少导致水封破坏。②毛细管作用，卫生器具或受水器在使用过程中，在存水弯出口端积存有较长纤维和毛发，产生毛细作用，使水量损失，水柱高度降低，水封遭到破坏。

动态原因有以下四种物理现象。①自虹吸，卫生器具排水时，存水弯内充满水形成虹吸，当排水结束后存水弯内的水封高度发生变化，特别是卫生器具底盘坡度较大呈漏斗状连接 S 形存水弯或较长排水横管连接 P 形存水弯时，易发生自虹吸现象。②负压抽吸，当排水管道系统卫生器具大量排水时，系统内压力变化较大，当管中水流流过横支管段时形成抽吸现象，使水封破坏，该现象往往发生在立管中上部分。③正压喷溅，排水管道系统中卫生器具大量排水，立管水流高速下落，落体下端的空气受压，当立管水流进入排水横干管时，由于落体动能与势能转化，主管下部正压明显增大，使存水弯内水从卫生器具喷溅出，水封被破坏。④惯性晃动，排水管道内气压波动即使在正常范围内，存水弯的水由于惯性也会上下波动，使水量损失，损失量与存水弯形状有关。

（2）检查口和清扫口

为了保障建筑内部排水管道畅通，一旦堵塞可以方便疏通，在排水立管和横管上都应设清通设备。包括检查口、清扫口和检查口井。如图 5.15 所示。

① 检查口　检查口设置在立管或较长横管上，立管上设置检查口，检查盖应面向便于检查清扫的方位。检查口设置高度一般距地面 1m，并应高于该层卫生器具上边缘 0.15m。横管上检查口应垂直向上。铸铁排水立管上检查口之间的距离不宜大于 10m，塑料排水管宜每六层设置一个检查口。但在立管的最低层和设有卫生器具的二层以上建筑物的最高层，应设检查口，当立管水平拐弯或有乙字管时，在该层立管拐弯处和乙字管上部应设检查口。

② 清扫口　横管上连接的卫生器具较多时，起点应设清扫口（有时用可清掏的地漏代替）。在连接 2 个及 2 个以上的大便器或 3 个及 3 个以上的卫生器具的铸铁排水横管上，宜设置清扫口。在连接 4 个及 4 个以上的大便器的塑料排水横管上宜设置清扫口，如图 5.16。

水流偏转角大于 45°的排水横管上，应设置检查口或清扫口。排水横管起点的清扫口与其端部相垂直的墙面的距离不得小于 0.2m；排水管起点设置堵头代替清扫口时，堵头与墙面应有不小于 0.4m 的距离。

当管径小于 100mm 的排水管道上设置清扫口，其尺寸应与管道同径；管径等于或大于

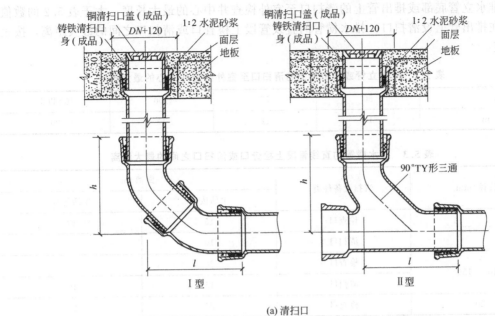

(a) 清扫口

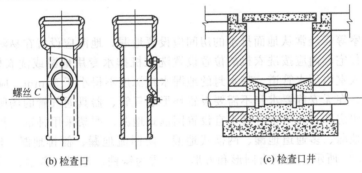

(b) 检查口　　　　　　　　　　(c) 检查口井

图 5.15　清通设备

图 5.16　检查口清扫口

100mm 的排水管道上设置清扫口，应采用 100mm 直径清扫口。

　　铸铁排水管道设置的清扫口，其材质应为铜质；硬聚氯乙烯管道上设置的清扫口应与管道相同材质。

　　排水横管连接清扫口的连接管及管件应与清扫口同径，并采用 45°斜三通和 45°弯头或由两个 45°弯头组合的管件。

当排水立管底部或排出管上的清扫口至室外检查井中心的最大长度，大于表 5.2 的数值时，应在排出管上设清扫口。排水横管的直线管段上检查口或清扫口之间的最大距离，按表 5.3 确定。

表 5.2　排水立管或排出管上的清扫口至室外检查井中心的最大长度

管径/mm	50	75	100	100 以上
最大长度/m	10	12	15	20

表 5.3　排水横管的直线管段上检查口或清扫口之间的最大距离

管径/mm	清扫设备种类	距离/m	
		生活废水	生活污水
50~75	检查口	15	12
	清扫口	10	8
100~150	检查口	20	15
	清扫口	15	10
200	检查口	25	20

（3）地漏

厕所、盥洗室等需经常从地面排水的房间应设置地漏，地漏应设置在易溅水的器具附近地面的最低处，住宅套内应按洗衣机的位置设置洗衣机排水专用地漏或洗衣机排水存水弯，排水管道不得接入室内雨水管道。带水封的地漏水封深度不得小于 50mm。应优先采用具有防涸功能的地漏，在无安静要求和不需要设置环形通气管、器具通气管的场所，可采用多通道地漏。食堂、厨房和公共浴室等排水宜设置网框式地漏。严禁采用钟罩（扣碗）式地漏。

地漏有普通地漏、多通道地漏、网框式地漏、防回流地漏、侧排地漏、洗衣机地漏等。如图 5.17~图 5.20 所示。地漏有圆形和方形，材质为铸铁、塑料、黄铜、不锈钢、镀铬算子等。

多通道地漏，有一通道、二通道、三通道等多种形式，而且通道位置可不同，使用方便，主要用于卫生间内设有洗脸盆、洗手盆、浴盆和洗衣机时，因多通道可连接多根排水管。这种地漏为防止不同卫生器具排水可能造成的地漏反冒，故设有塑料球可封住通向地面的通道。

淋浴室内地漏的排水负荷，按表 5.4 确定，当用排水沟排水时，8 个淋浴器可设置 1 个直径为 100mm 的地漏。

表 5.4　淋浴室地漏管径

淋浴器数量/个	地漏直径/mm
1~2	50
3	75
4~5	100

废水中如夹带纤维或有大块物体，应在排水管道连接处设置格栅或带网筐地漏。

（4）其他附件

① 毛发聚集器　是循环水处理系统必备的设备，用于拦截毛发、杂物、泥沙等。常设在理发室、游泳池和浴室内，挟带着毛发或絮状物的污水先通过毛发聚集器后排入管道，避

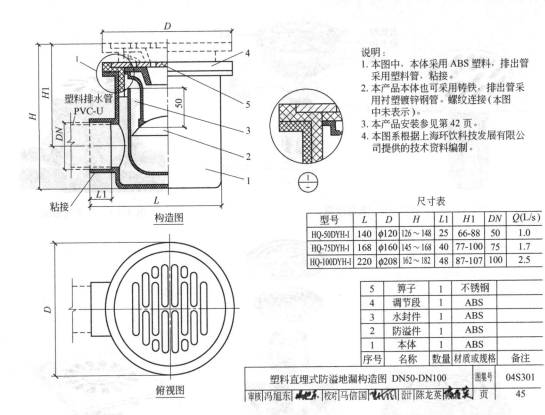

说明：
1. 本图中，本体采用 ABS 塑料，排出管采用塑料管，粘接。
2. 本产品本体也可采用铸铁，排出管采用衬塑镀锌钢管。螺纹连接（本图中未表示）。
3. 本产品安装参见第 42 页。
4. 本图系根据上海环饮科技发展有限公司提供的技术资料编制。

构造图

俯视图

尺寸表

型号	L	D	H	$L1$	$H1$	DN	Q(L/s)
HQ-50DYH-I	140	$\phi120$	126～148	25	66-88	50	1.0
HQ-75DYH-I	168	$\phi160$	145～168	40	77-100	75	1.7
HQ-100DYH-I	220	$\phi208$	162～182	48	87-107	100	2.5

5	算子	1	不锈钢
4	调节段	1	ABS
3	水封件	1	ABS
2	防溢件	1	ABS
1	本体	1	ABS
序号	名称	数量	材质或规格	备注

塑料直埋式防溢地漏构造图 DN50-DN100		图集号	04S301
审核 冯旭东　校对 马信国　设计 陈龙英		页	45

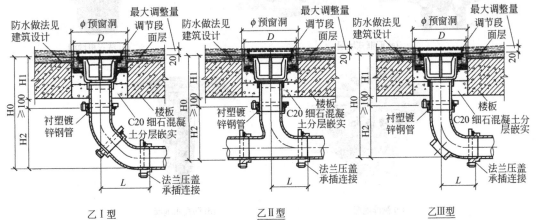

乙Ⅰ型　　　乙Ⅱ型　　　乙Ⅲ型

说明：
1. 乙型连接方式为法兰压盖承插连接，适用于接管为离心铸铁管的场所。
2. 与产品连接短管的接口做法另见各产品构造图，本图按第 26 页地漏构造图绘制。
3. 地漏装设在楼板上应预留安装孔。
4. 乙Ⅲ型安装方式适用于安装尺寸较小的场所。
5. 本图中 $H1$ 尺寸按 100mm 考虑，实际情况如有不同则 $H0$、$H1$ 尺寸应相应调整。

尺寸表

DN	H1	乙Ⅰ型			乙Ⅱ型			乙Ⅲ型			D	φ
		H0	H2	L	H0	H2	L	H0	H2	L		
50	本图按100考虑	≥405	205	251	≥386	183	202	≥385	182	175	详见各地漏构造图	200
75		≥432	232	284	≥438	236	246	≥410	208	202		230
100		≥456	256	308	≥461	282	280	≥437	234	220		250
150		≥522	322	399	≥584	373	356	≥486	286	255		300

有水封地漏 [乙型] 安装图 DN50-DN150		图集号	04S301
审核 冯旭东　校对 马信国　设计 杨海健		页	45

图 5.17　地漏

图 5.18　防臭地漏

图 5.19　双通道地漏

(a) 网框式地漏

(b) 洗衣机地漏

(c) 侧排地漏

(d) 防反水地漏

图 5.20　地漏

免管道堵塞，如图 5.21 所示。

　　② 吸气阀　在使用 PVC-U 管材的排水系统中，当无法设通气管时为保持排水管道系统内压力平衡，可在排水横支管上装设吸气阀。原理是当排水管道内出现负压时阀瓣开启，空气进入管内。排水管道内出现正压时，阀瓣关闭，防止管内有害气体进入室内。吸气阀设置的位置、数量和安装详见给水排水标准图集合订本 S₃ 上。

5.1.5　卫生器具及设备和布置

　　卫生器具也称卫生洁具或卫生设备，是建筑内部排水系统的起端。用来收集和排除污废水，满足日常生活和生产过程中的各种卫生和工艺要求。随着人们对建筑卫生器具的功能要求和质量要求越来越高，卫生器具一般采用不透水、无气孔、表面光滑、耐腐蚀、耐磨损、

图 5.21　毛发聚集器

耐冷热、便于清扫、有一定强度的材料制造，如陶瓷、玻璃、不锈钢、搪瓷生铁、水磨石、塑料、复合材料等，卫生器具正向着冲洗效果好、节水、消声、设备配套、使用方便、便于控制、造型新颖、色彩协调方面发展。

5.1.5.1　卫生器具

（1）便溺器具

便溺器具用来收集粪便污水。设置在卫生间和公共厕所内，它包括便器和冲洗设备。

① 大便器　常用的大便器有蹲式大便器、坐式大便器和大便槽（图 5.22～图 5.25）。

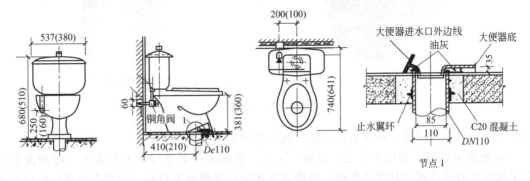

图 5.22　坐式大便器安装图

　　a. 蹲式大便器　一般用于集体宿舍、办公楼、学校等公共建筑物的公用厕所、防止接触传染的医院内厕所。蹲式大便器不带存水弯，需另外配置存水弯，存水弯有 S 形和 P 形，S 形存水弯一般用于低层，P 形存水弯用于楼间层。为了装置存水弯，大便器一般安装在地

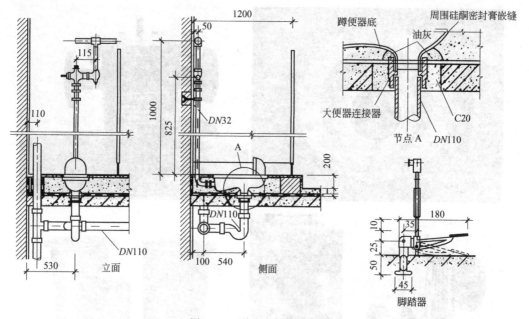

图 5.23　蹲式大便器安装图

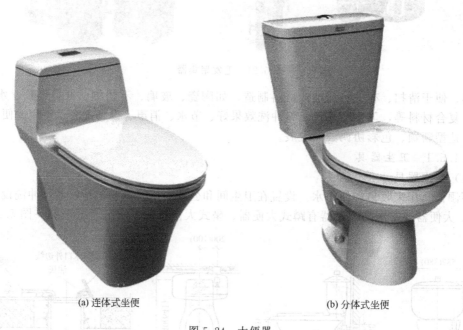

(a) 连体式坐便　　　　　　(b) 分体式坐便

图 5.24　大便器

面以上的平台上。蹲式大便器有低水箱、高水箱和冲洗阀冲洗。

　　b. 坐式大便器　多用于住宅、宾馆、医院，坐式大便器本身带有存水弯。按冲洗的水力原理可分为冲洗式和虹吸式两种。冲洗式坐便器环绕便器上口是一圈开有很多小孔口的冲洗槽。冲洗开始时，水进入冲洗槽，经小孔沿便器表面冲下，便器内水面涌高，将粪便冲出存水弯边缘。冲洗式便器的缺点是受污面积大、水面面积小，每次冲洗不一定能保证将污物冲洗干净。

　　虹吸式坐便器是靠虹吸作用，把粪便全部吸出。在冲洗槽进水口处有一个冲水缺口，部

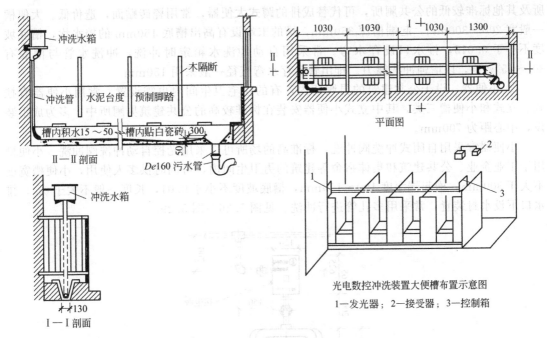

图 5.25　大便槽

分水从缺口处冲射下来，加快虹吸作用，但虹吸式坐便器在冲洗能力强的同时，会造成流速过大而发生较大噪声。为改变这些问题，出现了两种新类型，即喷射虹吸式坐便器和漩涡虹吸式坐便器。

后排式坐便器与其他坐式大便器不同之处在于排水口设在背后，便于排水横支管敷设在本层楼板上时选用。

c. 大便槽　大便槽是狭长开口的槽，一般用于学校、火车站、汽车站、码头、游乐场

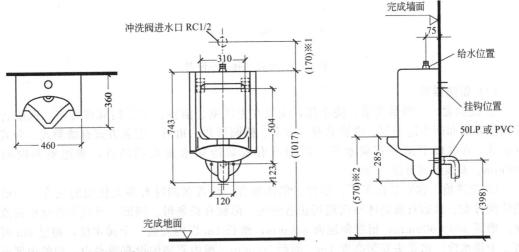

※1: 使用 DU601 小便冲洗阀场合下。

※2: 此安装高度适合于办公楼内使用，如在普通公共场所建议此安装高度为 530 mm。

图 5.26　挂式小便器

所及其他标准较低的公共厕所，可代替成排的蹲式大便器，常用瓷砖贴面，造价低。大便槽一般宽 200～300mm，起端槽深 350mm，槽的末端设有高出槽底 150mm 的挡水坎，槽底坡度不小于 0.015，排水口设存水弯。常采用自动冲洗水箱定时冲洗，冲洗水管与槽底有 30°～45°夹角，以增强冲洗能力。排出管及存水弯直径一般采用 150mm。

② 小便器　设于公共建筑的男厕所内，有的住宅卫生间内也需设置。常用小便器有挂式、立式和小便槽三类，其中立式小便器安装在标准较高的公共建筑男厕所中，多为成组装设，中心距为 700mm。

小便器常采用自闭式冲洗阀冲洗，标准高的场所可以采用光控自动冲洗阀冲洗。小便槽用于工业企业、公共建筑和集体宿舍等建筑的男卫生间内，可同时供多人使用，小便槽宽度不大于 300mm，槽起端深度 100～150mm，槽底坡度不小于 0.01，长度一般不大于 6m，排水口下设水封装置，常采用多孔管进行冲洗。见图 5.26～图 5.29。

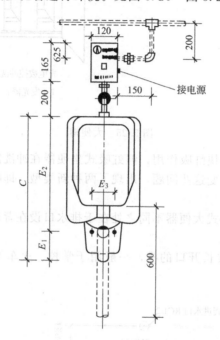

接电源

图 5.27　光控壁挂式小便器

（2）盥洗器具

① 洗脸盆　一般供洗脸、洗手用，安装在盥洗室、浴室、卫生间和理发室、医院各治疗间洗器皿和医生洗手等。洗脸盆有长方形、椭圆形和三角形，安装方式有墙架式、台式和柱脚式，在盆口下面开有溢水孔，后面开有安装冷热水龙头用的孔，成组安装时间距 700mm。安装形式见图 5.30。

② 盥洗槽　常安装在工厂、学校、集体宿舍，设置在同时有多人使用的地方。一般采用砖砌抹面、水磨石或瓷砖贴面现场建造而成，形状有长条形、圆形，可以布置成单面或双面。槽宽 500～600mm，槽缘距地面 800mm，槽长 4m 以内安装一个排水栓，超过 4m 可安装 2 个排水栓。水龙头安装高度 1m，间距 700mm，槽内靠墙侧设有泄水沟。沟的中部或端头装有排水口。安装形式见图 5.31。

③ 妇女卫生盆　一般安装在妇产科医院、工厂女卫生间，供妇女使用。见图 5.32。

现在家庭常用智能坐便器替代，见图 5.33。该器具加入了集便盖加热、温水洗净、暖风干燥、杀菌等多种功能。目前市场上的智能坐便器大体上分为两种，一种为带清洗、加

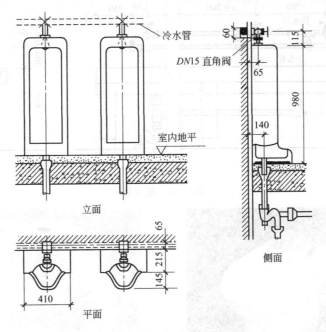

图 5.28　立式小便器

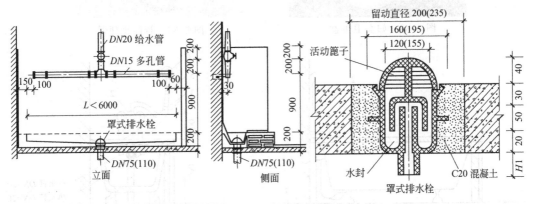

图 5.29　小便槽安装图

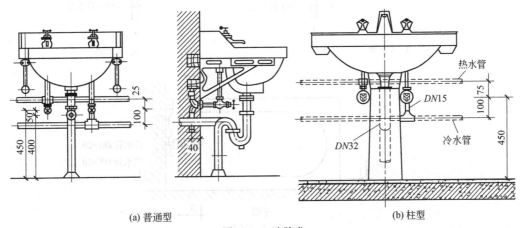

图 5.30　洗脸盆

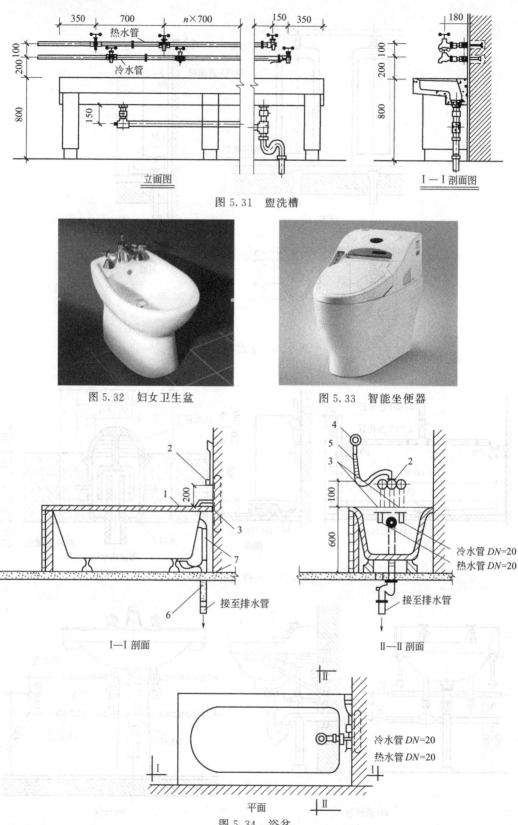

图 5.31 盥洗槽

图 5.32 妇女卫生盆

图 5.33 智能坐便器

图 5.34 浴盆

1—浴盆；2—混合阀门；3—给水管；4—莲蓬头；5—蛇皮管；6—存水弯；7—溢水管

热、杀菌等的智能坐便器，另一种为可自动更换薄膜的智能坐便器。

(3) 淋浴器具

① 浴盆　设在住宅、宾馆、医院等卫生间或公共浴室内，有长方形、圆形，斜边形和任意形。浴盆配有冷热水嘴或混合水嘴，管径为 20mm，并配有固定式或软管式活动淋浴喷头。浴盆的排水口及溢水口均设在龙头一端，浴盆底有 0.02 的坡度，坡向排水口。浴盆规格有大型 (1830mm×810mm×440mm)、中型 [(1680～1520mm)×750mm×(410～350mm)]、小型 (1200mm×650mm×360mm)；材质有陶瓷、搪瓷钢板、木质、塑料、复合材料等，尤其材质为亚克力的浴盆与肌肤接触的感觉较舒适；根据功能要求有裙板式、扶手式、防滑式、坐浴式和普通式。浴盆安装见图 5.34。

② 淋浴器　多用于集体宿舍、工厂、学校的公共浴室和体育场馆内。淋浴器占地面积小，成本低，清洁卫生，避免疾病传染，耗水量小。有成品淋浴器，也有现场组装。喷头下缘距地面高度为 2.0～2.2m，给水管径为 15mm，相邻两淋浴头间距为 900～1000mm，地面应有 0.005～0.01 的坡度坡向排水口。按照配水阀门安装位置不同，分为普通淋浴器、脚踏淋浴器、光电淋浴器，淋浴器安装如图 5.35。

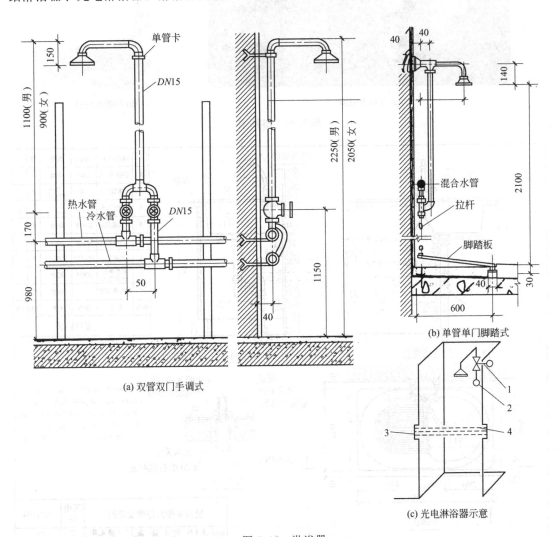

(a) 双管双门手调式

(b) 单管单门脚踏式

(c) 光电淋浴器示意

图 5.35　淋浴器

1—电磁阀；2—恒温水管；3—光源；4—接收器

为了节约用水，也可采用光电淋浴器，利用光电打出光束，使用时人体挡住光束，淋浴器即出水，人体离开时即停水。在医院或疗养院为防止疾病传染可采用脚踏式淋浴器，见图5.36。

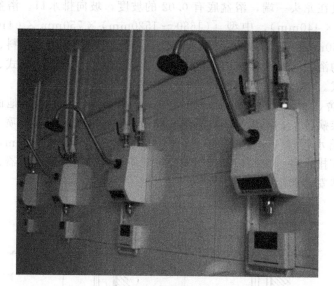

(a) 光电淋浴器　　　　　　　(b) 脚踏淋浴器

图 5.36　淋浴器

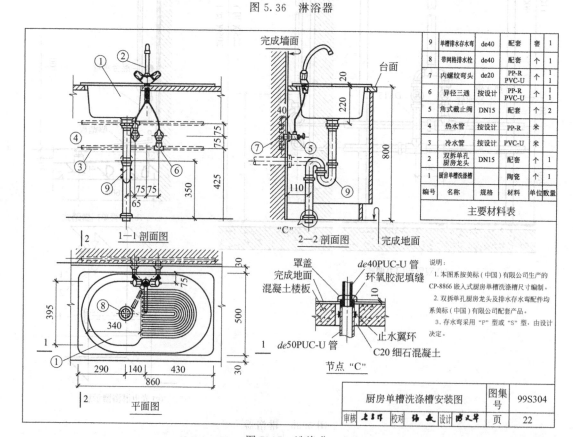

编号	名称	规格	材料	单位	数量
9	单槽排水存水弯	de40	配套	套	1
8	带网格排水栓	de40	配套	个	1
7	内螺纹弯头	de20	PP-R PVC-U	个	1 1
6	异径三通	按设计	PP-R PVC-U	个	1 1
5	角式截止阀	DN15	配套	个	2
4	热水管	按设计	PP-R	米	
3	冷水管	按设计	PVC-U	米	
2	双拆单孔厨房龙头	DN15	配套	个	1
1	厨房单槽洗涤槽		陶瓷	个	1

主要材料表

1—1剖面图　　　　　2—2剖面图

平面图　　　　　节点 "C"

说明：
1. 本图系按美标（中国）有限公司生产的 CP-8866 嵌入式厨房单槽洗涤槽尺寸编制。
2. 双拆单孔厨房龙头及排水存水弯配件均系美标（中国）有限公司配套产品。
3. 存水弯采用 "P" 型或 "S" 型，由设计决定。

厨房单槽洗涤槽安装图		图集号	99S304
审核　　校对　　设计		页	22

图 5.37　洗涤盆

（4）洗涤器具

① 洗涤盆　一般安装在厨房或公共食堂内，用作洗涤碗碟、蔬菜等。有墙架式、柱脚式，有单格和双格之分，可设置冷热水龙头或混合龙头，排水口上有十字栏栅，备有橡胶塞头。材料为不锈钢、陶瓷，或砖砌后瓷砖贴面。医院的诊室、治疗室等处的洗涤盆常设置成肘式开关或脚踏开关。安装如图 5.37 所示。

② 化验盆　一般安装在工厂、科研机关和学校的化验室内，可安装单联、双联、三联鹅颈水嘴，通常是陶瓷制品，化验盆安装如图 5.38 所示。

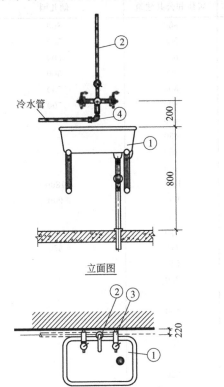

立面图

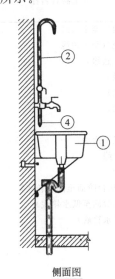

侧面图

平面图

主要材料表

编号	名　称	规格	材料
1	洗涤盆		陶瓷
2	陶瓷芯片三联化验龙头	DN15	铜镀铬
3	支座弯头	de20/DN15	PP-R/钒
4	弯头	de20/DN15	PP-R/钒

图 5.38　化验盆

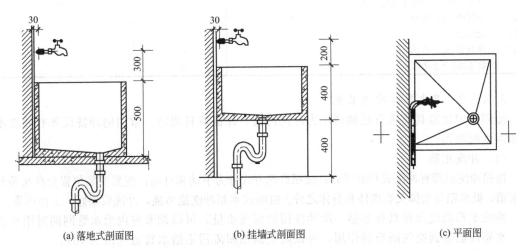

(a) 落地式剖面图　　　(b) 挂墙式剖面图　　　(c) 平面图

图 5.39　污水盆

③ 污水盆　又称污水池，常设置在公共建筑的厕所、盥洗室内，供打扫卫生、洗涤拖布和倾倒污水。材质有水磨石、水泥砂浆抹面的钢筋混凝土现场制作、陶瓷等。如图 5.39 所示。

卫生器具的安装高度见表 5-5。

表 5.5　卫生器具的安装高度

序号	卫生器具名称	卫生器具边缘离地高度	
		居住和公共建筑	幼儿园
1	架空式污水盆(池)(至上边缘)	800	800
2	落空式污水盆(池)(至上边缘)	500	500
3	洗涤盆(池)(至上边缘)	800	800
4	洗手盆(至上边缘)	800	500
5	洗脸盆(至上边缘)	800	500
6	盥洗槽(至上边缘)	800	500
7	浴盆(至上边缘)	480	
	残障人用浴盆(至上边缘)	450	—
	按摩浴盆(至上边缘)	450	—
	淋浴盆(至上边缘)	100	—
8	蹲、坐式大便器(从台阶面至高水箱底)	1800	1800
9	蹲式大便器(从台阶面至低水箱底)	900	900
10	坐式大便器(至低水箱底)		
	外露排出管式	510	
	虹吸喷射式	470	370
	冲落式	510	
	漩涡连体式	250	—
11	坐式大便器(至上边缘)		
	外露排出管式	400	
	漩涡连体式	360	
	残障人用	450	
12	蹲便器(至上边缘)		
	2 踏步	320	
	1 踏步	200~270	
13	大便槽(从台阶面至冲洗水箱底)	不低于 2000	
14	立式小便器(至受水部分上边缘)	100	
15	挂式小便器(至受水部分上边缘)	600	450
16	小便槽(至台阶面)	200	150
17	化验盆(至上边缘)	800	—
18	净身器(至上边缘)	360	—
19	饮水器(至上边缘)	1000	—

5.1.5.2　卫生器具冲洗装置

便溺用卫生器具要求有足够的压力冲洗污物，保证器具清洁。常用的冲洗设备有冲洗水箱和冲洗阀两类。

（1）冲洗水箱

按照冲洗原理有冲洗式和虹吸式；按照启动方式分为手动和自动；按照安装位置分高水箱和低水箱，低水箱与坐体又有整体和分体之分。虹吸式水箱冲洗能力强，冲洗效果好，工作可靠。

冲洗水箱的优点是具有足够一次冲洗用的储备水量，可以调节室内给水管网同时用水负担，水箱还能起到空气隔断的作用，可以防止因水回流污染给水管道（图 5.40）。

（2）冲洗阀

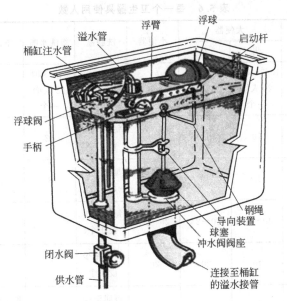

图 5.40　冲洗水箱

　　是直接安装在便器上的冲洗设备，可以替代高、低位冲洗水箱。延时自闭冲洗阀具有流量可调、延时冲洗、自动关闭、节约用水和防止回流等特点。常用冲洗阀见图 5.41。

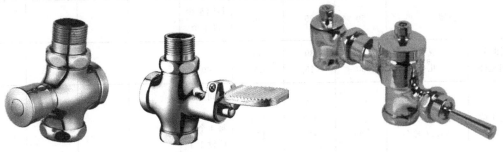

(a) 按钮式延时自闭冲洗阀　　　(b) 脚踏式延时自闭冲洗阀　　　(c) 手柄式延时自闭冲洗阀

图 5.41　延时自闭冲洗阀

　　蹲式大便器冲洗装置，有高位水箱和直接连接给水管加延时自闭式冲洗阀，为节约冲洗水量，有条件时尽量设置自动冲洗水箱。大便槽冲洗常在起端设置自动冲洗水箱，或采用延时自闭式冲洗阀。小便器冲洗装置，常采用按钮式延时自闭式冲洗阀、感应式冲洗阀等自动冲洗装置，既满足冲洗要求，又节约冲洗水量。

　　卫生器具冲洗装置应尽量采用节水型产品，在公共场所设置的卫生器具，应选用定时自闭式冲洗阀和限流节水型装置。

5.1.5.3　卫生器具的设置和布置

(1) 卫生器具设置定额

　　在设置卫生器具的种类和数量时，应首先考虑建筑物的类型和用途，工业建筑内卫生器具的设置可根据《工业企业设计卫生标准》，并结合建筑设计的要求确定。民用建筑分为住宅和公共建筑，公共建筑卫生器具设置主要区别在于客房卫生间和公共卫生间。住宅和客房卫生间在设计时可统一设置，其他各种用途的工业和民用建筑内公共卫生间卫生器具设置定额可按表 5.6 选用。

表 5.6　每一个卫生器具使用人数

建筑物名称			大便器		小便器	洗脸盆	盥洗水嘴	淋浴器	妇洗器	饮水器
			男	女						
集体宿舍	职工		10、>10时 20人增 一个	8、>8时 15人增 一个	20	每间至少 设1个	8、>8时 12人增 一个			
	中小学		70	12	20	每间至少 设1个	12			
旅馆 公共卫生间			18	12	18	每间至少 设1个	8	30		
中小学 教学楼	中师、中学、幼师		40~50	20~25	20~25	每间至少 设1个				50
	小学		40	20	20	每间至少 设1个				50
医院	疗养院		15	12	15	每间至少 设1个	6~8	北方15~20 南方8~10		
	综合 医院	门诊	120	75	60		12~15	12~15		
		病房	16	12	16					
办公楼			50	25	50	每间至少 设1个				
图书 阅览楼	成人		60	30	30	60				
	儿童		50	25	25	60				
电影院	<600座位		150	75	75	每间至少 设1个，且 每4个蹲 位设1个				
	601~1000座位		200	100	100					
	>1000座位		300	150	150					
剧场			75	50	25~40	100				
商店	顾客 用	百货、自选、 专业商店联营 商场、菜市场	200 400	100 200	100 200					
	店员内部用		50	30	50					
公共食堂 厨房炊事员用（职工数）			500	500	>500	每间至少 设1个		250		
餐厅	顾客 用	<400座	100	100	50	每间至少 设1个				
		400~650座	125	100	50					
		>650座	250	100	50					
	炊事员卫生间		100	100	100			50		
公共浴室	工业 企业 车间	卫生 特征	Ⅰ Ⅱ Ⅲ Ⅳ	50个衣柜	30个衣柜	50个衣柜	按入浴人 数4%计	3~4 5~8 9~12 13~24	100~200 >200时 每增200 增1具	
	商业用浴室		50个衣柜	30个衣柜	50个衣柜	5个衣柜		40		

续表

建筑物名称			大便器		小便器	洗脸盆	盥洗水嘴	淋浴器	妇洗器	饮水器
			男	女						
体育场	运动员		50	30	50	每间至少设1个		20		
	观众	小型	500	100	100					
		中型	700	150	150					
		大型	1000	200	200					
体育馆游泳池(按游泳人数计)	运动员		30	20	30	30(女20)		10~15		
	观众		100	50	50					
	更衣前		50~75	75~100	25~40	每间至少设1个				
	游泳池旁		100~150	100~150	50~100					
	观众		100	50	50					
幼儿园			5~8		5~8		3~5	10~12 浴盆可替代		
工业企业车间	≤100 人		25	20	同大便器					
	>100 人		25,每增50人增1具	20,每增35人增1具						

注：1. 0.5m 长小便槽可折算成 1 个小便器。

　　2. 1 个蹲位的大便槽相当于 1 个大便器。

　　3. 每个卫生间至少设 1 个污水池。

（2）卫生器具布置（图 5.42）

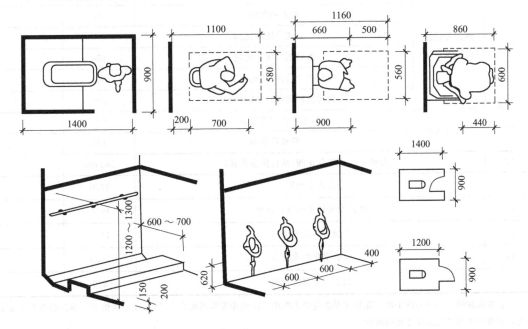

图 5.42　卫生器具布置

布置卫生器具时，要考虑卫生器具类型、数量、尺寸，根据房间的平面位置、面积、建筑质量标准等，尽量做到管道管线短、少转弯、排水畅通，便于维护。即要满足使用要求，还要充分考虑为管道布置提供良好的水力条件。

卫生器具给水配件距地面高度应按照表 5.7。

表 5.7 卫生器具给水配件的安装高度　　　　　　单位：mm

序号	给水配件名称		配件中心距地面高度	冷热水龙头距离
1	架空式污水盆(池)水龙头		1000	
2	落地式污水盆(池)水龙头		800	
3	洗涤盆(池)水龙头		1000	150
4	住宅集中给水龙头		1000	
5	洗手盆水龙头		1000	
6	洗脸盆	水龙头(上配水)	1000	150
		水龙头(下配水)	800	150
		角阀(下配水)	450	
7	盥洗槽	水龙头	1000	150
		冷热水管　其中热上下并行　水龙头	1100	150
8	浴盆	水龙头(上配水)	670	150
9	淋浴器	截止阀	1150	95
		混合阀	1150	
		淋浴喷头下沿	2100	
10	蹲式大便器(台阶面算起)	高水箱角阀及截止阀	2040	
		低水箱角阀	250	
		手动式自闭冲洗阀	600	
		脚踏式自闭冲洗阀	150	
		拉管式冲洗阀(从地面算起)	1600	
		带防污助冲器阀门(从地面算起)	900	
11	坐式大便器	高水箱角阀及截止阀	2040	
		低水箱角阀	150	
12	大便槽冲洗水箱截止阀(从台阶面算起)		≥2400	
13	立式小便器		1130	
14	挂式小便器角阀及截止阀		1050	
15	小便槽多孔冲洗管		1100	
16	实验室化验水龙头		1000	
17	妇女卫生盆混合阀		360	

注：装设在幼儿园内的洗手盆，洗脸盆和盥洗槽水嘴中心距地面安装高度应为 700mm，其他卫生器具给水配件安装高度，应按卫生器具实际尺寸相应减少。

卫生器具应顺着一面墙布置，如卫生间、厨房相邻，应在该墙两侧设置卫生器具，有管道竖井时，卫生器具应紧靠管道竖井的墙面布置，这样会减少排水管的转弯或减少管道的接入根数。

① 通住宅卫生间内卫生器具布置　如图 5.43。

a. 坐便器到对墙面最小净距为 460mm。

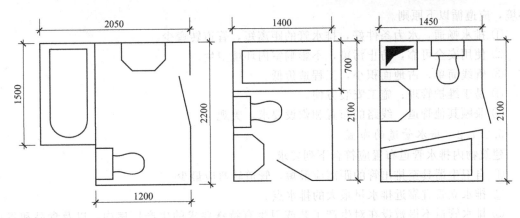

图 5.43　卫生器具布置

　　b. 便器与洗脸盆并列，从便器的中心线到洗脸盆边缘至少应为 350mm，便器中心线离边墙至少为 380mm。

　　c. 洗脸盆放在浴盆或大便器对面，两者净距至少为 760mm。

　　d. 洗脸盆边缘至对墙最少应为 460mm，对身体魁梧者还应增加，可采用 560mm。

　　e. 洗脸盆的上部与镜子的底部间距为 200mm。

　　② 公共建筑、宾馆卫生间内卫生器具布置间距　卫生间一般都做墙面装修，在考虑卫生器具之间间距及离墙面距离时，还应将装修层的厚度留出来。卫生器具布置间距见表 5.8。

表 5.8　卫生器具布置间距

序号	项目	内容及要求
1	大便器	大便器小间的隔墙中心距为 1000~1100mm,小间隔墙的厚度一般为: (1)钢架挂大理石:120~150mm (2)木隔断:50mm 左右 (3)立砖墙贴面砖:100~120mm
2	小便器	(1)中心距侧墙终饰面:≥500mm (2)成组小便器中心距:750~800mm
3	台式洗脸盆	(1)台板深度:600~650mm (2)台盆间距:700~800mm (3)台盆中心距侧墙终饰面:≥500mm
4	浴盆	一般带裙边浴盆。常用浴盆长度如下 (1)住宅:1200~1500mm (2)宾馆:1500~1700mm (3)浴盆裙边与坐便器中心距:≥450mm

5.2　排水管道的布置与敷设

5.2.1　排水管道布置

5.2.1.1　排水管道布置与敷设的原则

建筑内部排水系统管道的布置与敷设直接影响着人们的日常生活和生产，为创造良好的环境，应遵循以下原则。

① 排水畅通，水力条件好，排水管的距离短，管道转弯少。

② 使用安全可靠，防止污染，不影响室内环境卫生。

③ 管线简单，占地面积小，工程造价低。

④ 易于维护管理；施工安装方便。

⑤ 兼顾其他管道、线路的布置和敷设要求，美观。

5.2.1.2 排水管道的布置

建筑物内排水管道布置应符合下列要求。

① 自卫生器具至排出管的距离应最短，管道转弯应最少。

② 排水立管宜靠近排水量最大的排水点。

③ 排水管道不得敷设在对生产工艺或卫生有特殊要求的生产厂房内，以及食品和贵重商品仓库、通风小室、电气机房和电梯机房内。

④ 排水管道不得穿过沉降缝、伸缩缝、变形缝、烟道和风道，当受条件限制必须穿过时，应采取相应的技术措施。

⑤ 排水埋地管道，不得布置在可能受重物压坏处或穿越生产设备基础。

⑥ 排水管道不得穿越卧室、住宅客厅、餐厅，并不宜靠近与卧室相邻的内墙。

⑦ 排水管道不宜穿越橱窗、壁柜。

⑧ 塑料排水立管应避免布置在易受机械撞击处，如不能避免时，应采取保护措施。

⑨ 塑料排水管应避免布置在热源附近；当不能避免，并导致管道表面受热温度大于60℃时，应采取隔热措施；塑料排水立管与家用灶具边净距不得小于0.4m。

⑩ 排水管道不得穿越生活饮用水池部位的上方。

⑪ 室内排水管道不得布置在遇水会引起燃烧、爆炸的原料、产品和设备的上面。

⑫ 排水横管不得布置在食堂、饮食业厨房的主副食操作、烹调和备餐的上方，当受条件限制不能避免时，应采取防护措施。

⑬ 厨房和卫生间的排水立管应分别设置。

⑭ 建筑塑料排水管在穿越楼层、防火墙、管道井井壁时，应根据建筑物性质、管径和设置条件，以及穿越部位防火等级等要求设置阻火装置（阻火圈或防火套管详见给水排水标准图集）。

⑮ 塑料排水管道应根据其管道的伸缩量设置伸缩节，伸缩节宜设置在汇合配件处，排水横管应设置专用伸缩节。

5.2.2 排水管道敷设

根据建筑物的性质及对卫生、美观等方面的要求，排水管道的敷设方法与给水管道基本相同，有明设和暗设两种方式。

① 排水管道宜在地下或楼板填层中埋设或在地面上、楼板下明设。当建筑有要求时，可在管槽、管道井、管窿、管沟或吊顶、架空层内暗设，但应便于安装和检修。在气温较高、全年不结冻的地区，也可沿建筑物外墙敷设。

② 住宅卫生间的卫生器具排水管道要求不穿越楼板进入他户时，卫生器具排水横支管应设置同层排水。如图 5.44 所示，住宅卫生间同层排水形式应根据卫生间空间、卫生器具布置、室外环境气温等因素，经技术经济比较确定。

③ 室内管道的连接应符合下列规定。

a. 卫生器具排水管与排水横支管垂直连接时，宜采用90°斜三通。

b. 排水管道的横管与立管连接，宜采用45°斜三通或45°斜四通和顺水三通或顺水四通。

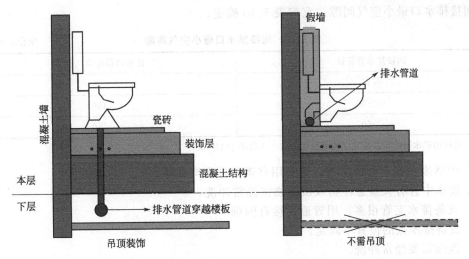

图 5.44　同层排水系统与传统排水系统的区别

c. 排水立管与排出管端部的连接，宜采用两个 45°弯头，弯曲半径不小于 4 倍管径的 90°弯头或 90°变径弯头。

d. 排水立管应避免在轴线偏置；当受条件限制时，宜用乙字管或两个 45°弯头连接。

e. 当排水支管、排水立管接入横干管时，应在横干管管顶或其两侧各 45°范围内采用 45°斜三通接入。

同层排水系统与传统排水系统的区别如图 5.44。

④ 排水立管最低排水横支管与立管连接处距排水立管管底垂直距离不得小于表 5.9 的规定。排水支管连接在排出管或排水横干管上时，连接点距立管底部下游水平距离不得小于 1.5m。横支管接入横干管竖直转向管段时，连接点距转向处以下不得小于 0.6m。

表 5.9　最低横支管与立管连接处至立管管底的最小垂直距离

立管连接卫生器具的层数	垂直距离/m	
	仅设伸顶通气	设通气立管
≤4	0.45	按配件最小安装尺寸确定
5～6	0.75	
7～12	1.20	
13～19	3.00	0.75
≥20	3.00	1.20

注：单根排水立管的排出管宜与排水立管相同管径。

⑤ 下列构筑物和设备的排水管不得与污废水管道系统直接连接，应采取间接排水的方式。

a. 生活饮用水贮水箱（池）的泄水管和溢流管。

b. 开水器、热水器排水。

c. 医疗灭菌消毒设备的排水。

d. 蒸发式冷却器、空调设备冷凝水的排水。

e. 贮存食品或饮料的冷藏库房的地面排水和冷风机溶霜水盘的排水管。

⑥ 设备间接排水宜排入邻近的洗涤盆、地漏。无法满足时，可设置排水明沟、排水漏斗或容器。间接排水的漏斗或容器不得产生溅水、溢流，并应布置在容易检查、清洁的位

置。间接排水口最小空气间隙，宜按表 5.10 确定。

表 5.10　间接排水口最小空气间隙　　　　单位：mm

间接排水管管径	排水口最小空气间隙
≤25	50
32～50	100
>50	150

注：饮料用贮水箱的间接排水口最小空气间隙，不得小于 150mm。

⑦ 生活废水在下列情况下，可采用有盖的排水沟排除。

a. 废水中含有大量悬浮物或沉淀物需经常冲洗。

b. 设备排水支管很多，用管道连接有困难。

c. 设备排水点的位置不固定。

d. 地面需要经常冲洗。

⑧ 室内排水沟与室外排水管道连接处，应设水封装置。

⑨ 排出管穿过承重墙或基础处，应预留洞口，且管顶上部净空不得小于建筑物沉降量，一般不宜小于 0.15m。排水管穿过地下室外墙或地下构筑物的墙壁处，应采取防水措施。

⑩ 当建筑物沉降可能导致排出管倒坡时，应采取防倒坡措施。采取的措施有：在排出管外墙一侧设置柔性接头；在排出外墙处，从基础标高砌筑过渡检查井等。

5.2.3　排水管道试验

5.2.3.1　隐蔽排水支管的灌水试验

对于楼层内隐蔽排水支管的灌水试验流程：放气囊封闭下游段→向管道内灌水至地漏上口→检查管道接口是否渗漏→认定试验结果。灌水试验示意如图 5.45 和图 5.46。

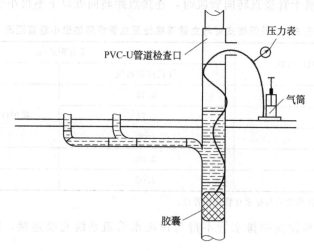

图 5.45　灌水试验

（1）放气囊封闭下游段

底层管道做灌水试验时，可将通向室外的排出管管口，用大于或等于管径的橡胶囊封堵，放入管内充气堵严。二层做灌水试验时，可将未充气胶囊从立管管口放到所测长度，向胶囊内充气并观察压力，压力表示值上升至 0.07MPa 为止，最高不超过 0.12MPa；三层做灌水试验时，可在四楼操作，以此类推，逐层试验。顶层做灌水试验时，可从顶层检查口放入胶囊，在本层操作。

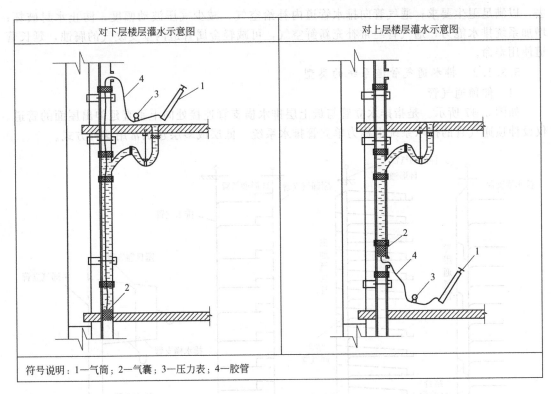

对下层楼层灌水示意图	对上层楼层灌水示意图

符号说明：1—气筒；2—气囊；3—压力表；4—胶管

图 5.46　灌水试验示意

（2）向管道内灌水至地漏上口

（3）检查试验段各管道接口是否渗漏

5.2.3.2　排水主立管及水平干管通球试验

① 施工时先做出通球试验方案，通球试验宜采取分段试验，分段时应考虑管径、放球口、出球口等因素。

② 将直径不小于被实验管道管径 2/3 的塑胶球体从放球口放入，在出球口接出。以自下而上的原则进行试验，做完下面一段后，及时封堵管口，以免杂物进入，再进行上一段的试验。

③ 检查方法主要是观察检查。如果球体能顺利排出，即为合格，否则为不合格。不合格者，应检查管内是否有杂物，管道坡度是否准确，清通或更正坡度后再行通球，直至合格为止。

④ 通球合格后，施工单位整理好记录，有关人员签字后备案存档。

5.3　排水通气管系统

5.3.1　排水通气管系统的作用与类型

卫生器具排水时，水流抽吸或压缩会导致立管内的空气压力变化，当变化超过一定值时，会破坏水封，有害气体进入室内。为了平衡排水系统中的压力，应设置通气管道，以泄放管道内正压或补给空气减小负压，防止卫生器具水封被破坏。

5.3.1.1　排水通气管系统的作用

排水通气管系统的作用是将排水管道内散发的有毒有害气体排放到一定空间的大气中

去，以满足卫生要求；通气管向排水管道内补给空气，减少气压波动幅度，防止水封破坏；增加系统排水能力；通气管经常补充新鲜空气，可减轻金属管道内壁受废气的腐蚀，延长管道使用寿命。

5.3.1.2　排水通气管道系统的类型

（1）伸顶通气管

如图5.47所示。是指排水立管与最上层排水横支管连接处向上垂直延伸出屋面的管道。仅设伸顶通气管的排水系统也称为单立管排水系统。低层或多层建筑常用这种方式。

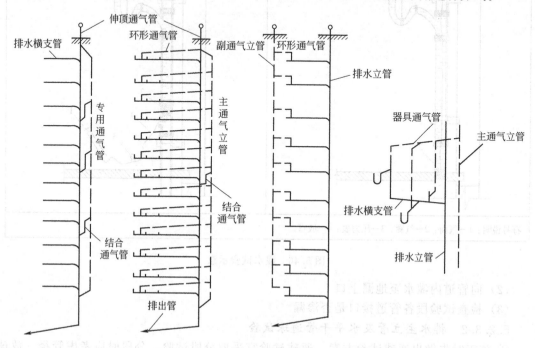

图5.47　几种典型的通气方式

（2）专用通气立管

如图5.47所示。仅与排水立管相连接，为排水立管内空气流通而设置的垂直通气管道。适用于10层或10层以上每层接入卫生器具数量不超过3个的高层建筑。把一根生活排水立管和一个专用通气立管组成的排水系统称为双立管排水系统。把一根生活污水立管、一根生活废水立管共用一个专用通气立管的排水系统称为三立管排水系统。

（3）主通气立管

是指连接环形通气管和排水立管，并为排水横支管和排水立管内空气流通而设置专用通气的立管。它适用于每层设置了环形通气管的高层建筑。主通气立管应每隔8～10层设结合通气管与排水立管相连。

（4）副通气立管

仅与环形通气管相连接，使排水横支管内空气流通而设置的专用于通气的管道。它适用于排水立管不高，但每层设置了环形通气管的建筑。

（5）结合通气管

排水立管与通气管之间的连接管段。

（6）环形通气管

是指多个卫生器具的排水横支管上，从最始端卫生器具的下游端接至主通气管立管或副通气立管的一段通气管段。适用于排水横支管上卫生器具的数量超过允许负荷，或标准较高的建筑。

(7) 器具通气管

卫生器具存水弯出口端接至主通气管的管段,如图 5.47 所示。对卫生、安静要求较高的建筑内,生活排水管道宜设置器具通气管。

(8) 汇合通气管

是指连接数根通气立管或排水立管的顶端通气部分,并延伸至室外大气的通气管段。它适合于伸顶通气立管不允许或不可能单独伸出屋面的建筑。

5.3.2　排水通气管道的布置和敷设要求

通气管的管材,可采用排水铸铁管、塑料管、镀锌钢管等。

① 生活排水管道的立管顶端,应设置伸顶通气管。

② 下列情况应设置通气立管或特殊配件单立管排水系统。

a. 生活排水立管所承担的卫生器具排水设计流量,超过仅设伸顶通气管的排水立管最大设计排水能力时。

b. 建筑标准要求较高的多层住宅、公共建筑、10 层及 10 层以上高层建筑卫生间的生活污水立管应设置通气立管。

③ 下列情况设环形通气管:连接 4 个及 4 个以上卫生器具且横支管的长度大于 12m 的排水横支管;连接 6 个及 6 个以上大便器的污水横支管;设有器具通气管的排水管道上。

④ 建筑物内各层的排水管道上设有环形通气管时,应设置连接各层环形通气管的主通气立管或副通气立管。

⑤ 通气立管不得接纳器具污水、废水和雨水,不得与风道和烟道连接。

⑥ 自循环通气系统,当采用专用通气立管与排水立管连接时,应符合下列规定。

a. 顶端应在卫生器具上边缘以上不小于 0.15m 处采用 2 个 90°弯头相连;

b. 通气立管下端应在排水横干管或排出管上采用倒顺水三通或倒斜三通相接。

⑦ 建筑物设置自循环通气的排水系统时,宜在其室外接户管的起始检查井上设置管径不小于 100mm 的通气管。

⑧ 通气管和排水管道连接应遵守下列规定。

a. 器具通气管应设在存水弯出口端。环形通气管应在横支管上最始端两个卫生器具之间接出,并应在排水支管中心线以上与排水支管呈垂直或 45°连接。

b. 器具通气管和环形通气管应在卫生器具上边缘以上不小于 0.15m 处,并按不小于 0.01 的上升坡度与通气立管相连。

c. 专用通气立管和主通立管的上端可在最高层卫生器具上边缘以上不小于 0.15m 或检查口以上与排水立管通气部分以斜三通连接,下端应在最低排水横支管以下与排水立管以斜三通连接。

d. 结合通气管宜每层或隔层与专用通气立管、排水立管连接,与主通气立管、排水立管连接不宜多于 8 层;结合通气管下端宜在排水横支管以下与排水立管以斜三通连接,上端可在卫生器具上边缘以上不小于 0.15m 处与通气立管以斜三通连接。

e. 当用 H 形管件替代结合通气管时,H 管与通气管的连接点应设在卫生器具上边缘以上不小于 0.15m 处。

f. 当污水立管与废水立管合用一根通气立管时,H 管配件可隔层分别与污水立管和废水立管连接,但最低横支管连接点以下应安装结合通气管。

⑨ 高出屋面的通气管设置应符合以下要求。

a. 通气管高出屋面不得小于 0.3m,且应大于最大积雪厚度,通气管顶端应装设风帽或网罩；屋顶有隔热层时，应从隔热层板面算起。

b. 在通气管口周围 4m 以内有门窗时，通气管口应高出窗顶 0.6m 或引向无门窗一侧。

c. 在经常有人停留的平屋面上，通气管口应高出屋面 2m，当伸顶通气管为金属管材时，应根据防雷要求设置防雷装置。如图 5.48 所示。

图 5.48　高出屋面通气管

d. 通气管口不宜设在建筑物挑出部分（如屋檐檐口、阳台和雨篷等）的下面。

5.3.3　排水通气管道的管径

① 通气管的最小管径不宜小于排水管管径的 1/2，并可按照表 5.11 确定。

表 5.11　通气管最小管径　　　　　　　　　　　　　　　　单位：mm

通气管名称	排水管管径				
	50	75	100	125	150
器具通气管	32	—	50	50	—
环形通气管	32	40	50	50	—
通气立管	40	50	75	100	100

注：1. 表中通气立管系指专用通气立管、主通气立管、副通气立管。

　　2. 自循环通气立管管径应与排水立管管径相等。

② 通气立管长度在 50m 以上时，其管径应与排水立管管径相同。

③ 通气立管长度小于等于 50m，且两根及两根以上排水立管同时与一根通气立管相连，应以最大一根排水立管按表 5.11 确定通气立管管径，且其管径不宜小于其余任何一根排水立管管径。

④ 结合通气管的管径不宜小于与其连接的通气立管管径。

⑤ 伸顶通气管管径应与排水立管管径相同。但在最冷月平均气温低于 −13℃ 的地区，应在室内平顶或吊顶以下 0.3m 处将管径放大一级，以免管口结霜减少断面积。

⑥ 当两根或两根以上污水立管的通气管汇合连接时，汇合通气管的断面积应为最大一根通气管的断面积加其余通气管断面积之和的 0.25 倍。

$$DN \geqslant \sqrt{d_{max}^2 + 0.25\sum d_i^2}$$　　　　　　　　(5.1)

式中　DN——汇合通气管横干管和总伸顶通气管管径，mm；

　　　d_{max}——最大一根通气管管径，mm；

d_i——其余通气立管管径，mm。

用式(5.1) 计算出的管径若为非标准管径时，应靠上一号标准管径确定出汇合通气管的管径。

5.4　排水管道系统水力计算

5.4.1　排水定额

建筑内部排水管道系统水力计算应在排水管道布置，绘出管道轴测图后进行。水力计算的目的是确定排水系统各管段的管径、横向管道的坡度、通气管的管径以及各控制点的标高等。

建筑内部排水定额有两种：一种是以每人每日为标准；另一种是以卫生器具为标准。

每人每日排放的污水量和时变化系数与气候、建筑内卫生设备完善程度有关，由于人们在用水过程中散失水量较少，所以生活排水定额和时变化系数与生活给水相同。

卫生器具排水定额是经过实测资料整理后制定的，主要用于计算建筑内部各管段的排水设计秒流量，进而确定管径。各管段的设计流量与其接纳的卫生器具类型、数量及使用频率有关。与建筑给水一样，为便于计算，以污水盆的排水流量 0.33L/s 作为一个排水当量，将其他卫生器具的排水量与 0.33L/s 的比值，作为该种卫生器具的排水当量。由于考虑到卫生器具排水具有突然、迅速、变化幅度大的特点，一个排水当量的排水流量是一个给水当量的额定流量的 1.65 倍。各种卫生器具的排水流量和当量值见表 5.12。

工业废水排水量标准和时变化系数应按生产工艺要求确定。

表 5.12　卫生器具排水的流量、当量和排水管的管径

序号	卫生器具名称	排水流量/(L/s)	当量	排水管管径/mm
1	洗涤盆、污水盆(池)	0.33	1.00	50
2	餐厅、厨房洗菜盆(池)			
	单格洗涤盆(池)	0.67	2.00	50
	双格洗涤盆(池)	1.00	3.00	50
3	盥洗槽(每个水嘴)	0.33	1.00	50~75
4	洗手盆	0.10	0.30	32~50
5	洗脸盆	0.25	0.75	32~50
6	浴盆	1.00	3.00	50
7	淋浴器	0.15	0.45	50
8	大便器			
	冲洗水箱	1.50	4.50	100
	自闭式冲洗阀	1.20	3.60	100
9	医用倒便器	1.50	4.50	100
10	小便器			
	自闭式冲洗阀	0.10	0.30	40~50
	感应式冲洗阀	0.10	0.30	40~50
11	大便槽			
	≤4 个蹲位	2.50	7.50	100
	>4 个蹲位	3.00	9.00	150
12	小便槽(每米长)			
	自动冲洗水箱	0.17	0.50	
13	化验盆(无塞)	0.20	0.60	40~50
14	净身器	0.10	0.30	40~50
15	饮水器	0.05	0.15	25~50
16	家用洗衣机	0.50	1.50	50

注：家用洗衣机下排水软管直径 30mm，上排水软管内径为 19mm。

5.4.2 排水设计秒流量

建筑内部排水系统设计流量常用生活污水量大时排水量和生活污水设计秒流量两类。

5.4.2.1 最大时排水量

建筑内部生活污水最大时排水量的大小是根据生活给水量的大小确定的，理论上建筑内部生活给水量略大于生活污水排水量，但考虑到散失量很小，故生活污水排水定额和时变化系数完全与生活给水定额和时变化系数相同。其生活排水平均时排水量和最大时排水量的计算方法与建筑内部的生活给水量的计算方法亦相同，计算结果主要用于设计选型污水泵、化粪池、地埋式生化处理装置的型号规格等。

5.4.2.2 设计秒流量

建筑内部排水设计秒流量与卫生器具的排水特点和同时排水的卫生器具的数量有关，为保证最不利时刻的最大排水量安全及时排放，应以设计秒流量来确定各管段管径。

目前，我国建筑内部生活排水设计秒流量计算公式与给水相对应，有两个公式适用于不同建筑。

① 住宅、宿舍（Ⅰ、Ⅱ类）、旅馆、宾馆、酒店式公寓、医院、疗养院、幼儿园、养老院、办公楼、商场、图书馆、书店、客运中心、航站楼、会展中心、中小学教学楼、食堂或营业餐厅等建筑生活排水管道设计秒流量，应按式(5.2)计算：

$$q_p = 0.12\alpha\sqrt{N_p} + q_{max} \tag{5.2}$$

式中 q_p——计算管段排水设计秒流量，L/s；

    N_p——计算管段的卫生器具排水当量总数；

    α——根据建筑物用途而定的系数，按表5.13确定；

    q_{max}——计算管段上最大一个卫生器具的排水流量，L/s。

表 5.13 根据建筑物用途而定的系数 α 值

建筑物名称	宿舍（Ⅰ、Ⅱ类）、住宅、宾馆、酒店式公寓、医院、疗养院、幼儿园、养老院的卫生间	旅馆和其他公共建筑的盥洗室和厕所间
α 值	1.5	2.0～2.5

注：当计算所得流量值大于该管段上按卫生器具排水流量累加值时，应按卫生器排水流量累加值计。

② 宿舍（Ⅲ、Ⅳ类）、工业企业生活间、公共浴室、洗衣房、职工食堂或营业餐厅的厨房、实验室、影剧院、体育场（馆）等建筑的生活管道排水设计秒流量，应按式(5.3)计算。

$$q_p = \sum q_0 n_0 b \tag{5.3}$$

式中 q_p——计算管段排水设计秒流量，L/s；

    q_0——同类型的一个卫生器具排水流量，L/s；

    n_0——同类型卫生器具数；

    b——卫生器具的同时排水百分数，冲洗水箱大便器的同时排水百分数按12%计算，其他卫生器具同给水。

【注】当计算排水流量小于一个大便器的排水流量时，应按一个大便器的排水流量作为该计算管段的设计秒流量。

【例5.1】 某公共浴室排水管道承担了1个洗手盆、4个淋浴器、1个冲洗水箱大便器的排水，则其排水管道的设计秒流量是多少？

解 公共浴室的生活排水设计秒流量应按照 $q_p = \sum q_0 n_0 b$ 计算。

$$q_p = \sum q_0 n_0 b = 0.1 \times 1 \times 50\% + 0.15 \times 4 \times 80\% + 1.5 \times 1 \times 2\% = 0.56(L/s)$$

根据实际使用情况得知，当一个大便器排水时，其所排流量为 1.5L/s，通过公式计算所得的流量 0.56L/s 不能满足其排水要求，故根据规范规定，应取 1.5L/s 作为其设计秒流量。

5.4.3 排水管道的水力计算

建筑内部排水管道水力计算，主要是在保证良好的水利条件、管道内压力稳定、水封不被破坏、能迅速将污水排放的条件下，根据排水定额，确定管段的设计秒流量、计算管径、管道内流速、管道坡度和充满度。

排水横管和排水立管中的水流状态不同，因此计算方法也不同。排水横管为重力流，按照明渠计算，排水立管的计算是根据立管中形成水膜流时的最大排水能力计算。

5.4.3.1 排水横管的水力计算

（1）设计规定

鉴于排水横管中的水流特点，为保证排水管道系统良好的水力条件，稳定管道系统内压力，防止水封破坏，保证良好的室内卫生环境，在排水横支管和排出管或横干管的水力计算中，必须满足下列设计规定。

① 充满度 建筑内部排水系统的横管按非满流设计，以便于接纳意外的瞬时高峰流量，同时利于排水系统中有毒有害气体的排出，调节管道内的压力，保证水封不被破坏。

② 自清流速 污水中含有固体杂质，流速过小，杂质会在管道内沉淀，减小过流断面，造成排水不畅甚至堵塞。为此规定了最小流速，也称自清流速。自清流速的大小与污废水所含杂质的多少、管径和充满度有关。建筑内部自清流速见表 5.14。

表 5.14 排水管道自清流速值 单位：m/s

污废水类别	生活污水在下列管径时/mm			明渠（沟）	雨水及合流制排水管道
	$d<150$	$d=150$	$d=200$		
自清流速	0.6	0.65	0.70	0.40	0.75

③ 管道坡度 排水管道的设计坡度与污废水性质、管径大小、充满度大小和管材有关。污废水中含有的杂质多、管径越小、充满度小、管材粗糙系数越大，其坡度应越大。建筑内部生活排水管道的坡度规定有通用坡度和最小坡度两种。通用坡度为正常情况下应采用的坡度，最小坡度为必须保证的坡度。一般情况下应采用通用坡度，当排水横管过长造成坡降值过大或建筑空间限制时，可采用最小坡度。

建筑物内生活排水铸铁管道的最小坡度和最大设计充满度按表 5.15 确定。

表 5.15 建筑物内生活排水铸铁管道的最小坡度和最大设计充满度

管径/mm	通用坡度	最小坡度	最大设计充满度
50	0.035	0.025	0.5
75	0.025	0.015	
100	0.020	0.012	
125	0.015	0.010	
150	0.010	0.007	0.6
200	0.008	0.005	

建筑排水塑料管粘接、熔接连接的排水横支管的标准坡度应为 0.026。胶圈密封连接排水横管的坡度可按表 5.16 调整。

表 5.16 建筑排水塑料管排水横管的最小坡度、通用坡度和最大设计充满度

外径/mm	通用坡度	最小坡度	最大设计充满度
50	0.025	0.0120	
75	0.015	0.0070	
110	0.012	0.0040	0.5
125	0.010	0.0035	
160	0.007	0.0030	
200	0.005	0.0030	
250	0.005	0.0030	0.6
315	0.005	0.0030	

④ 最小管径 建筑物内排出管最小管径不得小于50mm。公共食堂、厨房排放的污水中含有大量油脂和泥沙，容易在管道内壁附着聚集，减小管道的过水断面，为防止堵塞，多层住宅厨房间的立管管径不宜小于75mm。公共食堂厨房排水管管径应比计算管径大一级，但干管管径不得小于100mm，支管管径不得小于75mm。

医院污物洗涤盆（池）和污水盆（池）常常会有棉球、纱布、竹签等杂物，为防止管道堵塞，排水管管径不得小于75mm。

小便器冲洗不及时，尿垢容易聚集，堵塞管道，因此，小便槽或连接3个及3个以上的小便器，其污水支管管径不宜小于75mm。

大便器排水量大、污水中固体杂质较多，所以凡连接大便器的支管，即使仅有1个大便器，其最小管径不得小于100mm。大便槽排水管管径，可按表5.17确定。

浴池的泄水管管径宜采用100mm。

表 5.17 大便槽排水管管径 单位：mm

蹲位数	排水管管径	蹲位数	排水管管径
3~4	100(110)	9~12	150(160)
5~8	150(160)		

注：括号内尺寸是排水塑料管外径。

(2) 排水横管水力计算方法

对于排水横干管和连接多个卫生器具的横支管，应逐段计算各管段的排水设计秒流量，通过水力计算来确定各管段的管径和坡度。应按下列公式计算。

$$q_p = Av \tag{5.4}$$

$$v = \frac{1}{n} R^{\frac{2}{3}} I^{\frac{1}{2}} \tag{5.5}$$

式中 q_p——排水设计秒流量，L/s；

  A——管道在设计充满度的过水断面面积，m²；

  v——速度，m/s；

  R——水力半径，m；

  I——水力坡度，采用排水管管道坡度；

  n——粗糙系数。铸铁管为0.013；混凝土管、钢筋混凝土管为0.013~0.014；钢管为0.012；塑料管为0.009。

为便于设计计算，根据式(5.4)和式(5.5)及各项设计规定，编制了建筑内部排水铸铁管水力计算表 5.18，建筑内部排水塑料管水力计算表 5.19 供设计时使用。

表 5.18 建筑内部排水铸铁管水力计算表（$n=0.013$）

坡度	生产污水															
	$h/D=0.6$				$h/D=0.7$						$h/D=0.8$					
	DN=50		DN=75		DN=100		DN=125		DN=150		DN=200		DN=250		DN=300	
	q	v	q	v	q	v	q	v	q	v	q	v	q	v	q	v
0.03															52.50	0.87
0.0035													35.00	0.83	56.70	0.94
0.004											20.60	0.77	37.40	0.89	60.60	1.01
0.005											23.00	0.86	41.80	1.00	67.90	1.11
0.006									9.07	0.75	25.20	0.94	46.00	1.09	74.40	1.24
0.007									10.50	0.81	27.20	1.02	49.50	1.18	80.40	1.33
0.008									11.20	0.87	29.00	1.09	53.00	1.26	85.80	1.42
0.009									11.90	0.92	30.80	1.15	56.00	1.33	91.00	1.51
0.01							7.80	0.86	12.50	0.97	32.60	1.22	59.20	1.41	96.00	1.59
0.012					4.64	0.81	8.50	0.95	13.70	1.06	35.60	1.33	64.70	1.54	105.00	1.74
0.015					5.20	0.90	9.50	1.06	15.40	1.19	40.00	1.49	72.50	1.72	118.00	1.95
0.02			2.25	0.83	6.00	1.04	11.00	1.22	17.70	1.37	46.00	1.72	83.60	1.99	135.00	2.25
0.025			2.51	0.93	6.70	1.16	12.30	1.36	19.80	1.53	51.40	1.92	93.50	2.22	151.00	2.51
0.03	0.97	0.79	2.76	1.02	7.35	1.28	13.50	1.50	21.70	1.68	56.50	2.11	102.50	2.44	166.00	2.76
0.035	1.05	0.85	2.89	1.10	7.95	1.38	14.60	1.60	23.40	1.81	61.00	2.28	111.00	2.64	180.00	2.98
0.04	1.12	0.91	3.18	1.17	8.50	1.47	15.60	1.73	25.00	1.94	65.00	2.44	118.00	2.82	192.00	3.18
0.045	1.19	0.96	3.38	1.25	9.00	1.56	16.50	1.83	26.60	2.06	69.00	2.58	126.00	3.00	204.00	3.38
0.05	1.25	1.01	3.55	1.31	9.50	1.64	17.40	1.93	28.00	2.17	72.60	2.72	132.00	3.15	214.00	3.55
0.06	1.37	1.11	3.90	1.44	10.40	1.80	19.00	2.11	30.60	2.38	79.60	2.98	145.00	3.45	235.00	3.90
0.07	1.48	1.20	4.20	1.55	11.20	1.95	20.00	2.28	33.10	2.56	86.00	3.22	156.00	3.73	254.00	4.20
0.08	1.58	1.28	4.50	1.66	12.00	2.08	22.00	2.44	35.40	2.74	93.40	3.47	165.50	3.94	274.00	4.40

坡度	生产废水															
	$h/D=0.6$				$h/D=0.7$						$h/D=1.0$					
	DN=50		DN=75		DN=100		DN=125		DN=150		DN=200		DN=250		DN=300	
	q	v	q	v	q	v	q	v	q	v	q	v	q	v	q	v
0.003															53.00	0.75
0.0035													35.40	0.72	57.30	0.81
0.004											20.80	0.66	37.80	0.77	61.20	0.87
0.005									8.85	0.68	23.25	0.74	42.25	0.86	68.50	0.97
0.006							6.00	0.67	9.70	0.75	25.50	0.81	46.40	0.94	75.00	1.06
0.007							6.50	0.72	10.50	0.81	27.50	0.88	50.00	1.02	81.00	1.15
0.008					3.80	0.66	6.95	0.77	11.20	0.87	29.40	0.94	53.50	1.09	86.50	1.23
0.009					4.02	0.70	7.36	0.82	11.90	0.92	31.20	0.99	56.50	1.15	92.00	1.30

生产废水

坡度	h/D=0.6				h/D=0.7						h/D=1.0					
	DN=50		DN=75		DN=100		DN=125		DN=150		DN=200		DN=250		DN=300	
	q	v	q	v	q	v	q	v	q	v	q	v	q	v	q	v
0.01					4.25	0.74	7.80	0.86	12.50	0.97	33.00	1.05	59.70	1.22	97.00	1.37
0.012					4.64	0.81	8.50	0.95	13.70	1.06	36.00	1.15	65.30	1.33	106.00	1.50
0.015			1.95	0.72	5.20	0.90	9.50	1.06	15.40	1.19	40.30	1.28	73.20	1.49	119.00	1.68
0.02	0.79	0.46	2.25	0.83	6.00	1.40	11.00	1.22	17.70	1.37	46.50	1.48	84.50	1.72	137.00	1.94
0.025	0.88	0.72	2.51	0.93	6.70	1.16	12.30	1.36	19.80	1.53	52.00	1.65	94.40	1.92	153.00	2.17
0.03	0.97	0.79	2.76	1.02	7.35	1.28	13.50	1.50	21.70	1.68	57.00	1.82	103.50	2.11	168.00	2.38
0.035	1.05	0.85	2.98	1.10	7.95	1.38	14.60	1.60	23.40	1.81	61.50	1.96	112.00	2.28	181.00	2.57
0.04	1.12	0.91	3.18	1.17	8.50	1.47	15.60	1.73	25.00	1.94	66.00	2.10	120.00	2.44	194.00	2.75
0.045	1.19	0.96	3.38	1.25	9.00	1.56	16.50	1.83	26.60	2.06	70.00	2.22	127.00	2.58	206.00	2.91
0.05	1.25	1.01	3.55	1.31	9.50	1.64	17.40	1.93	28.00	2.17	73.50	2.34	134.00	2.72	217.00	3.06
0.06	1.37	1.11	3.90	1.44	10.40	1.80	19.00	2.11	30.60	2.38	80.50	2.56	146.00	2.98	238.00	3.36
0.07	1.48	1.20	4.20	1.55	11.20	1.95	20.60	2.28	33.10	2.56	87.00	2.77	158.00	3.22	256.00	3.64
0.08	1.58	1.28	4.50	1.66	12.00	2.08	22.00	2.44	35.40	2.74	93.00	2.96	169.00	3.44	274.00	3.88

生活污水

坡度	h/D=0.05								h/D=0.7			
	DN=50		DN=75		DN=100		DN=125		DN=150		DN=200	
	q	v	q	v	q	v	q	v	q	v	q	v
0.003												
0.0035												
0.004												
0.005											15.35	0.80
0.006											16.90	0.88
0.007									8.46	0.78	18.20	0.95
0.008									9.04	0.83	19.40	1.01
0.009									9.56	0.89	20.60	1.07
0.01							4.97	0.81	10.10	0.94	21.70	1.13
0.012					2.90	0.72	5.44	0.89	11.10	1.02	23.80	1.24
0.015			1.48	0.67	3.23	0.81	6.08	0.99	12.40	1.14	26.60	1.39
0.02			1.70	0.77	3.72	0.93	7.02	1.15	14.30	1.32	30.70	1.60
0.025	0.65	0.66	1.90	0.86	4.17	1.05	7.85	1.28	16.00	1.47	35.30	1.79
0.03	0.71	0.72	2.08	0.94	4.55	1.14	8.60	1.39	17.50	1.62	37.70	1.96
0.035	0.77	0.78	2.26	1.02	4.94	1.24	9.29	1.51	18.90	1.75	40.60	2.12
0.04	0.81	0.83	2.40	1.09	5.26	1.32	9.93	1.62	20.20	1.87	43.50	2.27
0.045	0.87	0.89	2.56	1.16	5.60	1.40	10.52	1.71	21.50	1.98	46.10	2.40
0.05	0.91	0.93	2.60	1.23	5.88	1.48	11.10	1.89	22.60	2.09	48.50	2.53
0.06	1.00	1.02	2.94	1.33	6.45	1.62	12.14	1.98	24.80	2.29	53.20	2.77
0.07	1.08	1.10	3.18	1.42	6.97	1.75	13.15	2.14	26.80	2.47	57.50	3.00
0.08	1.18	1.16	3.35	1.52	7.50	1.87	14.05	2.28	30.44	2.73	65.40	3.32

表 5.19　建筑内部排水塑料管水力计算表（$n=0.009$）

坡度	$h/D=0.5$						$h/D=0.6$	
	$D_e=50$		$D_e=75$		$D_e=110$		$D_e=160$	
	q	v	q	v	q	v	q	v
0.002							6.48	0.60
0.004					2.59	0.62	9.68	0.85
0.006					3.17	0.75	11.86	1.04
0.007			1.21	0.63	3.43	0.81	12.80	1.13
0.010			1.44	0.75	4.10	0.97	15.30	1.35
0.012	0.52	0.62	1.58	0.82	4.49	1.07	16.77	1.48
0.015	0.58	0.69	1.77	0.92	5.02	1.19	18.74	1.65
0.020	0.66	0.80	2.04	1.06	5.79	1.38	21.65	1.90
0.026	0.76	0.91	2.33	1.21	6.61	1.57	24.67	2.17
0.030	0.81	0.98	2.50	1.30	7.10	1.68	26.51	2.33
0.035	0.88	1.06	2.70	1.40	7.67	1.82	28.63	2.52
0.040	0.94	1.13	2.89	1.50	8.19	1.95	30.61	2.69
0.045	1.00	1.20	3.06	1.59	8.69	2.06	32.47	2.86
0.050	1.05	1.27	3.23	1.68	9.16	2.17	34.22	3.01
0.060	1.15	1.39	3.53	1.84	10.04	2.38	37.49	3.30
0.070	1.24	1.50	3.82	1.98	10.84	2.57	40.49	3.56
0.080	1.33	1.60	4.08	2.12	11.59	2.75	43.29	3.81

注：表中单位 q 为 L/s；v 为 m/s；D_e 为 mm。

　　当建筑底层无通气的排水管道与其他楼层管道分开单独排出时，其排水横支管管径可按表 5.20 确定。

表 5.20　无通气的底层单独排出的排水横支管最大设计排水能力

排水横支管管径/mm	50	75	100	125	150
最大设计排水能力/(L/s)	1.0	1.7	2.5	3.5	4.8

5.4.3.2　排水立管的水力计算

（1）排水立管的水流特点

　　在多层及高层建筑中，排水立管连接各层排水横支管，下部与横干管或排出管相连，立管中水流呈竖直下落流动。立管中的排水流量由小到大再减小至零，呈断续的非均匀流，在竖直下落的过程中形成水与空气两种介质的复杂运动，若不能及时补充带走的空气，则立管上部形成负压，下部形成正压，由于排水反复出现，必然造成排水立管中压力变化剧烈。

　　排水立管中在单一出流、流量由小到大时，水流状态分析主要经过 3 个阶段。

　　第 1 阶段为附壁螺旋流：排水量小时，受排水立管内壁摩擦阻力的影响，水沿壁周边向下作螺旋流动，形成离心力，立管中心气流正常，管内压力稳定。随着排水量逐步增加，水量覆盖整个管内壁时，水流附着管内壁向下流动，失去离心力，夹气流动出现，但由于排水量小，立管中心气流仍正常，压力较稳定。

　　第 2 阶段为水膜流：当流量进一步增加，水舌轻微出现，受空气阻力和管内壁摩擦阻力的共同作用，水流沿管壁作下落运动，形成一定厚度的带有横向隔膜的附壁环状水膜流。环状水膜比较稳定，向下作加速运动时，其水膜厚度近似与下降速度成正比。当水膜所受向上的管壁摩擦阻力与重力达到平衡时，水膜的下降速度与水膜厚度不再变化，这时的流速叫终限流速，从排水横支管水流入口至终限流速形成处的高度叫终限长度。横向隔膜不稳定，管内气体将横向隔膜冲破，管内压力恢复正常，在排水量继续下降的过程中，又形成新的横向隔膜，这样形成与破坏交替进行，立管内压力波动，但此时的压力波动还不会破坏水封。

第3阶段为水塞流：随着排水量继续增加，水舌充分形成，横向隔膜的形成与破坏越来越频繁，水膜厚度不断增加。当隔膜下部气体的压力不能冲破水膜时，就形成了较稳定的水塞，管内气体压力波动，水封破坏，整个排水系统不能正常使用。

（2）排水立管管径确定的方法

排水立管管径是根据最大排水能力确定的。经过对排水立管排水能力的研究分析，考虑排水立管的通气功能，按非满流使用，其最大流量应控制在形成水膜流的范围内，流量最大限度地充满立管断面的 $1/4\sim1/3$。

排水立管按使用的管材可分为排水铸铁管和排水塑料管；按通气方式可分为普通伸顶通气、专用通气立管通气，特制配件伸顶通气和因建筑构造或其他原因不伸顶通气。不同条件下其通水能力各不相同，工程应用中将式(5.2)、式(5.3)求得的设计秒流量按表5.21~表5.23确定管径。

生活排水管的最大设计排水能力应按表5.24确定，立管管径不得小于所连接的支管管径。

表 5.21　生活排水立管最大设计排水能力

排水立管系统类型			最大设计排水能力				
			排水立管管径/mm				
			50	75	100 (110)	125	150 (160)
伸顶通气	立管与横支管连接配件	90°顺水三通	0.8	1.3	3.2	4.0	5.7
		45°斜三通	1.0	1.7	4.0	5.2	7.4
专用通气	专用通气管 75mm	结合通气管每层连接	—	—	5.5	—	—
		结合通气管隔层连接	—	3.0	4.4	—	—
	专用通气管 100mm	结合通气管每层连接	—	—	8.8	—	—
		结合通气管隔层连接	—	—	4.8	—	—
	主、副通气立管＋环形通气管		—	—	11.5	—	—
自循环通气	专用通气形式		—	—	4.4	—	—
	环形通气形式		—	—	5.9	—	—
特殊单立管	混合器		—	—	4.5	—	—
	内螺旋管＋旋流器	普通型	—	1.7	3.5	—	8.0
		加强型	—	—	6.3	—	—

注：排水层数在15层以上时，宜乘0.9系数。

表 5.22　设有通气管系的铸铁排水立管最大排水能力

排水立管管径/mm	排水能力/(L/s)	
	仅设伸顶通气管	有专用通气立管或主通气立管
50	1.0	—
75	2.5	5
100	4.5	9
125	7.0	14
150	10.0	25

表 5.23　设有通气管系的塑料排水立管最大排水能力

排水立管管径/mm	排水能力/(L/s)	
	仅设伸顶通气管	有专用通气立管或主通气立管
50	1.2	—
75	3.0	—
90	3.8	—
110	5.4	10.0
125	7.5	16.0
160	12.0	28.0

注：表内数据系在立管底部放大一号管径条件下的通水能力，如不放大时，可按表 5.22 确定。

表 5.24　单立管排水系统的立管最大排水能力

排水立管管径/mm	排水能力/(L/s)		
	混合器	塑料螺旋管	旋流器
75	—	3.0	—
100(110)	6.0	6.0	7.0
125	9.0	—	10.0
150(160)	13.0	13.0	15.0

【例 5.2】　某医院住院部公共盥洗室内设有伸顶通气的铸铁排水立管，其横支管采用 45°斜三通连接卫生器具的排水，其上连接污水盆 2 个、洗手盆 8 个，则该立管的最大设计秒流量和最小管径应为多少？

解　医院的供给盥洗室的 α 为 2.0～2.5，本题取大值计算。

$$q_p = 0.12\alpha\sqrt{N_p} + q_{max} = 0.12 \times 2.5 \times \sqrt{1 \times 2 + 0.3 \times 8} + 0.33 = 0.96(\text{L/s})$$

查表 5.21 可知 45°斜三通连接的情况下立管最大排水能力 $DN50$ 可以通过 1.0L/s 的流量。根据规范规定医院污物洗涤盆和污水盆的排水管管径，不得小于 75mm，所以立管管径取 75mm。

5.5　污废水提升及局部处理

5.5.1　污废水提升

当居住小区、建筑物地下室的生活污水、废水系统的标高低于市政排水管道的标高时，污、废水不能以重力自流排出，必须提升排除，因此需设置污、废水提升装置。一般设置污水泵、集水池和污水泵房等。

5.5.1.1　污水泵

污水泵应具备大流量、耐腐蚀、不易堵塞等特点，建筑内部污、废水提升常采用潜水泵、液下泵，立式、卧式离心泵。如图 5.49 所示，由于潜水泵和液下泵直接浸没在水中运行，不需设置引水装置，无噪声和振动，当流量较小，所需占地较少时，应优先选用。当选用卧式泵进行排水时，因污水中含有杂质，不能设置底阀，因而不能人工灌水，应设计成自灌式。

潜水泵和液下泵在压水管上设阀门，自灌式卧式泵在吸水管上设阀门，以便于检修。排水泵宜采用自动控制，并应有不间断的动力供应（图 5.49）。

潜水泵　　　　　　　　离心污水泵　　　　　　　液下泵

图 5.49　常用水泵

为使排水泵独立运行，各水泵应有独立的吸水管路。污水泵排水为压力排水，宜单独排至室外，排出管的横管段应有坡度坡向出口。2 台及 2 台以上水泵共用一条出水管时，应在每台水泵出水管上设阀门和止回阀，单台水泵排水有可能会产生倒灌时，也应设置止回阀。

污水泵容易堵塞，常常需要检修，应设一台备用机组，平时宜交互运行。公共建筑应以每个生活污水集水池为单元设置一台备用泵。地下室、设备机房、车库冲洗地面的排水，当有 2 台及 2 台以上排水泵时，可不设备用泵。污水水泵的启闭应设置自动控制装置，多台水泵可并联交替或分段投入运行。

建筑物内的污水水泵的流量应按生活排水设计秒流量选定；当有排水量调节时，可按生活排水量最大小时流量选定。当集水池接纳水池溢流水、泄空水时，应按水池溢流量、泄流量与排入集水池的其他排水量中大者选择水泵机组。

水泵扬程应按提升高度、管路水头损失、另附加 2～3m 流出水头计算。

5.5.1.2　集水池

集水池的容积与水泵启动方式有关，当水泵为自动启动时，集水池容积不小于最大一台污水泵 5min 的出水量，且污水泵每小时启动次数不超过 6 次；当水泵为手动启动时，生活污水集水池容积不大于 6h 平均小时污水量，工业废水按工艺要求确定。

当污水集水池设置在室内地下室时，池盖应密封，并设通气管系；室内有敞开的集水池时，应设强制通风装置。集水池底宜有不小于 0.05 的坡度坡向泵位。池底宜设置自冲管，可利用排水泵出水在池底设冲洗管，防止沉淀。

集水池的有效水深一般为 1～1.5m，保护高度为 0.3～0.5m，内壁应采取防腐防渗防漏措施。

5.5.1.3　污水泵房

污水泵房的设计应按照水泵房设计总的要求，保证良好的通风、采光、通道、隔振防噪声等。污水泵房应建成单独构筑物，并应有卫生防护隔离带。泵房设计应按现行国家标准《室外排水设计规范》。若污水泵设在建筑物内时，污水泵房应设在单独房间内，严格保证与二次供水水池的距离等。

5.5.2　污废水的局部处理

建筑内部的污水未经处理不允许直接排入市政管网或水体，应由污水厂或设置局部处理构筑物进行处理，当其排放的水质符合现行的《污水排入城市下水道水质标准》（CJ 343—2010）和《污水综合排放标准》（DB 31/199—2009）要求才可排入城市下水道或直接排入水体。

常用的局部处理构筑物有化粪池、隔油池、降温池等。

5.5.2.1 化粪池

化粪池是一种利用沉淀和厌氧发酵的原理，去除生活污水中悬浮性有机物的处理设施，属于初级的过渡性生活处理构筑物（图 5.50）。

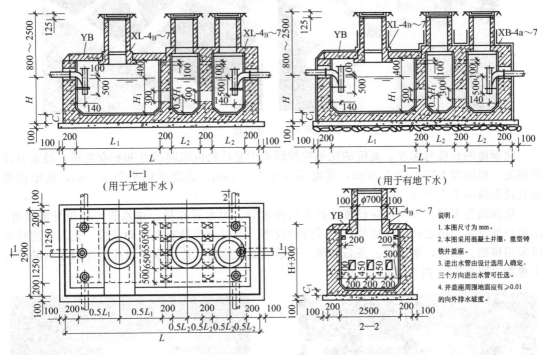

图 5.50 钢筋混凝土化粪池

生活污水中含有大量粪便、纸屑、病原虫等悬浮物，固体浓度为 100～350mg/L，有机物浓度 BOD_5 在 100～400mg/L 之间，其中悬浮性的有机物浓度 BOD_5 为 50～200mg/L。污水进入化粪池经过 12～24h 的沉淀，可去除 50%～60% 的悬浮物。沉淀下来的污泥经过 3 个月以上的厌氧发酵分解，使污泥中的有机物分解成稳定的无机物，易腐败的生污泥转化为稳定的熟污泥，改变了污泥的结构，降低了污泥的含水率。定期将污泥清掏外运，填埋或用作肥料。

化粪池具有结构简单、便于管理、不消耗动力和造价低等优点。当生活污水无法进入集中污水处理厂进行处理，在排入水体或城市排水管网前，至少应经过化粪池简单处理后，才允许排放。

（1）化粪池的设置

①化粪池一般设置在庭院内或建筑物背大街一侧，靠近卫生间的地方，宜设置在接户管的下游，便于机动车清掏的位置，不宜设置在人们经常停留的场所。②池外壁距建筑物外墙不宜小于 5m。并不得影响建筑物的基础。③为了防止污染地下水，化粪池距离地下取水构筑物不得小于 30m 卫生防护距离，池壁和池底应防止渗漏（抹水泥砂浆）。

（2）化粪池的构造

化粪池有矩形和圆形两种，视地形、修建地点、面积大小而定（图 5.51）。矩形化粪池有双格和三格之分，根据其日需处理的污水量大小确定，当日处理污水量小于 10m³ 时，采用双格，当日处理污水量大于 10m³ 时，采用三格。双格化粪池第一格的容量宜为计算总容量的 75%，三格化粪池第一格的容量宜为计算总容量的 60%，第二格和第三格各宜为总容量的 20%。

图 5.51 化粪池

　　化粪池的长度与深度、宽度的比例应按污水中悬浮物的沉降条件和积存数量，经水力计算确定。但深度不得小于 1.30m，宽度不得小于 0.75m，长度不得小于 1.00m，圆形化粪池直径不得小于 1.00m。

　　化粪池进水口、出水口应设置连接井与进水管、出水管相接。进水管口应设导流装置，出水口处及格与格之间应设拦截污泥浮渣的设施。顶板上应设有人孔和盖板。化粪池的材质可采用砖砌、水泥砂浆抹面、条石砌筑、钢筋混凝土建造，地下水位较高时应采用钢筋混凝土建造（图 5.52、图 5.53）。

图 5.52 化粪池砌筑　　　　　　　　　　图 5.53 化粪池组装

　　（3）化粪池容积计算

　　化粪池的设计主要是计算出化粪池容积，按国家建筑设计《给水排水标准图集》选用。化粪池总容积由有效容积和保护容积组成，保护容积根据化粪池大小确定，一般保护层高度为 0.25～0.45m。化粪池有效容积 V 应为污水所占容积 V_w 和污泥所占容积 V_n 组成，按下列公式计算。

$$V=V_w+V_n \tag{5.6}$$

$$V_w=\frac{mb_f q_w t_w}{24\times1000} \tag{5.7}$$

$$V_n=\frac{mb_f q_n t_n(1-b_x)M_s\times1.2}{(1-b_n)\times1000} \tag{5.8}$$

式中　V_w——化粪池污水部分容积，m^3；

　　　　V_n——化粪池污泥部分容积，m^3；

q_w——每人每日计算污水量，L/(人·d)，见表 5.25；

t_w——污水在池中停留时间（h），应根据污水量确定，宜采用 12~24h；

q_n——每人每日计算污泥量，L/(人·d)，见表 5.26；

t_n——污泥清掏周期应根据污水温度和当地气候条件确定，宜采用 3~12 个月；

b_x——新鲜污泥含水率，取 95%；

b_n——发酵浓缩后污泥含水率，取 90%；

M_s——污泥发酵后体积缩减系数宜取 0.8；

1.2——清掏后遗留 20% 的容积系数；

m——化粪池服务总人数；

b_f——化粪池实际使用人数占总人数的百分数，可按表 5.27 选用。

表 5.25　化粪池每人每日计算污水量　　　　单位：L

分类	生活污水与生活废水合流排入	生活污水单独排入
每人每日污水量	(0.85~0.95) 用水量	15~20

表 5.26　化粪池每人每日计算污泥量　　　　单位：L

建筑物分类	生活污水与生活废水合流排入	生活污水单独排入
有住宿的建筑物	0.7	0.4
人员逗留时间大于 4h 并小于等于 10h 的建筑物	0.3	0.2
人员逗留时间小于等于 4h 的建筑物	0.1	0.07

表 5.27　化粪池使用人数百分数

建筑物名称	百分数/%
医院、疗养院、养老院、幼儿园(有住宿)	100
住宅、宿舍、旅馆	70
办公楼、教学楼、试验楼、工业企业生活间	40
职工食堂、餐饮业、影剧院、体育场(馆)、商场和其他场所(按座位)	5~10

计算出化粪池的容积；按合流制化粪池最大允许使用人数或分流制化粪池最大允许使用人数查表，结合考虑有无地下水等情况，再查给水排水标准图集即可确定出化粪池的型号。化粪池平剖面图如图 5.54。

传统化粪池虽然具有结构简单、便于管理、造价低等很多优点，但也存在许多缺点，运行工况不佳，使用寿命短，易渗漏，地下水遭受污染等。为克服这些缺点，可采用新型化粪池，如玻璃钢化粪池，它具有施工周期短、密封性能好，抗压强度高、清渣周期长、耐腐蚀，处理后排出的水质可达到达到国家规定的二级一级水排放标准，而造价基本与老式化粪池持平。

玻璃钢化粪池（如图 5.55）施工注意事项如下。

① 开挖基槽时，应掌握地质情况。

② 设置位置及埋深应严格按设计要求放线、定位。

③ 玻璃钢化粪池就位后，要及时回填土，罐体内灌满水，以防位移。回填土要求进行过筛，无尖角石块和建筑垃圾，特别注意罐体下四周用素土或黄砂填实。有地下水时，罐体

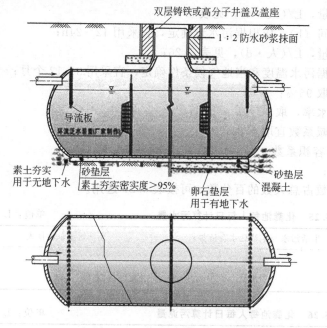
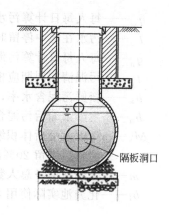

图 5.54　化粪池平剖面图

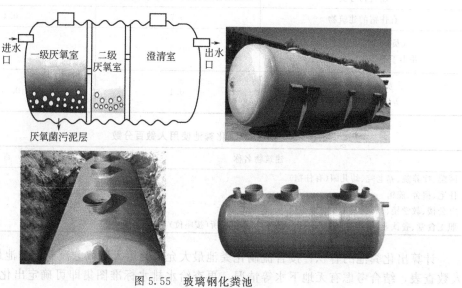

图 5.55　玻璃钢化粪池

下用素土或黄砂填实，罐体固定位置受力均匀。

　　④ 在雨季施工时，要有排水设施，防止基坑积水及边坡坍塌，同时将罐体内注满水防止漂浮，而造成位移。

　　⑤ 施工应遵照有关工程施工及验收规范的规定进行。

5.5.2.2　隔油池

　　隔油池是利用油与水的密度差异，分离去除污水中颗粒较大的悬浮油的一种处理构筑物。公共食堂、饮食业和食品加工车间排放的污水中含有动、植物油脂，此类含油脂的污、废水进入排水管道，油脂颗粒容易凝固并附着在管道内壁，造成管道过流断面减小并堵塞管道。此外，汽车修理、清洗等场所，排放的废水中含有汽油、柴油等轻质油类，进入管道后挥发，并聚集在检查井或非满流管道内上部，当达到一定浓度后易发生爆炸和引起火灾。职工食堂和营业餐厅的含油污水，应经除油装置后方可排入污水管道。目前一般设隔油池或隔油器。隔油池构造示意如图 5.56 和图 5.57。

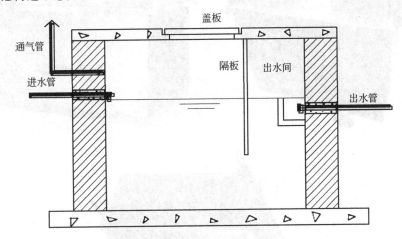

图 5.56 小型隔油池

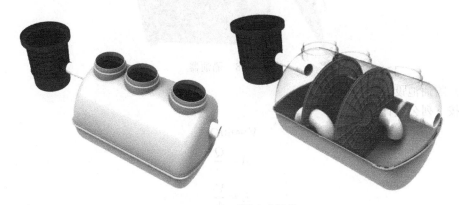

图 5.57 小型隔油池结构

（1）隔油池设计应符合下列规定。

① 污水流量应按设计秒流量计算。

② 含食用油污水在池内的流速不得大于 0.005m/s。

③ 含食用油污水在池内停留时间宜为 2～10min。

④ 人工除油的隔油池内存油部分的容积，不得小于该池有效容积的 25%。

⑤ 隔油池应设活动盖板；进水管应考虑有清通的可能。

⑥ 隔油池出水管管底至池底的深度，不得小于 0.6m。

（2）隔油器（图 5.58）设计应符合下列规定。

① 隔油器内应有拦截固体残渣装置，并便于清理。

② 容器内宜设置气浮、加热、过滤等油水分离装置。

③ 隔油器应设置超越管，超越管管径与进水管管径应相同。

④ 密闭式隔油器应设置通气管，通气管应单独接至室外。

⑤ 隔油器设置在设备间时，设备间应有通风排气装置，且换气次数不宜小于 15 次/时。

（3）隔油池的工作原理

当含油污废水进入隔油池后，过水断面增大，流速降低，污水中密度小的可浮油自然上浮至水面，由隔板阻挡在池内，经分离处理后的水从下方流出。

图 5.58 隔油器

（4）隔油池设计

可按下列公式计算。

$$V = 60Qt \tag{5.9}$$

$$A = \frac{Q}{v} \tag{5.10}$$

$$L = \frac{V}{A} \tag{5.11}$$

$$B = \frac{A}{h} \tag{5.12}$$

式中　V——隔油池有效容积，m^3；

　　　Q——含油污废水设计流量，m^3/s；

　　　t——污水在隔油池中停留时间，min；

　　　v——污水在隔油池中水平流速，m/s；

　　　A——隔油池中过水断面积，m^2；

　　　B——隔油池宽，m；

　　　h——隔油池有效水深，m，取大于 0.6m。

【例 5.3】 某隔油池有效容积 $8m^3$，过水断面积 $1.44m^2$，则该池的最大宽度为多少？

解　隔油池有效水深不得小于 0.6m，$B = \dfrac{A}{h} = \dfrac{1.44}{0.6} = 2.4(m)$

5.5.2.3　降温池

《城市污水排入下水道水质标准》（CJ 3082—1999）规定，排入城市排水管网的污、废水温度不高于 40℃。当建筑附属的锅炉房或热水制备间排出的污水或工业废水的排水水温超过规定水温，会产生气体，对管道的维护、管道接口和密封以及其他设备产生影响，因此，在排入城市排水管网前应采用降温池处理。降温方法可采用冷水降温、二次蒸发、水面散热等。

降温宜采用较高温度排水与冷水在池内混合的方法，冷却水尽量利用低温废水。降温池应设置在室外，若必须设置在室内，降温池应密封，并设人孔和通气管。如图 5.59 所示。

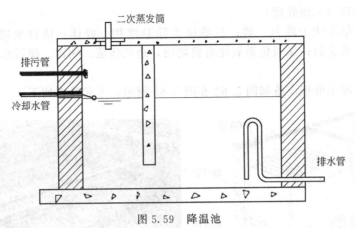

二次蒸发筒
排污管
冷却水管
排水管

图 5.59　降温池

降温池有压高温污水进水管口宜装设消声设施，有二次蒸发时，管口应露出水面向上，并应采取防止烫伤人的措施；无二次蒸发时，管口宜插进水中深度 200mm 以上。

5.5.2.4　医院污水净化消毒

医院污水是指医院的诊疗室、化验室、X 光照像洗印、同位素治疗诊断、手术室以及畜牧、兽医、生物制品等单位，室内卫生器具所排出的污水。医院污水来源及成分复杂，含有病原性微生物、有毒、有害的物理化学污染物和放射性污染等，具有空间污染、急性传染和潜伏性传染等特征，不经有效处理会成为一条疫病扩散的重要途径，严重污染环境、污染水源，危害人体健康和生命。

依照《医院污水处理设计规范》（CECS 07—2004），医院污水必须经过处理，当各项水质指标达到国家排放标准，才能排放。改变医院污水水质的过程，主要是杀灭污水中的致病微生物，为了提高消毒效果，在消毒前可对污水进行预处理，包括一级处理、二级处理。三级处理消毒包括污水消毒、污泥消毒，宜采用液氯、次氯酸钠、二氧化氯等，如图 5.60。医院污水处理流程如图 5.61 所示。

图 5.60　二氧化氯消毒设备

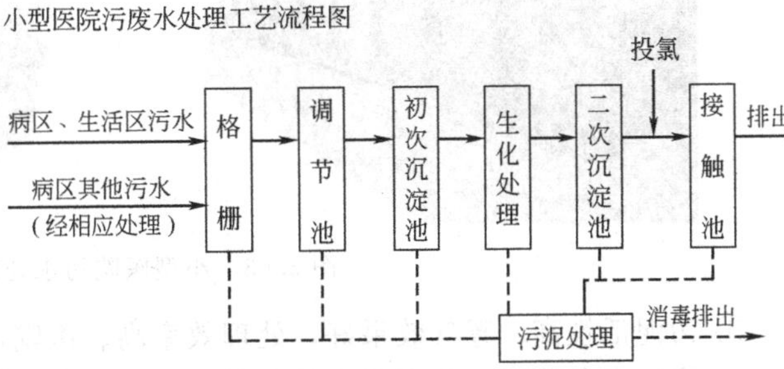

小型医院污废水处理工艺流程图

病区、生活区污水→格栅→调节池→初次沉淀池→生化处理→二次沉淀池→投氯→接触池→排出
病区其他污水（经相应处理）
污泥处理　消毒排出

图 5.61　医院污废水处理流程

（1）一级处理

采用机械的方法对污水进行的初级处理过程，又称机械处理，主要去除水中的漂浮物、悬浮物；可作为其他处理的预处理。

（2）二级处理

由一级处理和生物化学或化学处理组成的污水处理过程，去除一级处理后剩余的有机物质；经过二级处理后全面改善水质，节约消毒剂数量；缺点是占地面积大，基建投资大。采用构筑物包括生物转盘、普通生物滤池、塔式生物滤池、表面曝气池、射流曝气池、接触氧化池。

（3）深度处理（三级处理）

用物理、化学方法去除氮、磷；过滤法去除悬浮物、胶体；活性炭吸附去色、臭味、油；离子交换去重金属；强氧化剂氧化有机物质，杀死病菌、病毒。使污水处理彻底，投资运行费大。

小型医院污废水处理设备如图 5.62 和图 5.63 所示，工艺特点如下。

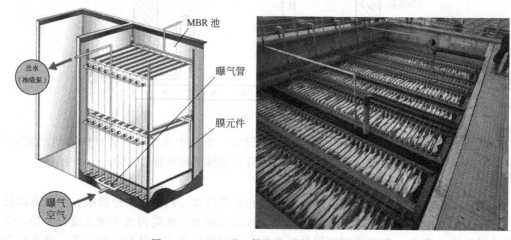

图 5.62　MBR 膜一体化医院废水处理设备

图 5.63　小型医院污水处理设备

① 污泥活性高、曝气效果好，处理效率高、医院污水消毒效果好。

② 耐冲击负荷。本身有耐水量的冲击负荷；同时，高浓度污水是逐渐进入反应池的，有稀释作用，所以也耐水质的冲击负荷。

③ 出水水质好。相同条件下，好氧曝气池一方面污泥活性高，降解有机物速率快，另一方面，它也具有比完全混合式更高的基质去除率，并且有一定硝化反应，去磷脱氮。

④ 降低造价，减少用地面积，运行费用低。进行生物除氮不需要外加碳源，溶解浓度梯度大，氧利用率高，大大降低了运行费用。

医院化粪池和污水处理构筑物内的污泥应由具有相应资质的部门定期清掏，所有污泥必须经过有效的消毒处理，在符合有关标准的规定后方可消纳。但不得随意弃置，也不得用作根块作物的施肥。

5.6　高层建筑排水系统

5.6.1　特殊单立管排水系统适用条件和组成

5.6.1.1　适用条件

建筑内部排水系统，由于设置了专门的通气管系统，改善了水力条件，提高了排水能力，减少了排水管道内气压波动幅度，有效地防止了水封破坏，保证了室内良好的环境卫生。但是由此形成的双立管系统等，致使管道繁杂，增加了管材耗量，多占用了面积，施工困难，造价高。

从 20 世纪 60 年代以来，瑞士、法国、日本、韩国等国，先后研制成功了多种特殊的单立管排水系统，如图 5.64 所示，即苏维托排水系统、旋流排水系统（又称塞克斯蒂阿系统）、芯形排水系统（又称高其马排水系统）、UPVC 螺旋排水系统等。

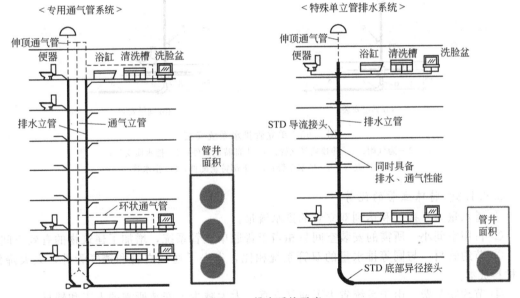

图 5.64　排水系统示意

特殊单立管排水系统适用于高层、超高层建筑内部排水系统，能有效解决高层建筑内部排水系统中由于排水横支管多、卫生器具多、排水量大而形成的水舌和水塞现象，克服了排水立管和排出管或横干管连接处的强烈冲激流形成的水跃，致使整个排水系统气压稳定，有效地防止了水封破坏，提高了排水能力。

建筑内部排水系统下列 5 种情况宜设置特殊单立管排水系统：①排水流量超过了普通单立管排水系统排水立管最大排水能力时；②横管与立管的连接点较多时；③同层接入排水立管的横支管数量较多时；④卫生间或管道井面积较小时；⑤难以设置专用通气管的建筑。

5.6.1.2　组成

特殊单立管排水系统组成的特点，即在建筑内部排水管道系统中每层排水横支管与排水立管的连接处安装上部特殊配件，在排水立管与横干管或排出管的连接处安装下部特殊配件，如图 5.65。

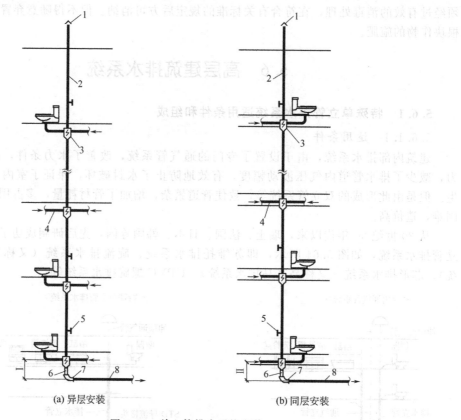

图 5.65　单立管排水系统安装

1—通气帽；2—伸顶通气立管；3—上部特制配件；4—排水横支管；
5—检查口；6—排水立管；7—下部特制配件；8—排水管

5.6.1.3　特殊立管的优势

① 排水量大　接近和达到双立管的排水流量。

② 占用空间小　所需的安装空间只相当于普通单立管系统，增加了建筑物的有效空间。

③ 节约管材　与同等排水量的双管系统相比，省去了通气立管和透气管件，大大降低了材料成本。

④ 节约安装费　由于系统省去了通气立管，大大减少了安装所需的人工和辅材。

⑤ 水封安全有效　同时兼备通水通气功能，确保了水封的安全有效，改善室内卫生状况。

适用于高层住宅、高档楼盘、宾馆、医院、酒店等污排水系统。

5.6.2　特殊配件

5.6.2.1　上部特殊配件及构造

（1）气水混合器

如图 5.66 和图 5.67。设备由上流入口、乙字弯、隔板、隔板小孔、横支管流入口、混合室和排出口组成。自立管下降的污水，经乙字弯管时，水流撞击分散与周围空气混合成水沫状气水混合物，密度变小，下降速度减缓，减少抽吸力。横支管排出的水受隔板阻挡，不能形成水舌，能保持立管中气流通畅、气压稳定。

（2）旋流接头

由底座、盖板组成，盖板上设有固定的导旋叶片，底座支管和立管接口处，沿立管切线方向有导流板。横支管污水通过导流板沿立管断面的切线方向以旋流状态进入立管，立管污

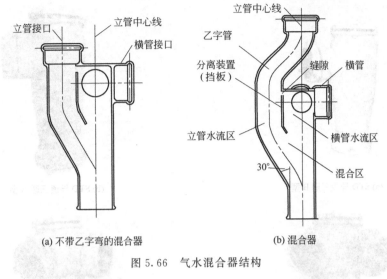

(a) 不带乙字弯的混合器   (b) 混合器

图 5.66 气水混合器结构

图 5.67 气水混合器

水每流过下一层旋流接头时，经导旋叶片导流，增加旋流，污水受离心力作用贴附管内壁流至立管底部，立管中心气流通畅，气压稳定。各种旋流接头如图 5.68 和图 5.69。

加强型旋流接头内置旋转导流叶片，并整体扩容。立管及横支管水流通过该叶片的旋转导流后，使下落水流呈旋流状贴管壁下流；所产生的旋转离心力，即使水流速度越快，旋转力就越强；在立管中心形成畅通的空气核芯，平衡系统气压波动，确保卫生器具水封不受破坏，真正实现单管排水又通气。

（3）环流器

由上部立管插入内部的倒锥体和 2～4 个横向接口组成。插入内部的内管起隔板作用，防止横支管出水形成水舌，立管污水经环流器进入倒锥体后形成扩散，气水混合成水沫，密度减轻、下落速度减缓，立管中心气流通畅，气压稳定。

5.6.2.2 下部特殊配件

（1）气水分离器

气水分离器如图 5.70，由流入口、顶部通气口、突块、分离室、跑气管、排出口组成。从立管下落的气水混合液，遇突块后溅散并冲向对面斜内壁上，起到消能和水、气分离的作用，分离出的气体经跑气管引入干管下游一定距离，使水跃减轻，底部正压减少，气压稳定。

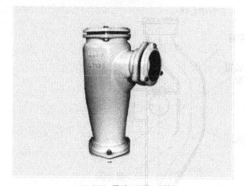

(a) STD 导流三通 B 型

(b) STD 导流三通 A 型

(c) STD 铸铁加强导流立体四通

(d) STD 铸铁加强导流立体四通

图 5.68   铸铁旋流接头

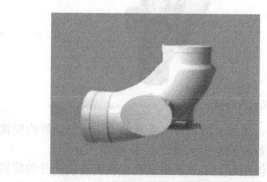

(a) STD PVC 底部异径弯头

(b) STD PVC 旋流平面四通 承插式

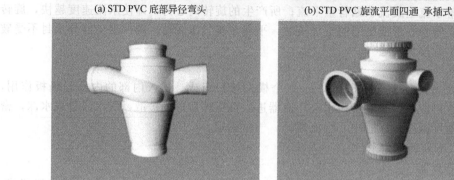

(c) STD PVC 旋流平面四通 粘接式

(d) STD PVC 旋流立体右四通 承插式

图 5.69   PVC 旋流接头

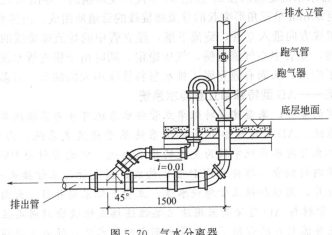

图 5.70　气水分离器

（2）特殊排水弯头

为内部装有导向叶片的 45°弯头。立管下落的水流经导向叶片后，流向弯头对壁，使水流沿弯头下部流入横干管或排出管，避免或减轻水跃，避免形成过大正压。跑气器如图 5.71。

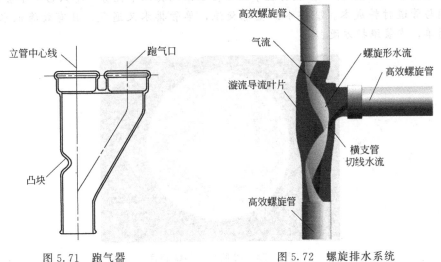

图 5.71　跑气器　　　　　　　　　图 5.72　螺旋排水系统

（3）角笛弯头

为一个大小头带检查口的 90°弯头。自立管下落的水流因过流断面扩大而水流减缓，气、水得以分离，同时能消除水跃和壅水，避免形成过大正压。

5.6.2.3　特殊配件的选型（配置）

苏维脱排水系统是 1961 年由瑞士苏玛研究成功的，该系统将气水混合器装设在排水横支管与排水立管的连接处，气水分离器装设在排水立管与横干管或排出管的连接处。

旋流排水系统又称塞克斯蒂阿系统，是 1967 年由法国勒格、查理和鲁夫共同研制的，该系统将旋流接头装设在排水横支管与排水立管的连接处，特殊排水弯头上端与排水立管连接，下端与横干管或排出管连接。

芯形排水系统又称高齐马排水系统，是 1973 年由日本小岛德厚研究成功的，该系统将环流器装设在排水横支管与排水立管的连接处，角笛弯头装设在排水立管与横干管或排出管的连接处。

PVC-U 螺旋排水系统是韩国在 20 世纪 90 年代开发研制的，如图 5.72 所示，由偏心三通和内壁有 6 条间距 50mm 呈三角形突起的导流螺旋线的管道所组成。由排水横管排出的污水经偏心三通从圆周切线方向进入立管，旋流下落，经立管中的导流螺旋线的导流，管内壁形成较稳定的水膜旋转，立管中心气流通畅，气压稳定。同时由于横支管水流由圆周切线的方式流入立管，减少了撞击，从而有效克服了排水塑料管噪声大的缺点。目前我国已有生产。

相关知识链接——AD 型特殊单立管排水系统

由于排水原理的差异，高层建筑特殊单立管排水系统可分为苏维托单立管排水系统与旋流式单立管排水系统。AD 型特殊单立管排水系统属于旋流式系统，由日本某公司自主研发，是现今特殊单立管排水系统中较为先进的排水系统。它的管材由 PVC-U 加强型螺旋管或螺旋硬聚氯乙烯内衬钢管（螺旋 DVLP 管）构成；横支管与立管接头采用 AD 细长接头，接头内部有导流叶片，用以加强立管螺旋水流；立管下部采用异径、大曲率半径、蛋形断面 AD 型底部接头。管材与 AD 型接头采用法兰柔性连接或橡胶密封圈柔性承插连接。排水通过 AD 型接头，在导流桨片的带动下在立管内形成回旋水流，随着立管螺旋结构水流在立管内贴壁旋转下排直至立管底部，使立管中央气流与顶部外界空气相连，气压保持稳定状态；当排水到达立管底部，蛋形断面能提供足够的空气层使水流顺利通过，有效防止水跃现象产生。图 5.73 所示为 12 肋加强型螺旋管。

与普通排水系统相比，AD 型特色单立管排水系统具以下优势。①只占一个管位，节省安装空间与管道材料成本。②排水贴壁螺旋流，单管排水又通气，且有效降低水流噪声。③系统简单，安装维护方便。

图 5.73 12 肋加强型螺旋管

5.6.3 特殊单立管排水系统在我国的应用

20 世纪 90 年代中后期，随着对建筑排水技术的研讨向纵深方向发展，特殊单立管排水系统由于其突出的优点，重新引起重视。

目前，我国已经编制了《特殊单立管排水系统设计规程》，介绍推荐了我国引进、改进和开发的 5 种上部特制配件和 3 种下部特制配件。

5.6.3.1 上部特制配件及其选型

上部特制配件是连接排水横支管与排水立管，除用于正常排水外，且能满足气水混合、减缓立管中水流速度和消除水舌现象等功能要求的特制配件。上部特制配件主要有混合器、环旋器（图 5.74）、环流器（图 5.75）、侧流器（图 5.76）、管旋器等。

混合器适用于排水立管靠墙敷设；排水横支管单向、双向或三面侧向与排水立管连接；同层粪便污水横支管与生活废水横支管在不同高度与排水立管连接。

环流器适用于排水立管不靠墙敷设；排水横支管单向、双向、三向或四向对称与排水立

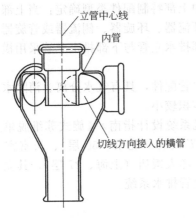

图 5.74　环旋器

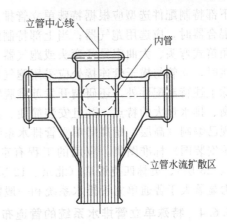

图 5.75　环流器

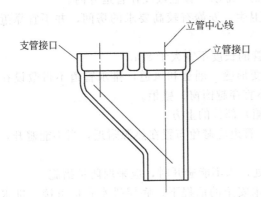

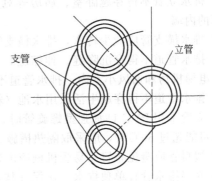

图 5.76　侧流器

管连接。

环旋器适用于排水立管不靠墙设置；单向、双向、三向或四向横支管，在非同一水平轴与排水立管连接。

侧流器适用于排水立管靠墙角敷设；排水横支管数量在 3 根及 3 根以下，且不从侧向与排水立管连接。

管旋器适用于排水立管靠墙角敷设；双向支管在非同一水平轴向与排水立管连接。

5.6.3.2　下部特制配件及其选型

下部特制配件是连接排水立管与排水横干管或排出管，除用于正常排水外，且能满足气水分离、消能等功能要求的特制配件。下部特制配件主要有跑气器、角笛弯头（图 5.77、图 5.78）、大曲率异径弯头等。

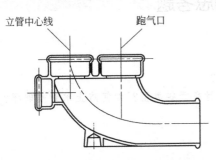

图 5.77　带跑气口的角笛弯头

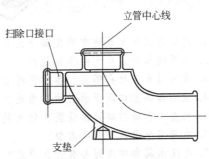

图 5.78　不带跑气口的角笛弯头

下部特制配件选型应根据特殊单立管排水系统中上部特制配件类型确定：当上部特制配件为混合器时，应选用跑气器；当上部特制配件为环流器、环旋器、侧流器或管旋器时，可选用角笛式弯头、大曲率异径弯头或跑气器；当上部排水立管与下部排水立管采用横干管偏置连接时，立管与横干管连接处应采用跑气器。

除上述特制配件外，还研制开发苏维脱特殊单立管配件，具有气水分离、消除水塞、压力平衡、排水量大的特点，并且安装简便、迅速、体积较小。

现已编制《高层、超高层单立管排水系统苏维脱系统设计指南》《旋式苏维脱单立管排水系统安装图》标准图集。应用的工程有京广新世界饭店（北京、50层）、长富宫大饭店（北京、25层）、奥林匹克饭店（北京、12层）、太平洋大饭店（上海、27层），其立管的排水能力显著大于普通单立管排水系统和一般特殊单立管排水系统。

5.6.4　特殊单立管排水系统的管道布置要求

① 排水立管宜靠近排水量最大的排水点，排水立管宜敷设在管道井内。

② 排水立管不得穿越卧室、病房等对卫生、安静有较高要求的房间，并不宜靠近与卧室相邻的内墙。

③ 排水横支管应减少转弯，排水横支管的长度不宜大于8m。

④ 排水管道不得穿沉降缝、伸缩缝、变形缝、烟道和风道，排水管道不得敷设在变配电间、电梯机房和通风小室内，排水管道不宜穿越橱窗、壁柜。

⑤ 排水管道不得穿越生活饮用水池（箱）部位的上方。

⑥ 立管采用PVC-U加强型螺旋管时，管道应避免布置在热源附近，当不能避开，且表面温度可能超过60℃时，应采取隔热措施。

⑦ 塑料管应避免布置在易受机械撞击处，当不能避开时，应采取防护措施。

⑧ 底层排水管宜单独排水。在保证技术安全的前提下，底层排水管也可接入排水立管合并排出或接入排水横干管排出；当接入排水立管时，最低排水横支管的管中心距排水横干管管中心的距离应大于或等于0.6m。

⑨ 防火要求较高时，排水立管应采用加强型钢塑复合螺旋管。高层建筑的塑料管穿越楼层、防火墙、管道井井壁时，应根据建筑物性质、管径、设置条件和穿越部位防火等级等要求设置阻火胶带或阻火圈。

⑩ AD型特殊单立管排水系统的排水立管顶端应设伸顶通气管，其管径不得小于立管管径。

⑪ AD型特殊单立管排水系统可不设专用通气立管、主通气立管和副通气立管。当按规范规定需设置环形通气管或器具通气管时，环形通气管和器具通气管可在AD型接头处与排水立管连接。

复习思考题

1. 建筑内部排水系统有哪几部分组成？
2. 设置通气管道系统的作用是什么？
3. 常用排水管材有哪些？各有何特点？如何选择？
4. 卫生器具出口设置水封的作用是什么？常用水封有哪些类型？如何防止水封被破坏？
5. 检查口和清扫口分别设置在什么地方？
6. 常用卫生器具有哪些类型？
7. 冲洗水箱和冲洗阀各有什么特点？
8. 排水管道的布置和要求是什么？

9. 如何进行灌水试验?

10. 叙述通球试验的步骤。

11. 通气管和排水管道连接应注意哪些问题?

12. 如何确定通气管的管径?

13. 如何确定排水设计秒流量?

14. 排水管道最小管径是如何规定的?

15. 化粪池的工作原理及作用是什么?

16. 化粪池设置要求有哪些?

17. 医院污水净化消毒的方法是什么?

18. 特殊单立管排水系统适用条件是什么?

19. 特殊单立管排水系统的管道布置要求有哪些?

20. 某医院共三层,仅设伸顶通气的铸铁生活排水立管,该立管每层接纳 1 个淋浴器和 1 个延时自闭式冲洗阀大便器,则满足要求且最为经济的排水立管管径为多少?

21. 某企业生活间排水立管连接由冲洗水箱大便器 8 个,自闭式冲洗阀小便器 8 个,洗手盆 4 个,则该立管的设计秒流量为多少?

22. 某 11 层住宅的卫生间,1 层单独排水,2～11 层使用同一根立管排水。已知每户卫生间内设有 1 个坐便器,1 个淋浴器和 1 个洗脸盆,则其排水立管底部的排水设计秒流量是多少?

第6章　建筑雨水排水系统

> 【知识目标】
> - 了解屋面雨水排水系统的分类、组成和布置。
> - 掌握屋面雨水排水系统的水力计算方法。

> 【能力目标】
> - 能进行屋面雨水排水系统的布置。
> - 能进行简单的屋面雨水排水系统的水力计算。

6.1　屋面雨水排水系统

降落在建筑物屋面的雨水和雪水，特别是暴雨，在短时间内会形成积水，需要设置屋面雨水排水系统，有组织、有系统地将屋面雨水及时排除到室外，否则会造成四处溢流或屋面漏水，影响人们的生活和生产活动。

6.1.1　屋面雨水排水系统的分类

建筑屋面雨水排水系统的分类与管道的设置、管内的压力、水流状态和屋面排水条件等有关。

① 按雨水管道布置位置分为外排水系统和内排水系统两类。屋面不设雨水斗，建筑内部没有雨水管道的雨水排水系统为外排水系统。按屋面有无天沟，外排水系统又可分为檐沟外排水系统和天沟外排水系统。屋面设雨水斗，建筑物内部设有雨水管道的雨水排除系统为内排水系统。按照雨水排至室外的方法，内排水系统又分为架空管排水系统和埋地管排水系统。雨水通过室内架空管道直接排至室外的排水管（渠），室内不设埋地管的内排水系统称为架空管内排水系统。架空管内排水系统排水安全，可避免室内冒水，但需用金属管材多，易产生凝结水，管系内不能排入生产废水；雨水通过室内埋地管道排至室外，室内不设架空管道的内排水系统称为埋地管内排水系统。

② 按雨水在管道内的流态分为重力无压流、重力半有压流和压力流三类。a. 重力无压流是指雨水通过自由堰流入管道，在重力作用下附壁流动，管内压力正常，这种系统也称为堰流斗系统。b. 重力半有压流是指管内气水混合，在重力和负压抽吸双重作用下流动，这种系统也称为87式雨水斗系统。c. 压力流是指管内充满雨水，主要在负压抽吸作用下流动，这种系统也称为虹吸式系统。

③ 按屋面的排水条件分为檐沟排水、天沟排水和无沟排水。当建筑屋面面积较小时，在屋檐下设置汇集屋面雨水的沟槽，称为檐沟排水。在面积大且曲折的建筑物屋面设置汇集屋面雨水的沟槽，将雨水排至建筑物的两侧，称为天沟排水。降落到屋面的雨水沿屋面径流，直接流入雨水管道，称为无沟排水。

④ 内排水系统按出户埋地横干管是否有自由水面分为敞开式排水系统和密闭式排水系统两类。敞开式排水系统是非满流的重力排水，管内有自由水面，连接埋地干管的检查井是普通检查井。该系统可接纳生产废水，省去生产废水埋地管，但是暴雨时会出现检查井冒水

现象，雨水会漫流到室内地面，造成危害。密闭式排水系统是满流压力排水，连接埋地干管的检查井内用密闭的三通连接，室内不会发生冒水现象。

⑤ 内排水系统按一根立管连接的雨水斗数量分为单斗和多斗雨水排水系统。单斗系统一般不设悬吊管，多斗系统中悬吊管将雨水斗和排水立管连接起来。在重力无压流和重力半有压流状态下，由于互相干扰，多斗系统中每个雨水斗的泄流量小于单斗系统的泄流量。在条件允许的情况下，应尽量采用单斗排水。

6.1.2　屋面雨水排水系统的组成、布置与敷设

外排水系统的组成、布置与敷设如下所述。

（1）檐沟外排水系统

檐沟外排水系统又称水落管外排水系统，主要由檐沟、雨水斗和水落管（立管）组成，如图 6.1 所示。降落到屋面的雨水沿屋面集流到檐沟，然后流入雨水斗，经承雨斗和水落管，排至室外的地面或雨水口。檐沟外排水系统适用于普通住宅、一般的公共建筑和小型单跨厂房。

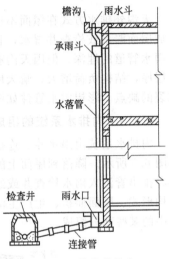

图 6.1　檐沟外排水

水落管的管道材料一般采用排水塑料管或排水铸铁管，其最小管径可用 $DN75$，下游管段管径不得小于上游管段管径，有埋地排出管时在距地面以上 1m 处设置检查口。水落管沿建筑物外墙布置，水落管的设置间距要根据降雨量和管道通水能力确定，根据一根水落管应服务的屋面面积来确定水落管间距，根据经验，水落管间距为 8～16m，工业建筑可以达到 24m。

（2）天沟外排水系统

天沟外排水系统由天沟、雨水斗和排水立管组成，如图 6.2 所示。降落到屋面上的雨水由天沟汇水，沿天沟流至建筑物两端（山墙、女儿墙），流入雨水斗，经立管排至地面或雨水井。雨水斗设在伸出山墙的天沟末端，也可设在紧靠山墙的屋面。立管连接雨水斗并沿外墙布置，如图 6.3 所示。天沟外排水系统适用于长度不超过 100m 的多跨工业厂房。

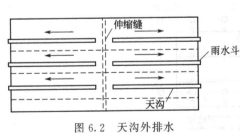

图 6.2　天沟外排水

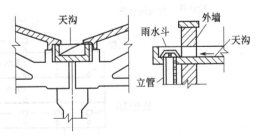

图 6.3　天沟与雨水管连接

天沟的排水断面形式应根据屋顶情况而定，一般多为矩形和梯形。管材采用彩铝雨水管等，如图 6.4 所示。天沟坡度不宜太大，以免天沟起端屋顶垫层过厚而增加结构的荷重，但也不宜太小，以免天沟抹面时局部出现倒坡，使雨水在天沟中积存，造成屋顶漏水，所以天沟坡度一般为 0.003～0.006。

天沟布置应以建筑物伸缩缝、沉降缝和变形缝为屋面分水线，在分水线两侧分别设置天沟。天沟的长度应根据本地区的暴雨强度、建筑物跨度、天沟断面形式等进行水力计算确定，天沟长度一般不要超过 50m。为了排水安全，防止天沟末端积水太深，在天沟末端宜

设置溢流口，溢流口比天沟上檐低 50～100mm。

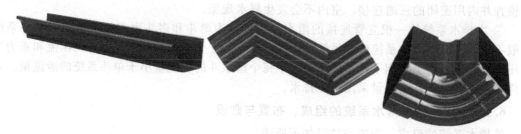

图 6.4　彩铝雨水管件

　　天沟外排水方式在屋面不设雨水斗，管道不穿过屋面，排水安全可靠，不会因施工不善造成屋面漏水或检查井冒水，且节省管材，施工方便，有利于厂房内空间利用，也可减小厂区雨水管道的埋深。但因天沟有一定的坡度，而且较长，排水立管在山墙外，也存在着屋面垫层厚，结构负荷增大；晴天屋面堆积灰尘多，雨天天沟排水不畅；寒冷地区排水立管可能冻裂的缺点。彩铝雨水管件如图 6.4。

6.1.3　内排水系统的组成、布置与敷设

　　内排水系统由雨水斗、连接管、悬吊管、立管、排出管、埋地干管和附属构筑物组成，如图 6.5 所示。降落到屋面上的雨水沿屋面流入雨水斗，经连接管、悬吊管进入排水立管，再经排出管流入雨水检查井或经埋地干管排至室外雨水管道。对于某些建筑物，由于受建筑结构形式、屋面面积、生产生活的特殊要求以及当地气候条件的影响，内排水系统可能只由其中的某些部分组成。

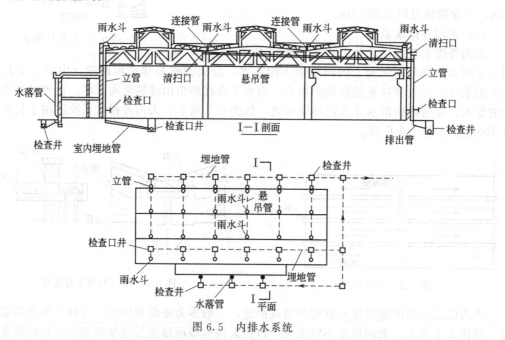

图 6.5　内排水系统

　　内排水系统适用于跨度大、特别长的多跨建筑，在屋面设天沟有困难的锯齿形、壳形屋面建筑，屋面有天窗的建筑，建筑立面要求高的建筑，大屋面建筑及寒冷地区的建筑，在墙外设置雨水排水立管有困难时，也可考虑采用内排水形式。

　　(1) 雨水斗

　　雨水斗是一种雨水由此进入排水管道的专用装置，设在屋面或天沟的最低处。实验表明

有雨水斗时，天沟水位稳定、水面旋涡较小，水位波动幅度小，掺气量较小；无雨水斗时，天沟水位不稳定，水位波动幅度大，掺气量较大。雨水斗有重力式和虹吸式两类。重力式雨水斗由顶盖、进水格栅（导流罩）、短管等构成，进水格栅既可拦截较大杂物，又可对进水具有整流、导流作用，重力式雨水斗有 65 式、79 式和 87 式三种，其中 87 式雨水斗的进出口面积比（雨水斗格栅的进水孔有效面积与雨水斗下连接管面积之比）最大，掺气量少，水力性能稳定，能迅速排除屋面雨水，如图 6.6 所示。

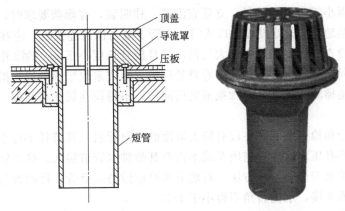

图 6.6　87 式雨水斗

虹吸式雨水斗由顶盖、进水格栅、扩容进水室、整流罩（二次进水罩）、短管等组成。为避免在设计降雨强度下雨水斗渗入空气，虹吸式雨水斗设计为下沉式。挟带少量空气的雨水进入雨水斗的扩容进水室后，因室内有整流罩，雨水经整流罩进入排出管，挟带的空气被整流罩阻挡，不易进入排水管，如图 6.7 所示。

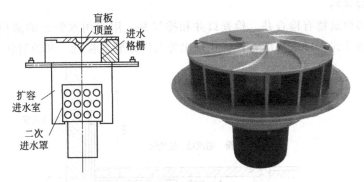

图 6.7　虹吸式雨水斗

（2）连接管

连接管是连接雨水斗和悬吊管的一段竖向短管。连接管一般与雨水斗同径，但不宜小于 100mm，连接管应牢固固定在建筑物的承重结构上，下端用斜三通与悬吊管连接。

（3）悬吊管

悬吊管是悬吊在屋架、楼板和梁下或架空在柱上的雨水横管。悬吊管连接雨水斗和排水立管，其管径不小于连接管管径，也不应大于 300mm。塑料管的坡度不小于 0.005；铸铁管的最小设计坡度不小于 0.01。在悬吊管的端头和长度大于 15m 的悬吊管上设检查口或带法兰盘的三通，位置宜靠近墙柱，以利检修。

连接管与悬吊管、悬吊管与立管间宜采用 45°三通或 90°斜三通连接。悬吊管一般采用塑料管或铸铁管，固定在建筑物的桁架或梁上。在管道可能受振动或生产工艺有特殊要求时，可采用钢管焊接连接。悬吊管不得设置在精密机械、设备、遇水会产生危害的产品及原料的上空，否则应采取预防措施。雨水悬吊管在工业厂房中一般为明装，在民用建筑中可敷设在楼梯间、阁楼或吊顶内，并应采取防结露措施。

（4）立管

雨水立管承接悬吊管或雨水斗流来的雨水。屋面无溢流措施时，雨水立管不应少于2根。一根立管连接的悬吊管根数不多于2根。建筑高低跨的悬吊管，宜单独设置各自的立管。立管管径不得小于悬吊管管径。立管宜沿墙、柱明装，有隐蔽要求时，可暗装于墙槽或管井内，并应在距地面1m处设检查口或门。立管下端与横管连接处，应在立管上设检查口或横管上设水平检查口，当横管有向大气的出口且横管长度小于2m的除外。立管的管材和接口与悬吊管相同。在雨水立管的底部弯管处应设支墩或采取牢固的固定措施。在民用建筑中，立管常设在楼梯间、管井、走廊或辅助房间内，不得设在居住房间内。

（5）排出管

排出管是立管和检查井间的一段有较大坡度的横向管道，其管径不得小于立管管径。排水管内的水流呈半有压流状态，密闭系统不得有其他排水管道接入。排出管穿越基础墙应预留墙洞，可参照排水管道的处理方法。有地下水时应做防水套管。排出管与下游埋地管在检查井中宜采用管顶平接，水流转角不得小于135°。

（6）埋地干管

埋地干管敷设于室内地下，承接立管的雨水并将其排至室外雨水管道。埋地管最小管径为200mm，最大不超过600mm。埋地管一般采用混凝土管、钢筋混凝土管或陶土管。埋地管不得穿越设备基础及其他地下构筑物。埋地管的埋设深度，在民用建筑中不得小于0.15m。

（7）附属构筑物

常见的附属构筑物有检查井、检查口井和排气井，用于雨水管道的清扫、检修、排气。检查井适用于敞开式内排水系统，设置在排出管与埋地管连接处、埋地管转弯、变径及超过

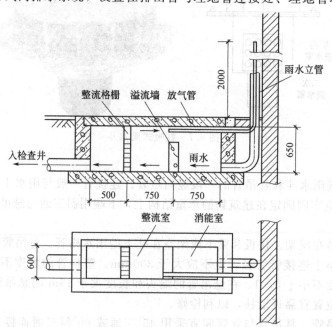

图6.8 排气井

30m 的直线管路上。检查井井深不小于 0.7m，井内采用管顶平接，井底设高流槽，流槽应高出管顶 200mm。埋地管起端几个检查井与排出管间应设排气井，如图 6.8 所示。水流从排出管流入排气井，与溢流墙碰撞消能，流速减小，气水分离，水流经过格栅稳压后平稳流入检查井，气体由放气管排出。密闭内排水系统的埋地管上设检查口，将检查口放在检查井内，便于清通检修，称检查口井。

相关知识链接——"虹吸式屋面雨水排水系统"

自 20 世纪 80～90 年代虹吸式屋面雨水排水系统在我国逐渐应用以来，为屋面雨水的排水方式提供了除重力流外的另一种排水方式选择。虹吸式雨水收集系统是屋面雨水排水的一种形式，是在设计条件下利用雨水斗（图 6.9）至排出管之间的有效位差为动力，使系统内部产生负压的雨水排水系统，其水力计算依据流体力学的伯努利方程（图 6.10）。

图 6.9　雨水接水斗

屋面雨水虹吸排水系统是利用屋顶专用雨水漏斗实现气水分离（图 6.11）。开始时由于重力作用，使雨水管道内产生真空，当管中的水呈压力流状态时，形成虹吸现象，不断进行排水，最终雨水管内达到满流状态。在降雨过程中，由于连续不断的虹吸作用，整个系统得以快速排放屋顶上的雨水。虹吸排水系统管道均按满流有压状态设计。

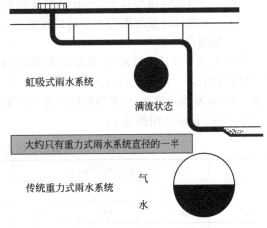

图 6.10　屋面雨水虹吸排放原理

1. 虹吸式雨水斗：用于虹吸式屋面雨水排水系统的雨水斗，它具有气水分离、防涡流等功能。

2. 连接管：虹吸式雨水斗至悬吊管间的连接短管。

3. 悬吊管：悬吊在屋架、楼板和梁下或架空在柱上的雨水横管。

4. 溢流口：当降雨量超过系统设计排水能力时用来溢水的孔口或装置。

5. 固定件：用于固定水平管和立管的装置。

6. 过渡段：过渡段设置在系统的排出管上是水流流态由虹吸满管压力流向重力过渡的管段，为虹吸式屋面雨水排水系统水力计算的终点。

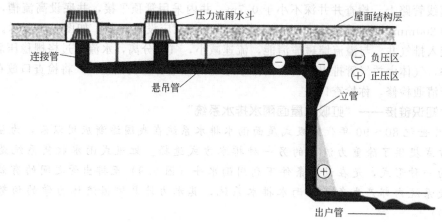

图 6.11 屋面雨水虹吸排放系统组成

6.2 建筑雨水排水系统的水力计算

6.2.1 雨水量的计算

屋面雨水排水系统雨水量的大小是设计与计算雨水排水系统的依据，其值与该地暴雨强度 q、汇水面积 F 以及由屋面坡度确定的屋面宣泄能力系数 k_1 有关，按式（6.1）计算：

$$Q = k_1 \frac{Fq_5}{100} \tag{6.1}$$

式中　Q——屋面雨水设计流量，L/s；

　　　F——屋面雨水汇水面积，m^2；

　　　q_5——当地降雨历时为 5min 时的暴雨强度，$L/(s \cdot 100m^2)$；

　　　k_1——当设计重现期为 1 年时的屋面宣泄能力系数。

（1）暴雨强度 q_5

暴雨强度与设计重现期 P 和屋面集水时间 t 有关。设计重现期应根据生产工艺及建筑物的性质确定，一般情况设计重现期取 1.0 年。由于屋面面积较小，屋面集水时间按 5min 计算。5min 暴雨强度 q_5 可查当地的气象资料确定或有关设计计算资料确定，表 6.1 为我国部分城市的 5min 暴雨强度 q_5。

表 6.1　我国部分城市的 5min 暴雨强度 q_5

城市名称	$q_5/[L/(s \cdot 100m^2)]$			城市名称	$q_5/[L/(s \cdot 100m^2)]$		
	$P=1$	$P=2$	$P=3$		$P=1$	$P=2$	$P=3$
北京	3.23	4.01	4.48	郑州	3.31	4.35	4.95
上海	3.36	4.19	4.67	武汉	3.13	3.83	4.24
天津	2.77	3.48	3.89	广州	3.80	4.41	4.77
石家庄	2.76	3.51	3.92	南宁	4.02	4.56	4.83
太原	2.31	2.92	3.27	西安	1.34	1.87	2.21
包头	2.27	2.92	3.33	银川	1.12	1.40	1.57
长春	3.41	4.11	4.52	兰州	1.47	1.89	2.14
沈阳	2.86	3.57	3.97	长沙	2.75	3.31	3.64

城市名称	$q_5/[\text{L}/(\text{s}\cdot100\text{m}^2)]$			城市名称	$q_5/[\text{L}/(\text{s}\cdot100\text{m}^2)]$		
	$P=1$	$P=2$	$P=3$		$P=1$	$P=2$	$P=3$
哈尔滨	2.67	3.39	3.81	乌鲁木齐	0.39	0.49	0.54
济南	2.86	3.52	3.90	成都	3.07	3.49	3.68
南京	2.92	3.51	3.86	贵阳	2.96	3.53	3.90
合肥	3.04	3.73	4.14	昆明	3.15	3.88	4.32
杭州	2.98	3.74	4.18	西宁	1.21	1.72	2.01
南昌	4.23	5.10	5.62	拉萨	2.57	3.15	3.49
福州	3.48	4.13	4.52				

（2）汇水面积 F

屋面雨水汇水面积较小，一般以平方米计算。屋面都有一定坡度，汇水面积不按实际面积而是按水平投影面积计算。考虑到大风作用下雨水倾斜降落的影响，对于高出屋面的侧墙，应将其垂直墙面积的 $1/2$ 计入屋面汇水面积。

（3）宣泄能力系数 k_1

当屋面坡度较大时，雨水在屋面上的集流速度快，集流时间短。为了安全及时排除屋面雨水，防止天沟积水过深，造成屋面漏雨，在计算雨水量时乘以一个系数，该系数称宣泄能力系数 k_1。设计重现期为 1 年，屋面坡度小于 2.5％时，k_1 取 1.0，屋面坡度大于等于 2.5％时，k_1 取 1.5～2.0。

6.2.2　雨水系统的设计计算

根据屋面坡向和建筑物立面要求等情况，按经验布置立管，划分并计算每根立管的汇水面积，按式（6.1）计算每根立管所需排泄的雨水量 Q。屋面雨水斗最大泄流量查表 6.2，雨水立管最大设计泄流量查表 6.3，使设计雨水量不大于表中最大设计泄流量，从而确定雨水斗的规格和雨水立管的管径。

表 6.2　屋面雨水斗最大泄流量

雨水斗规格/mm	100	150
一个雨水斗泄流量/(L/s)	12	26

表 6.3　雨水立管最大设计泄流量

管径/mm	最大设计泄流量/(L/s)
100	19
150	42

【例 6.1】　北京某仓库天沟外排水如图 6.2 所示，已知一根立管的汇水面积为 200m^2，试进行雨水系统的水力计算。

解　仓库的雨水设计重现期取 $P=1$ 年，由表 6.1 得 $q_5=3.23\text{L}/(\text{s}\cdot100\text{m}^2)$。由于仓库屋面为坡屋面，宣泄能力系数取 $k_1=1.5$，雨水设计流量为：

$$Q=k_1\frac{Fq_5}{100}=1.5\times\frac{200\times3.23}{100}=9.69(\text{L}/\text{s})$$

根据表 6.2 和表 6.3 得，当选用 DN100 的雨水斗和雨水立管时，它们的最大泄流量分别为 12L/s 和 19L/s，均大于 $Q=9.69$L/s，满足要求。

复习思考题

1. 屋面雨水排水系统有哪些类型？
2. 檐沟外排水系统由哪些部分组成？一般适用于哪些建筑？
3. 天沟外排水系统对天沟的设置有何要求？
4. 内排水系统由哪些组成部分？

第 7 章 建筑内部热水和饮水供应

【知识目标】

- 了解热水供应系统的分类、附件和管材的种类。
- 了解饮水供应系统分类。
- 熟悉水加热方式及特点、管道的保温方法。
- 掌握热水供应系统的组成及水力计算方法。
- 掌握耗热量和供热量的计算方法。

【能力目标】

- 能进行耗热量、热水量、供热量和热水管网的设计计算。
- 能按具体条件选择热水供水方式和循环方式。
- 能够正确选择加热和贮热设备。
- 能够正确选择管材和附件。
- 能够正确选择加压和贮热、贮水设备。

7.1 热水供应系统的分类和组成

7.1.1 热水供应系统的分类

建筑内部的热水供应是满足建筑内人们在生产或生活中对热水的需要。热水供应系统按热水供应范围的大小，可分为局部热水供应系统、集中热水供应系统和区域热水供应系统三类。

1. 局部热水供应系统

局部热水供应系统一般是利用在靠近用水点处设置小型加热设备（如小型煤气加热器、蒸汽加热器、电加热器、太阳能加热器等）生产热水，供一个或几个配水点使用。这种热水供应系统热水管路短，热损失小，使用灵活、维护管理容易；但热水成本较高，使用不够方便舒适。由于该系统供水范围小，热水分散制备，因此适用于使用要求不高、用水点少且较分散的建筑，如单元式住宅、洗衣房、理发馆等公共建筑和布置较分散的车间、卫生间等工业建筑。

2. 集中热水供应系统

集中热水供应系统中的热水在锅炉房或热交换站集中制备后，通过管网输送至一幢或几幢建筑中使用。该系统加热设备集中设置，便于维护管理、热效率高，制水成本低，供水范围大，热水管网较复杂，设备较多，一次性投资大，适用于使用要求高，耗热量大，用水点多且比较集中的建筑，如旅馆、医院、疗养院、体育馆、游泳池等公共建筑和布置较集中的工业企业建筑等。

3. 区域热水供应系统

区域热水供应系统的热水在热电厂、区域性锅炉房或热交换站集中制备，通过市政热水管网送至整个建筑群、居民区或整个工业企业使用。在城市或工业企业热力网的热水水质符合用水要求且热力网工况允许时，也可直接从热网取水。该系统供水范围大，自动化控制技术先进，便于集中统一维护管理和热能的综合利用；但热水管网复杂，热损失大，设备、附件多，管理水平要求高，一次性投资大。因此，适用于建筑布置较集中、热水用量较大的城市和工业企业。

7.1.2 热水供应系统的组成

热水供应系统的组成因建筑类型和规模、热源情况、用水要求、加热设备和贮存情况、建筑对美观和安静的要求等不同情况而异。建筑内热水供应系统中以集中热水供应系统的使用较为普遍，如图 7.1 所示。集中热水供应系统一般由下列部分组成：热媒系统和热水供应系统及相应的附件组成。

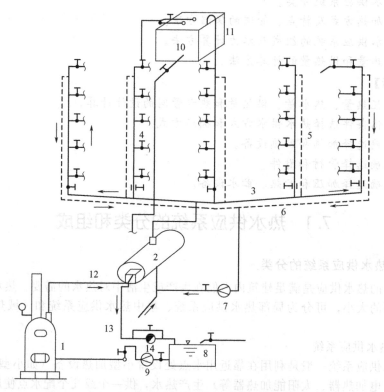

图 7.1 热媒为蒸汽的集中热水供应系统

1—锅炉；2—水加热器；3—配水干管；4—配水立管；5—回水立管；
6—回水干管；7—循环泵；8—凝结水池；9—凝结水泵；10—给水水箱；
11—透气管；12—热媒蒸汽管；13—凝水管；14—疏水器

（1）热媒系统（第一循环系统）

热媒系统由热源、水加热器和热媒管网组成。锅炉产生的蒸汽（或过热水）通过热媒管网输送到水加热器，经散热面加热冷水，蒸汽经过热交换后变成冷凝水，靠余压经疏水器流至冷凝水池，冷凝水和新补充的软化水经冷凝水循环泵再送回锅炉加热后变成蒸汽，如此循环往复而完成热的传递作用。对于区域热水供应系统不需设置锅炉，水加热器的热媒管道和冷凝水管道直接与热力管网相连接。

（2）热水供水系统（第二循环系统）

热水供水系统由热水配水管网和回水管网组成。被加热到设计要求温度的热水，从水加热器出口经配水管网送至各个热水配水点，而水加热器所需冷水则由高位水箱或给水管网补给。为满足各热水配水点随时都有设计要求温度的热水，在立管和水平干管甚至配水支管上设置回水管，使一定量的热水在配水管网和回水管网中流动，以补偿配水管网所散失的热量，避免热水温度的降低。

（3）附件

由于热媒系统和热水供水系统中控制、连接的需要，以及由于温度变化而引起的水的体积的膨胀、超压、气体离析、排除等，常使用的附件有自动温度调节装置、疏水器、减压阀、安全阀、膨胀罐（箱）、管道自动补偿器、闸阀、水嘴、自动排气器等。

7.1.3　热水供应方式

（1）按管网工作压力工况的特点分类

热水供应方式按热水系统是否与大气相通可分为开式和闭式两类。

① 开式热水供应方式　开式热水供应方式一般是在管网顶部设有开式水箱，所有配水点关闭后，系统内的水仍与大气相通，系统内的水压仅取决于水箱的设置高度，而不受室外给水管网水压波动的影响，如图 7.2 所示。所以，当用户对水压要求稳定，且允许设高位水箱，室外给水管网水压波动较大时宜采用开式热水供应方式。

② 闭式热水供应方式　闭式热水供应方式中，所有配水点关闭后，系统内的水不与大气相通，冷水直接进入水加热器。为确保系统的安全运转，系统中应设安全阀，有条件时还可加设隔膜式压力膨胀罐或膨胀管，如图 7.3 所示。闭式热水供应方式具有管路简单，水质不易受外界污染的优点，但供水水压稳定性较差，适用于不设屋顶水箱的热水供应系统。

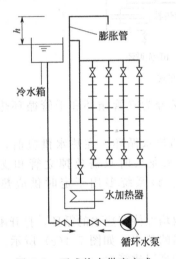

图 7.2　开式热水供应方式

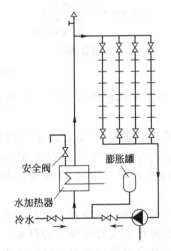

图 7.3　闭式热水供应方式

（2）按热水管网的循环方式分类

为保证热水管网中的水随时保持一定的温度，热水管网除配水管道外，还应根据具体情况和使用要求设置不同形式的回水管道，以便当配水管道停止配水时，使管网中仍维持一定的循环流量，以补偿管网热损失，防止温度降低过多。常用的循环管网和循环方式有以下几种，如图 7.4 所示。

① 全循环热水供应方式　全循环热水供应方式是指热水供应系统中热水配水管网的水平干管、立管及支管均设有相应回水管道确保热水的循环，各配水龙头随时打开均能提供符合设计水温要求的热水。该系统设有循环水泵，用水时不存在使用前放水和等待时间，适用于高级宾馆、饭店、高级住宅等高标准建筑中，如图 7.4(a) 所示。

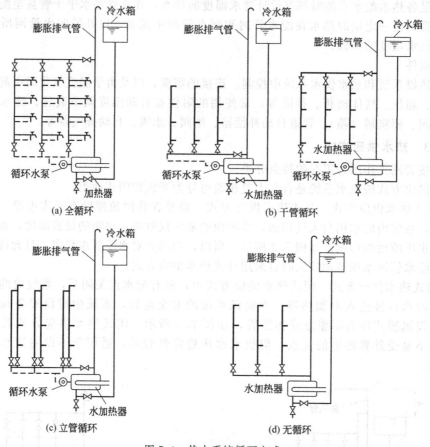

图 7.4　热水系统循环方式

② 半循环热水供应方式　半循环热水供应方式又分为立管循环和干管循环热水供应方式。

干管循环热水供应方式是指仅保持热水干管内的热水循环。在热水供应前，先用循环水泵把干管中已冷却的存水循环加热，当打开配水龙头时只需放掉立管和支管内的冷水即可流出符合要求的热水，如图 7.4(b) 所示。该系统多用于定时供应热水的建筑中。

立管循环热水供应方式是指热水干管和热水立管内均保持有热水的循环，打开配水龙头时只需放掉热水支管中少量的存水，就能获得规定水温的热水，如图 7.4(c) 所示。该方式多用于设有全日供应热水的建筑和设有定时供应热水的高层建筑中。

③ 无循环热水供应方式　无循环热水供应方式是指热水供应系统中热水配水管网的水平干管、立管、配水支管都不设任何回水管道，如图 7.4(d) 所示。对于热水供应系统较小、使用要求不高的定时供应系统，如公共浴室、洗衣房等均可采用此种供水方式。

（3）按热水加热方式分类

① 直接加热的热水供应系统　直接加热也称一次换热，见图 7.5，把热媒（蒸汽或高温水）直接与冷水混合而成热水再输配至热水供应管道系统。它具有设备简单、热效率高的特点。采用的加热装置有加热水箱、加热水罐。蒸汽加热有直接进入加热、多孔管直接加热、水射器加热等方式。第一种无需冷凝水管，但噪声大；后两种加热装置加热均匀、快捷、无噪声。蒸汽直接加热方式，对蒸汽质量要求高，适用于对噪声无严格要求的公共浴室、洗衣房、工矿企业等用户。

② 间接加热的热水供应系统　间接加热也称二次换热，见图7.5，把热媒（蒸汽或高温水）的热量通过金属传热面传递给冷水，使冷水间接受热而变成热水。由于在加热过程中热媒与被加热水不直接接触，蒸汽不会对热水产生污染，供水安全稳定。适用于要求供水稳定、安全、噪声低的旅馆、住宅、医院、办公楼等建筑。

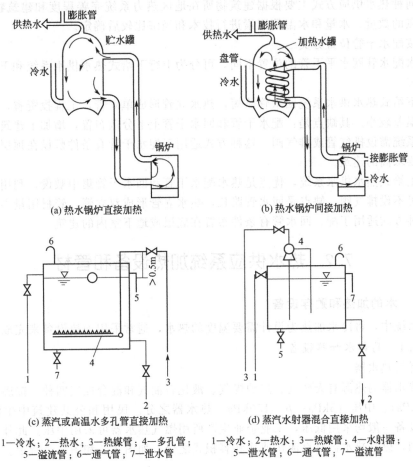

(a) 热水锅炉直接加热　　　　　　(b) 热水锅炉间接加热

(c) 蒸汽或高温水多孔管直接加热　　　(d) 蒸汽水射器混合直接加热

1—冷水；2—热水；3—热媒管；4—多孔管；　1—冷水；2—热水；3—热媒管；4—水射器；
5—溢流管；6—通气管；7—泄水管　　　　5—泄水管；6—通气管；7—溢流管

图 7.5　热水系统加热方式

（4）按循环动力分类

热水供应系统中根据循环动力的不同可分为自然循环方式和机械循环方式。

① 自然循环热水供应方式　自然循环方式是利用配水管和回水管中的水的温差所形成的压力差，使管网内维持一定的循环流量，以补偿配水管道热损失，保证用户对热水温度的要求。这种方式适用于热水供应系统小，用户对水温要求不严格的系统中。

② 机械循环热水供应方式　机械循环方式是在回水干管上设循环水泵强制一定量的水在管网中循环，以补偿配水管道热损失，保证用户对热水温度的要求。这种方式适用于大、中型，且用户对热水温度要求严格的热水供应系统。

（5）按热水管网供水时间分类

热水供应系统根据热水供应的时间可分为全日供应和定时供应方式。

① 全日供应方式　全日供应方式是指热水供应系统管网中在全天任何时刻都维持不低于循环流量的水量在进行循环，热水配水管网全天任何时刻都可配水，并保证水温。医院、疗养院、高级宾馆等都可采用全日供应方式。

② 定时供应方式　定时供应方式是指热水供应系统每天定时配水，其余时间系统停止运行，该方式在集中使用前，利用循环水泵将管网中已冷却的水强制循环加热，达到规定水温时才使用。这种供水方式适用于每天定时供应热水的建筑，如居民住宅、旅馆和工业企业中。

选用何种热水供应方式主要根据建筑物所在地区热力系统完善程度和建筑物使用性质、使用热水点的数量、水量和水温等因素进行技术和经济比较后确定。

（6）按配水干管位置分类

按热水配水管网水平干管的位置不同，可分为上行下给式热水供水系统和下行上给式热水供水系统。

上行下给式热水供水系统回水管路短，热水立管形成单立管，工程投资省，而且不同立管的热水温差较小。其缺点是：配水干管和回水干管上下分散布置，增加了建筑对管道装饰的要求；系统需设排气管或排气阀。这种方式适用于配水干管有条件敷设在顶层的建筑和对水温稳定要求高的建筑。

下行上给式热水供水系统，优点是热水配水干管和回水干管集中敷设，利用最高配水龙头排气，可不设排气阀。缺点是回水管路长，热水立管形成双立管，管材用量多，布置安装复杂。这种方式适用于配、回水管有条件布置在底层或地下室内的建筑。

7.2　热水供应系统加热设备和管材

7.2.1　水的加热和贮存设备

热水系统中，将冷水加热为设计需要温度的热水，通常采用加热设备来完成。

7.2.1.1　局部水加热设备

（1）燃气热水器

燃气热水器的热源有天然气、焦炉煤气、液化石油气和混合煤气四种。按燃气压力有低压（$p \leqslant 5kPa$）、中压（$5kPa < p \leqslant 150kPa$）热水器之分。民用和公共建筑中生活、洗涤用燃气热水设备一般均采用低压，工业企业生产所用燃气热水器可采用中压。此外，按加热冷水方式不同，燃气热水器有直流快速式和容积式之分，如图 7.6 和图 7.7 所示。直流快速式

图 7.6　快速式燃气热水器

图 7.7　容积式燃气热水器

燃气热水器一般安装在用水点就地加热，可随时点燃并可立即取得热水，供一个或几个配水点使用，常用于家庭、浴室、医院手术室等局部热水供应。容积式燃气热水器具有一定的贮水容积，使用前应预先加热，可供几个配水点或整个管网供水，可用于住宅、公共建筑和工业企业的局部和集中热水供应。

(2) 电热水器

常用电热水器可分为快速式电热水器和容积式电热水器。快速式电热水器无贮水容积或贮水容积较小，如图7.8所示，不需预热，可随时产出一定温度的热水，使用方便、体积小、但电耗大，在一些缺电地区使用受到限制。它适合家庭和工业、公共建筑单个热水供应点使用。容积式电热水器具有一定的贮水容积，其容积可由 10L 到 $10m^3$，使用前需预热，当贮备水达到一定温度后才能使用，其热损失较大，但要求功率较小，管理集中，如图7.9所示。可同时供应几个热水用水点在一段时间内使用，一般适用于局部供水和管网供水系统。

图 7.8 快速式电热水器

图 7.9 容积式电热水器

(3) 太阳能热水器

太阳能热水器是将太阳能转换成热能并将水加热的装置。其优点是：结构简单，维护方便，节省燃料，运行费用低，不存在环境污染问题。其缺点是：受天气、季节、地理位置影响不能连续稳定运行，为满足用户要求需配置贮热和辅助加热设施、占地面积较大，布置受到一定的限制。

太阳能热水器按组合形式分为装配式和组合式两种。装配式太阳能热水器一般为小型热水器，即将集热器、贮热水箱和管路由工厂装配出售，适于家庭和分散使用场所，目前市场上有多种产品，见图7.10。组合式太阳能热水器，即是将集热器、贮热水箱、循环水泵、辅助加热设备按系统要求分别设置而组成，适用于大面积供应热水系统和集中供应热水系统。

太阳能热水器常布置在平屋顶上，在坡屋顶的方位和倾角合适时，也可设置在坡屋顶上，对于小型家用集热器也可利用阳台栏杆和墙面设置。

太阳能热水器按热水循环方式可分为自然循环和机械循环两种。自然循环太阳能热水器见图7.11，是靠水温差产生的热虹吸作用进行水的循环加热，该种热水器运行安全可靠、不需用电和专人管理，但贮热水箱必须装在集热器上面，同时使用的热水会受到时间和天气的影响。机械循环太阳能热水器见图7.12，是利用水泵强制水进行循环的系统。该种热水器贮热水箱和水泵可放置在任何部位，系统制备热水效率高，产水量大。为克服天气对热水加热的影响，可增加辅助加热设备，如煤气加热、电加热和蒸汽加热等措施。

图 7.10 装配式热水器

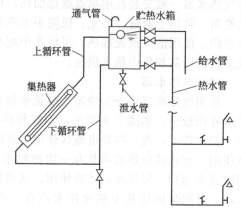

图 7.11 自然循环太阳能热水器

7.2.1.2 集中热水供应系统的加热和贮热设备

(1) 小型锅炉

集中热水供应系统采用的小型锅炉有燃煤、燃油和燃气三种。

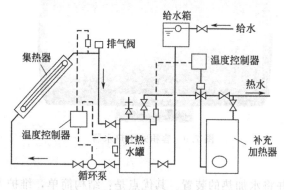

图 7.12 直接加热机械循环太阳能热水器

燃煤锅炉多为供暖系统应用，中小型也可用于热水系统，有卧式和立式两类。

(2) 容积式水加热器

容积式水加热器是一种间接式加热设备，有卧式和立式两种。其内部设有换热管束并具有一定贮热容积，具有加热冷水和贮备热水两种功能，以饱和蒸汽或高温水为热媒。图 7.13 为卧式容积式水加热器构造示意。

容积式水加热器的优点是具有较大的贮存和调节能力，被加热水流速低，压力损失小，出水压力稳定，出水水温较均衡，供水较安全。但该加热器传热系数小，热交换效率较低，体积庞大，在散热管束下方的常温贮存水中会产生军团菌等缺点。

(3) 快速式水加热器

快速式水加热器中，热媒与冷水均以较高流速流动进行紊流加热，提高热媒对管壁、管壁对被加热水的传热系数，以改善传热效果。

根据采用热媒的不同，快速式水加热器有汽-水（蒸汽和冷水）、水-水（高温水和冷水）两种类型；根据加热导管的构造不同，又有单管式、多管式、板式、管壳式、波纹板式、螺旋板式等多种型式，常见快速水加热器如图 7.14 所示。

快速式水加热器具有效率高、体积小、安装搬运方便的优点，缺点是不能贮存热水，水头损失大，在热媒或被加热水压力不稳定时，出水温度波动较大，仅适用于用水量大而且比较均匀的热水供应系统或建筑物热水采暖系统。

(4) 半容积式水加热器

半容积式水加热器是带有适量贮存和调节容积的内藏式容积式水加热器。其构造如图 7.15 所示，由贮热水罐、内藏式快速换热器和内循环泵三个主要部分组成。其中贮热水罐与快速换热器隔离，被加热水在快速换热器内迅速加热后，通过热水配水管进入贮热水罐，

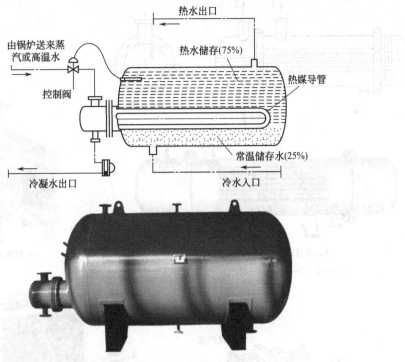

图 7.13　卧式容积式水加热器构造示意

当管网中热水用水低于设计用水量时，热水的一部分落到贮罐底部，与补充水（冷水）一起经循环水泵升压后再次进入快速换热器内加热。半容积式水加热器具有体型小（贮热容积比同样加热能力的容积式水加热器减少 2/3）、加热快、换热充分、供水温度稳定、节水节能的优点，但由于内循环泵不间断地运行，需要有极高的质量保证。

我国开发研制的 HRV 型半容积式水加热器装置的工作系统如图 7.16 所示，它取消了内循环泵，被加热水（包括冷水和热水系统的循环回水）进入快速换热器迅速加热，然后先由下降管强制送至贮热水罐的底部，再向上流动，以保持贮罐内的热水温度相同。

（5）半即热式水加热器

半即热式水加热器是带有超前控制，具有少量贮存容积的快速式水加热器，其构造如图 7.17 所示。

热媒经控制阀和底部入口通过立管进入各并联盘管，冷凝水入立管后从底部流出，冷水从底部经孔板入罐，同时有少量冷水进入分流管。入罐冷水经转向器均匀进入罐底并向上流过盘管得到加热，热水由上出口流出。部分热水在顶部进入感温管开口端，冷水以与热水用水量成比例的流量由分流管同时进入感温管，感温元件读出瞬间感温管内的冷、热水平均温度，即向控制阀发出信号，按需要调节控制阀，以保持所需的热水输出温度。只要一有热水需求，热水出口处的水温尚未下降，感温元件就能发出信号开启控制阀，具有预测性。加热盘管内的热媒由于不断改向，加热时盘管颤动，形成局部紊流区，属于"紊流加热"，故传热系数大，换热速度快，又具有预测温控装置，所以其热水贮存容量小，仅为半容积式水加热器的 1/5。同时，加热盘管为多组多排螺旋形薄壁铜制盘管组成，由于内外温差作用，加热时产生自由伸缩膨胀，可使传热面上的水垢自动脱落。

半即热式水加热器具有快速加热被加热水，浮动盘管自动除垢的优点，其热水出水温度一般可控制在 ±2.2℃内，且体积小，节省占地面积，适用于各种不同负荷需求的机械循环热水供应系统。

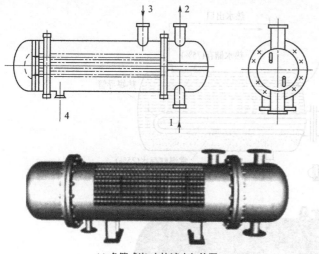

(a) 多管式汽-水快速水加热器

1—冷水；2—热水；3—蒸汽；4—凝水

(b) 管壳式水加热器

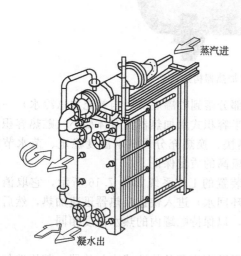

(c) 板式水加热器

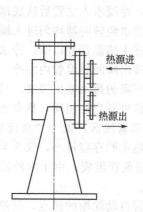

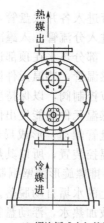

(d) 螺旋板式水加热器

图 7.14　快速式水加热器

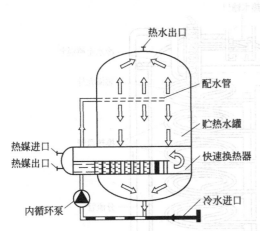

图 7.15　半容积式水加热器构造示意

（6）加热水箱和热水贮水箱

加热水箱是一种简单的热交换设备，在水箱中安装蒸汽多孔管或蒸汽喷射器，可构成直接加热水箱。在水箱内安装排管或盘管即构成间接加热水箱。加热水箱适用于公共浴室等用水量大而均匀的定时热水供应系统。

热水贮水箱（罐）是一种专门调节热水量的容器。可在用水不均匀的热水供应系统中设置，以调节水量，稳定出水温度。

7.2.1.3　加热设备的选择

加热设备应根据使用特点、耗热量、热源、维护管理及卫生防菌等因素选择。它应当具备热效率高，换热效果好、节能、燃料

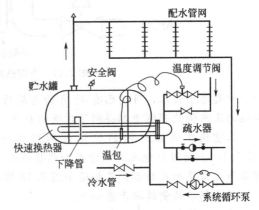

图 7.16　HRV 型半容积式水加热器工作系统

燃烧安全、消烟除尘、自动控制温度、火焰传感、自动报警等功能，并要考虑节省设备用房，附属设备简单、生活热水侧阻力损失小，有利于整个系统冷、热水压力的平衡以及构造简单，安全可靠，操作维修方便等。

选用水加热设备应遵循下列原则：当采用自备热源时，宜采用一次加热直接供应热水的燃油、燃气等燃料的热水机组；也可采用二次加热间接供应热水的自带换热器的热水机组或外配容积式、半容积式水加热器的热水机组。间接水加热设备的选型应结合用水均匀性、贮热容积、给水水质硬度、热媒的供应能力及系统对冷、热水压力平衡稳定的要求及设备所带温控安全装置的灵敏度、可靠性等经综合技术经济比较后确定。

当采用蒸汽或高温水为热源时，在条件允许的情况下应尽可能利用工业余热、废热、地热。加热设备宜采用导流型容积式水加热器、半容积式水加热器；若热源充足且有可靠灵敏的温控调节装置，也可采用半即热式、快速式水加热器。

在无蒸汽、高温水等热源和无条件利用燃气，燃油等燃料而电能又充沛的地方可采用电热水器。

当热源是利用太阳能时，宜采用集热管，真空管式太阳能热水器。

相关知识链接——"真空锅炉"

真空锅炉是一种热水锅炉，因炉体内是密闭的低于大气压的负压环境，所以称为真空锅

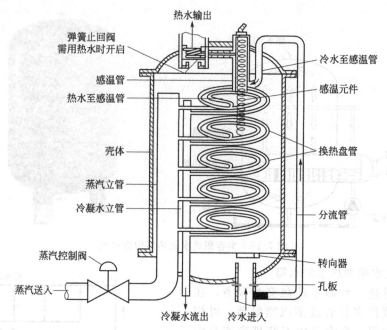

图 7.17　半即热式水加热器构造示意

炉。它起源于日本，目前已有 40 年的发展历史。目前，真空热水锅炉在日本、韩国、美国等地的民用供热领域中都得到了广泛的应用。

真空锅炉是在封闭的炉体内部形成一个负压的真空环境，在机体内填充热媒水（图 7.18）。通过燃烧或其他方式加热热媒水，再由热媒水蒸发-冷凝至换热器上，再由换热器来加热需要加热的水。其构造如图 7.18 所示。

真空锅炉热量转换示意如下。

油、天然气、煤气、电→燃烧（电转换热）→热媒水→沸腾后的蒸汽冷凝换热→换热器→热传导→水

真空锅炉的工作原理：利用水在低压情况下沸点低的特性，快速加热密封的炉体内填装的热媒水，使热媒水沸腾蒸发出高温水蒸气，水蒸气凝结在换热管上加热换热管内的冷水，达到供应热水的目的。

真空锅炉内的热媒水，是经脱氧、除垢等特殊处理的高纯水，由工厂出厂前一次冲注完成，使用时在机组内部封闭循环（汽化-凝结-汽化），在运行过程中不增加不减少，在机组使用寿命内不需要补充或更换。

真空锅炉优点如下所述。

1. 真空锅炉是在负压环境下运行的，所以不会爆炸，是国家的免检产品。

2. 锅炉受力钢板高温区、高压区的成功分离，使锅炉使用寿命延长 2~3 倍，设计使用寿命达到 30 年。

3. 整体设计科学、合理、紧凑，节约占地面积 50%~70%。

4. 在锅炉本体内进行热交换，整机效率高达 91% 以上，启动后 2~3min 内可提供 70~80℃ 热水，大大缩短了预热期和减小能源浪费。

5. 全自动控制，可实行智能化、无人操作或远程网络控制。

6. 内置不锈钢材质换热器，对水质无任何污染。

7. 比照间接式（锅炉＋外置换热器＋循环水泵＋材料＋安装费用）供热形式，安装费用节省 30%~40%。

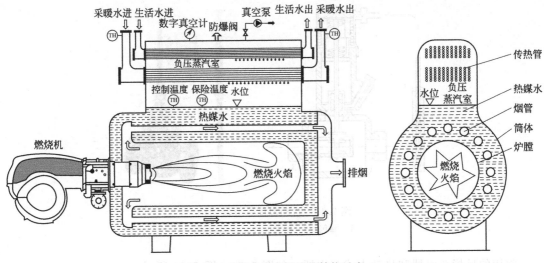

图 7.18　真空热水锅炉的结构示意

8. 效率高、供热快、换热好，使燃料费用节约 20%～30% 以上。

7.2.2　热水供应系统管材和管件

7.2.2.1　热水供应系统的管材和管件

热水供应系统管材的选择应慎重，主要考虑保证水质和安全可靠、经济合理。采用的管材和管件应符合现行产品标准的要求。管道的工作压力和工作温度不得大于产品标准标定的允许工作压力和工作温度。热水管道应选用耐腐蚀和安装连接方便可靠的管材，可采用薄壁铜管、薄壁不锈钢管、塑料热水管、塑料和金属复合热水管等。

当采用塑料热水管或塑料和金属复合热水管时应符合下列要求：管道的工作压力应按相应温度下的许用工作压力选择；设备机房内的管道不应采用塑料热水管。另外，定时供应热水系统不宜采用塑料热水管。

不同种类的管材配有相应的管件，其规格与型号与管材配合使用。

7.2.2.2　热水供应系统中的主要附件

热水供应系统除需要装置必要的检修阀门和调节阀门外，还需要根据热水系统供应方式装置若干附件，以便解决热水膨胀、系统排气、管道伸缩等问题以及控制系统的热水温度，从而确保系统安全可靠地运行。

（1）自动温度调节装置

为了节能节水、安全供水，所有水加热器均应设自动温度调节装置。可采用直接式自动温度调节器或间接式自动温度调节器。直接式自动温度调节器的构造原理如图 7.19 所示，其温度调节范围有：0～50℃，20～70℃，50～100℃，70～120℃，100～150℃，150～200℃等温度等级，公称压力为 1.0MPa。适宜用于温度为 -20～150℃ 的环境内使用。

（2）疏水器

为保证热媒管道汽水分离，蒸汽畅通，不产生汽水撞击、延长设备使用寿命，用蒸汽作热媒间接加热的水加热器、开水器的凝结水回水管上应每台设备设疏水器，当水加热器的换热能确保凝结水回水温度小于等于 80℃ 时，可不装疏水器。蒸汽立管最低处、蒸汽管下凹处的下部宜设疏水器。疏水器口径应经计算确定，其前应安装过滤器，其旁不宜附设旁通阀。疏水器根据其工作压力可分为低压和高压，热水系统中常采用高压疏水器。疏水器的种类较多，常见的有浮筒式、吊桶式、热动式、脉冲式、温调式等类型。

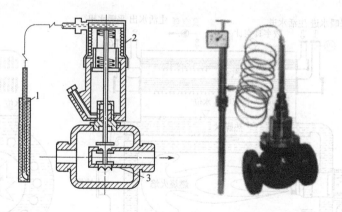

图 7.19　自动温度调节器结构
1—温包；2—感温元件；3—调压阀

　　常用的吊桶疏水器和热动力式疏水器，如图 7.20、图 7.21 所示。

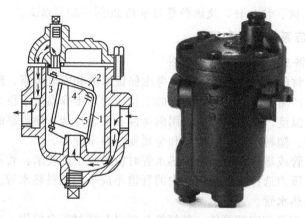

图 7.20　吊桶式疏水器
1—吊桶；2—杠杆；3—球阀；4—快速排气孔；5—双金属弹簧

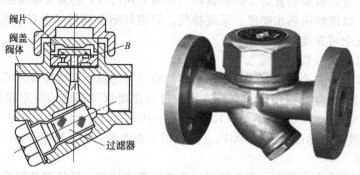

图 7.21　热动式疏水器

　　疏水器的具体选用型号可根据安装疏水器前、后的压差及排水量等参数按产品样本确定。同时考虑当蒸汽的工作压力≤0.6MPa 时，可采用吊桶式疏水器；当蒸汽的工作压力≤1.6MPa，且凝结水温度 t≤100℃时，可采用热动力式疏水器。
　　疏水器选型参数按下列公式计算。

$$G = kAd^2\sqrt{\Delta p} \tag{7.1}$$

$$\Delta p = p_1 - p_2 \tag{7.2}$$

式中　G——疏水器排水量，kg/h；

　　　k——选择倍率，加热器可取 3；

　　　A——排水系数；

　　　d——疏水器排水孔直径，mm；

　　　Δp——疏水器前后压差，Pa；

　　　p_1——疏水器进口压力，Pa；

　　　p_2——疏水器出口压力，Pa。

（3）减压阀

热水供应系统中当热交换设备以蒸汽为热媒时，若蒸汽压力大于热交换设备所能承受的压力时，应在蒸汽管道上设置减压阀，把蒸汽压力减至热交换设备允许的压力值，以保证设备运行安全。减压阀的工作原理是流体通过阀体内的阀瓣产生局部能量损耗而减压。供蒸汽介质减压常用的有活塞式、膜片式、波纹管式等几种类型的减压阀。图 7.22 为活塞式减压阀。

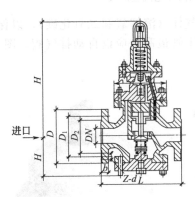

图 7.22　活塞式减压阀

减压阀的选择应根据蒸汽量计算出减压阀的工作孔口截面积，即可查产品样本确定所需型号。

减压阀工作孔口截面积 F 可按式（7.3）计算：

$$F = \frac{G_c}{\varphi q_c} \tag{7.3}$$

式中　F——减压阀工作孔口截面积，cm²；

　　　G_c——蒸汽质量，kg/h；

　　　φ——减压阀流量系数，一般为 0.45～0.6；

　　　q_c——通过每平方厘米孔口截面的蒸汽理论流量，kg/(cm²·h)，可按图 7.23 选用。

【例7.1】　已知蒸汽流量 $G_c = 2000$kg/h，阀前压力为 $p_1 = 0.54$MPa（绝对压力），经减压后，阀后压力为 $p_2 = 0.45$MPa（绝对压力），求减压阀的工作孔口截面积 F。

解　由图 7.23 根据 p_2、p_1 查得 $q_c = 240$kg/(cm²·h)，选定 φ 为 0.6，按式（7.3）计算可得：

$$F = \frac{G_c}{\varphi q_c} = \frac{2000}{0.6 \times 240} = 13.89(\text{cm}^2)$$

（4）自动排气阀

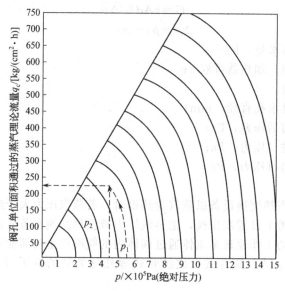

图 7.23　减压阀理论流量曲线

为排除热水管道系统中热水气化产生的气体（溶解氧和二氧化碳），以保证管内热水畅通，防止管道腐蚀，上行下给式系统的配水干管最高处应设自动排气阀。图 7.24 为自动排气阀的构造示意。

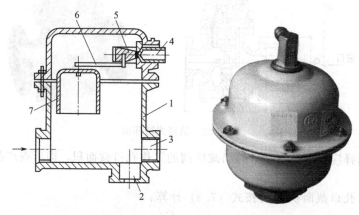

图 7.24　自动排气阀

1—排气阀体；2—直角安装出水口；3—水平安装出水口；
4—阀座；5—滑阀；6—杠杆；7—浮钟

（5）安全阀

为避免压力超过规定的范围而造成管网和设备等的破坏，应在系统中装设安全阀。在热水供应系统中宜采用微启式弹簧安全阀。

安全阀的选择应注意以下事项。

① 各种安全阀的进口与出口公称直径均相同。

② 法兰连接的单弹簧或单杠杆安全阀阀座的内径，一般较其公称直径小一号。

③ 设计中应注明使用压力范围。

④ 安全阀的蒸汽进口接管直径不应小于其内径。

⑤ 安全阀通入室外的排气管直径不应小于安全阀的内径，且不得小于 40mm。

⑥ 安全阀的开启压力一般可为系统工作压力 p 的 1.05 倍。

（6）膨胀管及闭式膨胀水箱（罐）

冷水加热后，水的体积要膨胀，如果热水系统是密闭的，在卫生器具不用水时，膨胀水量，必然会增加系统的压力，有胀裂管道的危险，因此须设置膨胀管或闭式膨胀水箱。

膨胀管用于高位冷水箱向水加热器供应冷水的开式热水系统，膨胀管高出屋顶冷水箱最高水面的高度，应按式（7.4）计算，计算用图如图 7.25 所示。

$$h = H\left(\frac{\rho_L}{\rho_r} - 1\right) \tag{7.4}$$

式中　h——膨胀管高出冷水箱最高水位的垂直高度，m；

　　　H——锅炉、水加热器底部至冷水箱最高水位的高度，m；

　　　ρ_L——冷水的密度，kg/m^3；

　　　ρ_r——热水的密度，kg/m^3。

膨胀管上禁止设阀门，且应防冻，以确保热水供应系统安全。其管径不必计算，可按表7.1，确定最小管径。对多台锅炉或水加热器，宜分设膨胀管。

表 7.1　膨胀管最小管径

锅炉或水加热器的传热/m²	<10	10~15	15~20	>20
膨胀管最小管径/mm	25	32	40	50

闭式热水供应系统的日用热水量大于 $10m^3$ 时，应设压力膨胀水罐（隔膜式或胶囊式）以吸收贮热设备及管道内水升温时的膨胀量，防止系统超压，保证系统安全运行，如图 7.26所示。压力膨胀水罐宜设置在水加热器和止回阀之间的冷水进水管或热水回水管的分支管上，其调节容量不应小于热水管网水加热后体积膨胀的膨胀量。

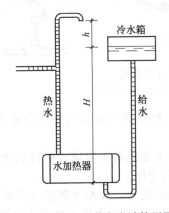

图 7.25　膨胀管安装高度计算用图

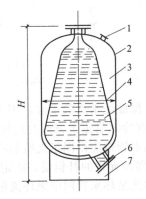

图 7.26　隔膜式膨胀水箱（罐）
1—充气嘴；2—外壳；3—气室；4—隔膜；
5—水室；6—接管口；7—罐口

7.3　热水管道的布置与敷设

热水管网的布置和敷设，除了满足给（冷）水管网布置敷设的要求外，如前所述，还应该注意因水温高而引起的体积膨胀、管道伸缩补偿、保温、防腐、排气等问题。

　　根据水平干管的敷设位置,热水管网的布置形式可采用上行下给式(其水平干管敷设在建筑物最高层吊顶或专用设备技术层内)或下行上给式(其水平干管敷设在室内地沟内或地下室顶部)。

　　根据建筑物的使用要求,热水管网的敷设形式又可分为明装与暗装两种。明装管道尽可能布置在卫生间、厨房沿墙、柱敷设,一般与冷水管平行。在建筑与工艺有特殊要求时可暗装,暗装管道多布置在管道竖井或预留沟槽内。

　　布置和敷设热水管网时应注意以下事项。

　　① 较长的直线热水管道,不能依靠自身转角自然补偿管道的伸缩时,应设置伸缩器。

　　② 为避免管道中积聚气体,影响过水能力和增加管道腐蚀,在上行下给式供水干管的最高点应设置排气装置。

　　③ 为集存热水中所析出的气体,防止被循环水带走,下行上给式管网的循环回水立管应在配水立管最高配水点以下≥0.5m 处连接。

　　④ 为便于排气和泄水,热水横管均应有与水流方向相反的坡度,其坡度值一般应≥0.003,并在管网的最低处设泄水装置。

　　⑤ 热水管道在穿过建筑物顶棚、楼板、墙壁和基础处应设套管,以避免管道胀缩时损坏建筑结构和管道设备。若地面有积水可能时,套管应高出地面 50～100mm,以防止套管缝隙向下流水。

　　⑥ 热水立管与横管连接处,为避免管道伸缩应力破坏管网,立管与横管相连应采用乙字弯管,如图 7.27 所示。

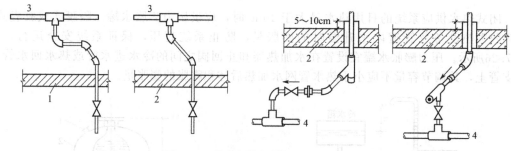

图 7.27　热水立管与横管的连接方式

1—吊顶;2—地板或沟盖板;3—配水横管;4—回水管

　　⑦ 为保证配水点的水温,需平衡冷热水的水压。热水管道通常与冷水管道平行布置,热水管道在冷水管道上方或左侧位置。

　　⑧ 热水管道应设固定支座和活动导向支座,固定支座的间距应满足管段的热伸长量不大于伸缩器所允许的补偿量,固定支座之间设活动导向支座。

　　⑨ 为满足热水管网中循环流量的平衡调节和检修的需要,在配水管道或回水管道的分干管处,配水立管和回水立管的端点,以及居住建筑和公共建筑中每一户或单元的热水支管上,均应设阀门。热水管道中水加热器或贮水器的冷水供水管和机械循环第二循环回水管上应设止回阀,以防止加热设备内水倒流被泄空而造成安全事故和防止冷水进入热水系统影响配水点的供水温度,如图 7.28 所示。

　　⑩ 热水管道的防腐与保温　热水管网若采用低碳钢管材和设备时,由于管道及设备暴露在空气中,会受到氧气、二氧化碳、二氧化硫和硫化氢的腐蚀,金属表面还会产生电化学腐蚀,又加之热水水温高,气体溶解度低,使得金属管材更易腐蚀。长期腐蚀的结果,使管道和设备的壁面变薄,系统将遭到破坏。为此,可在金属管材和设备外表面涂刷防腐材料,在金属设备内壁及管内加耐腐衬里或涂防腐涂料来阻止腐蚀作用。

在热水系统中，为减少系统的热损失应对管道和设备进行保温。选用保温材料时，应尽量选用重量轻、热导率低［≤0.139W/(m² · ℃)］、吸水率小、性能稳定、有一定的机械强度、不腐蚀金属、施工简便、价格合理的材料。常用的保温材料有膨胀珍珠岩、膨胀蛭石、玻璃棉、矿渣棉、石棉、硅藻土和泡沫混凝土等制品。

对管道和设备保温层厚度的确定，均需按经济厚度计算法计算，并应符合 GB/T 4272—2008《设备及管道绝热技术通则》的规定。为

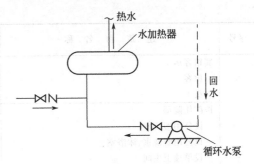

图7.28　热水管道上止回阀的位置

了简化设计时的计算过程，给水排水标准图集——03S401《管道和设备保温、防结露及电伴热》中提供了管道和设备保温的结构图和直接查表确定厚度的图表，同时也为施工提供了详图和工程量的统计计算方法。

不论采用何种保温材料和保温结构，在施工保温前，均应对钢管进行防腐处理，将管道表面清除干净，刷防锈漆两道。同时，为增加保温结构的机械强度及防湿能力，在保温层外面一般均应有保护层。常用的保护层有石棉水泥保护层、麻刀灰保护层、玻璃布保护层、铁皮保护层等。

7.4　热水管网水力计算

7.4.1　热水用水定额、水质和水温

7.4.1.1　热水用水定额

生活用热水定额有两种：一种是根据建筑物的使用性质和内部卫生器具的完善程度、热水供应时间和用水单位数来确定，其水温按60℃计算，见表7.2。二是根据建筑物使用性质和卫生器具1次和小时热水用水定额来确定，其水温随卫生器具的功用不同，对水温的要求也不同，见表7.3。

表7.2　60℃热水用水定额

序号	建 筑 物 名 称	单 位	用水定额 (最高日)	使用时间 /h
1	住宅 　有自备热水供应和沐浴设备 　有集中热水供应和沐浴设备	L/(人 · d)	40～80 60～100	24
2	别墅	L/(人 · d)	70～110	24
3	酒店式公寓	L/(人 · d)	80～100	24
4	宿舍 　Ⅰ类、Ⅱ类 　Ⅲ类、Ⅳ类	L/(人 · d) L/(人 · d)	70～100 40～80	24
5	招待所、培训中心、普通旅馆 　设公用盥洗室 　设公用盥洗室、沐浴室 　设公用盥洗室、沐浴室、洗衣室 　设单独卫生间、公用洗衣室	L/(人 · d) L/(人 · d) L/(人 · d) L/(人 · d)	25～40 40～60 50～80 60～100	24 或定时 供应

序号	建 筑 物 名 称	单 位	用水定额 (最高日)	使用时间 /h
6	宾馆客房 　旅客 　员工	L/(床·d) L/(人·d)	120～160 40～50	24
7	医院住院部 　设公用盥洗室 　设公用盥洗室、沐浴室 　设单独卫生间 　医务人员 　门诊部、诊疗所	L/(床·d) L/(床·d) L/(床·d) L/(人·班) L/(病人·次)	60～100 70～130 110～200 70～130 7～13	24 8
	疗养院、休养所住房部	L/(床·d)	100～160	24
8	养老院	L/(床·d)	50～70	24
9	幼儿园、托儿所 　有住宿 　无住宿	L/(儿童·d) L/(儿童·d)	20～40 10～15	24 10
10	公共浴室 　淋浴 　淋浴、浴盆 　桑拿浴(淋浴、按摩池)	L/(顾客·次) L/(顾客·次) L/(顾客·次)	40～60 60～80 70～100	12
11	理发室、美容院	L/(顾客·次)	10～15	12
12	洗衣房	L/(kg·干衣)	15～30	8
13	餐饮厅 营业餐厅 快餐店、职工及学生食堂 酒吧、咖啡厅、茶座、卡拉 OK 房	L/(顾客·次) L/(顾客·次) L/(顾客·次)	15～20 7～10 3～8	10～12 12～16 8～18
14	办公楼	L/(人·班)	5～10	8
15	健身中心	L/(人·次)	15～25	12
16	体育场(馆) 运动员淋浴	L/(人·次)	17～26	4
17	会议厅	L/(座位·次)	2～3	4

注：1. 表内所列用水定额均已包括在给水用水定额中。

2. 本表 60℃ 热水水温为计算温度，卫生器具使用时的热水水温见表 7.3。

表 7.3　卫生器具的 1 次和 1h 热水用水定额及水温

序号	卫生器具名称	1 次用水量/L	1h 用水量/L	水温/℃
1	住宅、旅馆、别墅、宾馆、酒店式公寓 　带有淋浴器的浴盆 　无淋浴器的浴盆 　淋浴器 　洗脸盆、盥洗槽水嘴 　洗涤盆(池)	150 125 70～100 3 —	300 250 140～200 30 180	40 40 37～40 30 50
2	宿舍、招待所、培训中心 　淋浴器:有淋浴小间 　　　　无淋浴小间 　盥洗槽水嘴	70～100 — 3～5	210～300 450 50～80	37～40 37～40 30

续表

序号	卫生器具名称	1 次用水量/L	1h 用水量/L	水温/℃
3	餐饮业 洗涤盆(池) 洗脸盆：工作人员用 顾客用 淋浴器	— 3 — 40	250 60 120 400	50 30 30 37～40
4	幼儿园、托儿所 浴盆：幼儿园 托儿所 淋浴器：幼儿园 托儿所 盥洗槽水嘴 洗涤盆(池)	100 30 30 15 1.5 —	400 120 180 90 25 180	35 35 35 35 30 50
5	医院、疗养院、休养所 洗手盆 洗涤盆(池) 淋浴器 浴盆	— — — 125～150	15～25 300 200～300 250～300	35 50 37～40 40
6	公共浴室 浴盆 淋浴器：有淋浴小间 无淋浴小间 洗脸盆	125 100～150 — 5	250 200～300 450～540 50～80	40 37～40 37～40 35
7	办公楼、洗手盆		50～100	35
8	理发室、美容院、洗脸盆		35	35
9	实验室 洗脸盆 洗手盆	— —	60 15～25	50 30
10	剧场 淋浴器 演员用洗脸盆	60 5	200～400 80	37～40 35
11	体育场馆：淋浴器	30	300	35
12	工业企业生活间 淋浴器：一般车间 脏车间 洗脸盆或盥洗槽水嘴：一般车间 脏车间	40 60 3 5	360～540 180～480 90～120 100～150	37～40 40 30 35
13	净身器	10～15	120～180	30

注：一般车间指现行的《工业企业设计卫生标准》中规定的 3、4 级卫生特征的车间，脏车间指该标准中规定的 1、2 级卫生特征的车间。

7.4.1.2　热水用水水质

① 生产用热水的水质，应根据生产工艺要求确定。

② 生活热水水质的卫生标准，应符合现行国家标准《生活饮用水卫生标准》的要求。

③ 集中热水供应系统的原水的水处理，应根据水质、水量、水温、水加热设备的构造及使用要求等因素经技术经济比较按以下条件确定。

a. 洗衣房日用（按 60℃ 计）大于或等于 $10m^3$ 且原水总硬度（以碳酸钙计）大于 300mg/L 时，应进行水质软化处理；原水总硬度（以碳酸钙计）为 150～300mg/L 时，宜进行水质软化处理。

b. 其他生活日用热水量（按 60℃ 计）大于或等于 $10m^3$ 且原水总硬度（以碳酸钙计）大于 300mg/L 时，宜进行水质软化或阻垢缓蚀处理（水质阻垢缓蚀处理是指采用电、磁、化学稳定剂等物理、化学方法稳定水中钙、镁离子，使其在一定的条件下不形成水垢，延缓对加热设备或管道的腐蚀的水质处理）。

c. 经软化处理后的水质总硬度宜为：洗衣房用水 50～100mg/L；其他用水 75～150mg/L。

d. 水质阻垢缓蚀处理应根据水的硬度、适用流速、温度、作用时间或有效长度及工作电压等选择合适的物理处理或化学稳定剂处理方法。

e. 当系统对溶解氧控制要求较高时，宜采取除氧措施。

7.4.1.3 冷水的计算温度

冷水的计算温度，应以当地最冷月平均水温资料确定。当无水温资料时，可按表 7.4 采用。

7.4.1.4 热水供水温度和使用温度

热水供水温度是指热水供应设备的出口温度，以控制在 55～60℃ 为好。最低供水温度应保证热水管网最不利配水点的水温不低于使用水温要求，一般不低于 55℃。最高供水温度应便于使用。过高的供水温度会增大加热设备和管网的热损失，增加管道结垢和腐蚀的可能性，并易引发烫伤事故。直接供应热水的热水锅炉、热水机组或水加热器出口的最高水温和配水点的最低水温可按表 7.5 所示采用。设置集中热水供应系统的住宅，配水点的水温不应低于 45℃。

表 7.4 冷水计算温度

区域	省、市、自治区、行政区		地面水	地下水	区域	省、市、自治区、行政区		地面水	地下水
东北	黑龙江		4	6～10	东南	江苏	偏北	4	10～15
	吉林		4	6～10			大部	5	15～20
	辽宁	大部	4	6～10		江西大部		5	15～20
		南部	4	10～15		安徽大部		5	15～20
华北	北京		4	10～15		福建	北部	5	15～20
	天津		4	10～15			南部	10～15	20
	河北	北部	4	6～10		台湾		10～15	20
		大部	4	10～15	中南	河南	北部	4	10～15
	山西	北部	4	6～10			南部	5	15～20
		大部	4	10～15		湖北	东部	5	15～20
	内蒙古		4	6～10			西部	7	15～20
西北	陕西	偏北	4	6～10		湖南	东部	5	15～20
		大部	4	10～15			西部	7	15～20
		秦岭以南	7	15～20		广东、港澳		10～15	20
	甘肃	南部	4	10～15		海南		15～20	17～22
		秦岭以南	7	15～20	西南	重庆		7	15～20
	青海	偏东	4	10～15		贵州		7	15～20
	宁夏	偏东	4	6～10		四川大部		7	15～20
		南部	4	10～15		云南	大部	7	15～20
	新疆	北疆	5	10～11			南部	10～15	20
		南疆		12		广西	大部	10～15	20
		乌鲁木齐	8	12			偏北	7	15～20
东南	山东		4	10～15		西藏		—	5
	上海		5	15～20					
	浙江		5	15～20					

表 7.5　直接供应热水的热水锅炉、热水机组或水加热器出口的最高水温和配水点的最低水温

水质处理情况	热水锅炉、热水机组或水加热器出口的最高水温	配水点的最低水温
原水水质无需软化处理，原水水质需水质处理且有水质处理	75	50
原水水质需水质处理但未进行水质处理	60	50

7.4.2　耗热量、热水量与热媒耗量的计算

7.4.2.1　设计小时耗热量的计算

① 设有集中热水供应系统的居住小区的设计小时耗热量，当公共建筑的最大用水时时段与住宅的最大用水时时段一致时，应按两者的设计小时耗热量叠加计算；当公共建筑的最大用水时时段与住宅的最大用水时时段不一致时，应按住宅的设计小时耗热量加公共建筑的平均小时耗热量叠加计算。

② 全日供应热水的宿舍（Ⅰ类、Ⅱ类）住宅、别墅、酒店式公寓、招待所、培训中心、旅馆、宾馆的客房（不含员工）、医院住院部、养老院、幼儿园、托儿所（有住宿）、办公楼等建筑的集中热水供应系统的设计小时耗热量应按式（7.5）计算：

$$Q_h = K_h \frac{m q_r C (t_r - t_1) \rho_r}{T} \tag{7.5}$$

式中　Q_h——设计小时耗热量，kJ/h；
m——用水计算单位数，人数或床位数；
q_r——热水用水定额，L/(人·d) 或 L/(床·d)，应按表 7.2 采用；
C——水的比热容，J/(kg·℃)，一般取 $C=4187$J/(kg·℃)；
t_r——热水温度（60℃）；
t_1——冷水温度，℃，按表 7.4 选用；
ρ_r——热水密度，kg/L；
T——每日使用时间，按表 7.2 采用；
K_h——热水小时变化系数，可按表 7.6 采用。

表 7.6　热水小时变化系数 K_h 值

类别	住宅	别墅	酒店式公寓	宿舍（Ⅰ、Ⅱ类）	招待所、培训中心、普通旅馆	宾馆	医院	幼儿园托儿所	养老院
热水用水定额/[L/(人(床)·d)]	60~100	70~110	80~100	40~80	25~50 40~60 50~80 60~100	120~160	60~100 70~130 110~200 100~160	20~40	50~70
使用人(床)数	≤100~ ≥6000	≤100~ ≥6000	≤150~ ≥1200	≤150~ ≥1200	≤150~ ≥1200	≤150~ ≥1200	≤50~ ≥1000	≤50~ ≥1000	≤50~ ≥1000
K_h	4.8~2.75	4.21~2.47	4.00~2.58	4.80~3.20	3.84~3.00	3.33~2.60	3.63~2.56	4.80~3.20	3.20~2.74

注：1. K_h 应根据热水用水定额高低、使用人（床）数多少取值，当热水用水定额高、使用人（床）数多时取低值，反之取高值，使用人（床）数小于等于下限值及大于等于上限值的，K_h 就取下限值及上限值，中间值可用内插法求得。

2. 设有全日集中热水供应系统的办公楼、公共浴室等表中未列入的其他类建筑的 K_h 值可按给水的小时变化系数选值。

③ 定时供应热水的住宅、旅馆、医院及工业企业生活间、公共浴室、宿舍（Ⅲ、Ⅳ

类）、剧院化妆间、体育馆（场）运动员休息室等建筑的集中热水供应系统的设计小时耗热量应按式（7.6）计算：

$$Q_h = \sum q_h(t_r - t_1)\rho_r n_0 bC \tag{7.6}$$

式中　q_h——卫生器具热水的小时用水定额，L/h，按表7.3采用；

　　　n_0——同类型卫生器具数；

　　　b——同类卫生器具同时使用百分数，公共浴室和工业企业生活间，学校、剧院及体育馆（场）等的浴室内淋浴器和洗脸盆均按100%计算；住宅、旅馆，医院、疗养院病房，卫生间内浴盆或淋浴器按70%～100%计，其他器具不计，但定时连续供水时间应不小于2h。一户住宅有多个卫生间时，只按一个卫生间计算；

　　　t_r——热水温度按表7.3采用；

　　　式中其余符号意义同前。

④ 具有多个不同使用热水部门的单一建筑或具有多种使用功能的综合性建筑，当其热水由同一热水供应系统供应时，设计小时耗热量，可按同一时间内出现用水高峰的主要用水部门的设计小时耗热量加其他用水部门的平均小时耗热量计算。

【例7.2】　北京某旅馆建筑，内有客房70套，平均每套房间床位为3，均带有卫生间，每一卫生间设有浴盆（带淋浴）1，洗脸盆1和坐式便器1，拟采用集中热水供应系统，试确定该建筑设计小时耗热量。

解　根据式（7.6）查表7.3可得$q_h = 300$L/h，$t_r = 40$℃，取$b = 80\%$，则：
$$Q_h = \sum q_h(t_r - t_1)\rho_r n_0 bC = 300(40-4) \times 0.98 \times 70 \times 0.8 \times 4.187 = 2482 \times 10^3 (\text{kJ/h})$$

7.4.2.2　设计小时热水量的计算

热水量计算用于热水机组的选型，从理论上讲，集中热水供应系统的小时热水用水量应根据建筑物的日热水量小时变化曲线确定，但由于实际工程中缺少日热水量小时变化曲线，则热水量可按式（7.7）计算。

$$q_{rh} = \frac{Q_h}{(t_r - t_1)C\rho_r} \tag{7.7}$$

式中　q_{rh}——设计小时热水量，L/h；

　　　Q_h——设计小时耗热量，kJ/h；

　　　式中其余符号意义同前。

7.4.2.3　设计小时供热量的计算

设计小时供热量是热水供应系统对加热设备的要求指标，也是热水加热设备的性能指标。集中热水供应系统中，锅炉、水加热设备的设计小时供热量应根据日热水用量小时变化曲线、加热方式及锅炉、水加热设备的工作制度经积分曲线计算确定。当无条件时，可按下列原则计算。

① 容积式水加热器或贮热容积及与其相当的水加热器、热水机组，按式（7.8）计算。

$$Q_g = Q_h - \frac{\eta V_r}{T}(t_r - t_1)C\rho_r \tag{7.8}$$

式中　Q_g——容积式水加热器的设计小时供热量，kJ/h；

　　　Q_h——设计小时耗热量，kJ/h；

　　　η——有效贮热容积系数，容积式水加热器η为0.7～0.8，导流型容积式水加热器η为0.8～0.9；

　　　V_r——总贮热容积，L；

　　　T——设计小时耗热量持续时间，h，T为2～4h；

t_r——热水温度,℃,按设计水加热器出水温度或贮水温度计算;

式中其余符号意义同前。

② 半容积式水加热器或贮热容积与其相当的水加热器、热水机组的供热量按设计小时耗热量计算。

③ 半即热式、快速式水加热器及其他无贮热容积的水加热设备的供热量按设计秒流量所需耗热量计算。

7.4.2.4 热媒耗量计算

根据热媒种类和加热方式的不同,热媒耗量按下列方法计算。

① 蒸汽直接加热时,蒸汽耗量按式(7.9)计算。

$$G=k\frac{Q_h}{h_m-h_r} \tag{7.9}$$

式中 G——直接加热时的蒸汽耗量,kJ/h;

Q_h——设计小时耗热量,kJ/h;

k——热媒管道热损失附加系数,k 为 1.05~1.20;

h_m——蒸汽比焓(kJ/kg);按蒸汽压力由蒸汽表中选用,或按表7.7所示选用;

h_r——蒸汽与冷水混合后的热水比焓(kJ/kg),$h_t=4.187t_r$;

t_r——蒸汽与冷水混合后的热水温度,℃。

表 7.7 饱和水蒸气性质

绝对压力/MPa	饱和水蒸气温度/℃	比焓/(kJ/kg)		蒸汽的汽化热/(kJ/kg)
		液体	蒸汽	
0.1	100	419	2679	2260
0.2	119.6	502	2707	2205
0.3	132.9	559	2726	2167
0.4	142.9	601	2738	2137
0.5	151.1	637	2749	2112
0.6	158.1	667	2757	2090
0.7	164.2	694	2767	2073
0.8	169.6	718	2773	2055
0.9	174.5	739	2777	2038

② 蒸汽通过热交换器间接加热时,蒸汽耗量按式(7.10)计算。

$$G=k\frac{Q_h}{r} \tag{7.10}$$

式中 G——蒸汽耗量,kg/h;

k——热媒管道热损失附加系数,$k=1.05~1.20$;

Q_h——设计小时耗热量,kJ/h;

r——蒸汽的汽化热,kJ/kg;按蒸汽压力由蒸汽表中选用或按表7.7所示选用。

③ 热媒为高温水通过热交换器间接加热时,热水耗量按式(7.11)计算:

$$G=k\frac{Q_h}{c(t_{mc}-t_{mz})} \tag{7.11}$$

式中 G——高温水耗量,kg/h;

k——热媒管道热损失附加系数,$k=1.05~1.20$;

Q_h——设计小时耗热量,kJ/h;

t_{mc}——进换热器高温水进口温度,℃;

t_{mz}——出换热器换热后的热媒温度，℃；

c——水的比热容。

由热水热力网供热，应采用供回水的最低温度计算，但热力网供水的初温和被加热水的终温的温差不得小于 10℃。

7.4.3 热水加热及贮热设备的计算

在热水系统中同时起到加热和贮存作用的设备有容积式水加热器和加热水箱等。仅起加热作用的设备为快速式水加热器；仅起贮存热水作用的设备是贮水罐或热水箱。上述设备的主要计算内容是确定加热设备的加热面积和确定贮热设备的贮存容积。

7.4.3.1 表面式水加热器的加热面积

按式（7.12）计算。

$$F_{jr} = \frac{C_r Q_z}{\varepsilon K \Delta t_j} \tag{7.12}$$

式中 F_{jr}——表面式水加热器的加热面积，m^2；

Q_z——制备热水所需热量，W；

K——传热系数，$kJ/(m^2 \cdot ℃ \cdot h)$；

ε——由于水垢和热媒分布不均匀影响传热效率的系数，一般采用 $0.6 \sim 0.8$；

C_r——热水供应系统的热损失系数，一般采用 $1.10 \sim 1.15$；

Δt_j——热媒和被加热水的计算温差，℃。

水加热器热媒与被加热水的计算温差 Δt_j 可按下述方法计算。

（1）容积式水加热器、半容积式水加热器。

$$\Delta t_j = \frac{t_{mc} + t_{mz}}{2} - \frac{t_c + t_z}{2} \tag{7.13}$$

式中 t_{mc}，t_{mz}——容积式水加热器热媒的初温和终温，℃；

t_c，t_z——被加热水的初温和终温，℃。

（2）快速式水加热器、半即热式水加热器。

$$\Delta t_j = \frac{\Delta t_{max} - \Delta t_{min}}{\ln \dfrac{\Delta t_{max}}{\Delta t_{min}}} \tag{7.14}$$

式中 Δt_{max}——热媒和被加热水在水加热器一端的最大温差，℃；

Δt_{min}——热媒和被加热水在水加热器另一端的最小温差，℃。

（3）热媒的计算温度应符合下列规定。

① 热媒为饱和蒸汽时：当热媒为压力大于 70kPa 的饱和蒸汽时，t_{mc} 按饱和蒸汽温度计算；压力小于或等于 70kPa 时，t_{mc} 按 100℃ 计算。热媒的终温 t_{mz} 应由经热工性能测定的产品提供。可按：容积式水加热器 $t_{mc} = t_{mz}$，导流型容积式水加热器、半容积式水加热器、半即热式水加热器的 t_{mz} 为 $50 \sim 90℃$。

② 热媒为热水时：热媒的初温应按热媒供水的最低温度计算；热媒的终温应由经热工性能测定的产品提供。当热媒初温 t_{mc} 为 $70 \sim 100℃$ 时，其终温可按：容积式水加热器的 t_{mz} 为 $60 \sim 85℃$，导流型容积式水加热器、半容积式水加热器、半即热式水加热器的 t_{mz} 为 $50 \sim 80℃$。

③ 热媒为热力管网的热水时：热媒的计算温度应按热力管网供回水的最低温度计算，但热媒的初温与被加热水的终温的温度差，不得小于 10℃。

7.4.3.2　热水贮水器容积的计算

集中热水供应系统加热器的逐时供热量和热水系统的逐时耗热量之间存在差异，通常采用贮水器加以调节。其容积应根据日用热水小时变化曲线及锅炉、水加热器的工作制度和供热能力以及自动温度控制装置等因素按积分曲线计算确定。当缺乏资料和数据时，可用经验法计算确定贮水器的容积。

$$V = \frac{60TQ_h}{(t_r - t_l)C\rho_r} \tag{7.15}$$

式中　V——贮水器容积，L；

Q_h——设计小时耗热量，kJ/h；

T——加热时间，min，按表 7.8 所示规定的选用；

式中其余符号意义同前。

表 7.8　水加热器的贮热量

加热设备	以蒸汽或 95℃ 以上的热水为热媒时		以 ≤95℃ 热水为热媒时	
	工业企业淋浴室	其他建筑物	工业企业淋浴室	其他建筑物
容积式水加热器或加热水箱	$\geq 30\min Q_h$	$\geq 45\min Q_h$	$\geq 60\min Q_h$	$\geq 90\min Q_h$
导流式容积式水加热器	$\geq 20\min Q_h$	$\geq 30\min Q_h$	$\geq 30\min Q_h$	$\geq 40\min Q_h$
半容积式水加热器	$\geq 15\min Q_h$	$\geq 15\min Q_h$	$\geq 15\min Q_h$	$\geq 20\min Q_h$

注：1. 燃气、燃油热水机组所配贮热器，其贮热量宜根据热媒供应情况，按导流型容积式水加热器或半容积式水加热器确定。

2. 表中 Q_h 为设计小时耗热量，kJ/h。

① 容积式水加热器或加热水箱、半容积式水加热器的贮热量不得小于表 7.8 所示的要求。

② 半即热式、快速式水加热器当热媒按设计秒流量供应，且有完善可靠的温度自动控制装置时，可不设贮水器。当其不具备上述条件时，应设贮水器，贮热量宜根据热媒供应情况按导流型容积式水加热器或半容积式水加热器确定。

③ 按式（7.15）计算确定出容积式水加热器、导流型容积式水加热器、贮热水箱的计算容积后应按式（7.8）中的附加系数 η 确定有效贮热容积；当采用半容积式水加热器时，或带有强制罐内水循环装置的容积式水加热器时，其计算容积可不附加。

7.4.3.3　锅炉的选择计算

锅炉属于发热设备。在较大的集中热水系统中，锅炉一般由采暖、供热专业设计人员结合整幢建筑对热源之需求统一设计选择。给排水专业设计人员提供出小时耗热量即可。对于小型建筑物的热水系统可单独选择锅炉。一般按式（7.8）计算，然后从锅炉样本中查出锅炉的发热量 Q_k，应保证 $Q_k \geq Q_g$，具体富余量应根据今后的发展和一些零星用热等因素确定。

7.4.4　热水管网计算

热水系统中管网的计算可按第一循环管网和第二循环管网进行，第一循环管网是指热水锅炉或各类水加热器至贮水器之间供、回水管道系统，故须计算确定热媒管道管径，凝结水管道管径的计算。第二循环管网是指贮水器至配水点之间供、回水管道系统，故应确定热水配水管网管径，计算循环流量，确定循环附加流量，确定回水管道管径，计算水头损失，确定循环方式及循环水泵的流量和扬程等。

7.4.4.1　热水管网（第二循环管网）的水力计算

（1）配、回水管网水力计算

热水配水管网水力计算的目的主要是根据各配水管段的设计秒流量和允许流速值来确定配水管网的管径，并计算其水头损失值。热水配水管网中设计秒流量的计算方法与冷水系统相同，但由于水温和水质的差别，以及考虑到结垢和腐蚀等因素，在计算管径和水头损失时，又与冷水系统有所区别。

① 由于热水系统中水温较高，易结垢造成管内径缩小，粗糙系数增大，因而水头损失计算公式不同，热水管网水力计算应使用热水管道水力计算表。

② 热水配水管道内的允许流速值参见表 7.11。

对于噪声要求严格的高标准建筑物，应取流速下限值；反之，取流速上限值。

③ 机械循环方式中热水配水管网的局部水头损失可按相应各计算管段沿程水头损失的 25%～30% 估算；自然循环方式中热水配水管网的局部水头损失宜按公式详细计算得出。

④ 热水配水管网的最小管径应 ≥20mm。

回水管网水力计算的目的在于确定回水管网的管径，方法为比相应位置的配水管段管径小 1 级，但最小管径应 ≥20mm。

在热水供应系统中，通常将回水管网与配水管网设置成循环系统，以保证用水点的热水温度。因此，回水管网不配水，仅通过用以补偿配水管热损失的循环流量，故其水头损失的计算应在循环流量求解后再进行。

(2) 机械循环管网水力计算

根据循环动力的不同，热水第二循环管网可分为自然循环和机械循环两种类型。其中，机械循环又分为全日热水供应系统和定时热水供应系统两种。机械循环管网的计算是在确定了最不利循环管路即计算循环管路和循环管网中配水管和回水管的管径后进行的，其主要目的是选择循环水泵。

① 全日热水供应系统热水管网计算

热水配水管网各管段的热损失计算公式如下。

$$q_s = \pi DLK(1-\eta)\left(\frac{t_c + t_z}{2} - t_k\right) \tag{7.16}$$

式中　q_s——计算管段的热损失，kJ/h；

　　　D——计算管段的管外径，m；

　　　L——计算管段长度，m；

　　　K——无保温时管道的传热系数，对普通钢管约为 11.6W/(m²·℃)；

　　　η——保温系数，无保温时 $\eta=0$，简单保温时 $\eta=0.6$，较好的保温时 η 为 0.7～0.8；

　　　t_c——计算管段的起点温度，℃；

　　　t_z——计算管段的终点温度，℃；

　　　t_k——计算管段周围空气温度，可按表 7.9 确定，℃。

表 7.9　管段周围空气温度　　　　　　　　　　　　　　　　　单位：℃

管道敷设情况	管段周围空气温度
采暖房间内,明管敷设	18～20
采暖房间内,暗管敷设	30
敷设在不采暖房间的顶棚内	可采用1月份室外平均温度
敷设在不采暖房间的地下室内	5～10
敷设在室内地下管沟内	35

② 计算管段的终点水温 t_z，可按以下方法计算。

$$\Delta T = \frac{\Delta t}{F} \tag{7.17}$$

$$t_z = t_c - \Delta T \sum f \tag{7.18}$$

式中　ΔT——配水管网中的面积比温降，℃/m²；

　　　Δt——配水管道的热水温度差，℃，按系统大小确定，单体建筑一般取 $\Delta t = 5 \sim$
　　　　　　 10℃；小区 $\Delta t = 6 \sim 12$℃；

　　　F——计算管路配水管网的总外表面积，m²；

　t_z，t_c——意义同前；

　　$\sum f$——计算管段的散热面积，m²，可按表 7.10 计算。

表 7.10　每米钢管外表面积

管径/mm	20	25	32	40	50	70	80	100	125
外径/mm	26.75	33.5	42.25	48	60	75.5	88.5	114	140
表面积/(m²/m)	0.084	0.1025	0.1327	0.1508	0.1885	0.2372	0.2780	0.3581	0.4396

③ 计算配水管网总的热损失

将各管段的热损失相加便得到配水管网总的热损失 Q_s，即 $Q_s = \sum_{i=1}^{n} q_s$。Q_s 也可按设计
小时耗热量的 3%～5%（单体建筑）；4%～6%（小区）来估算，热水系统服务范围较大
时，可取上限；反之，取下限。

④ 计算总循环流量

$$q_x = \frac{Q_s}{C\rho_r \Delta T} \tag{7.19}$$

式中　q_x——全日热水供应系统的总循环流量，L/h；

　　　Q_s——配水管网总的热损失，kJ/h；

　　其余同前。

⑤ 计算通过各配水管段的循环流量

$$q_{(n+1)x} = q_{nx} \frac{\sum q_{(n+1)s}}{\sum q_{ns}} \tag{7.20}$$

式中　q_{nx}，$q_{(n+1)x}$——n、$n+1$ 管段通过的循环流量，L/s；

　　　$\sum q_{(n+1)s}$——$n+1$ 管段本段及其后各管段的热损失之和，kJ/h；

　　　　$\sum q_{ns}$——n 段后的各管段热损失之和，kJ/h。

n 和 $n+1$ 管段如图 7.29 所示。

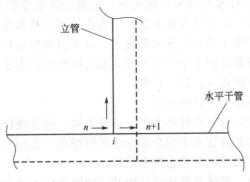

立管
水平干管
n　$n+1$
i

图 7.29　计算用图

⑥ 复核各管段的终点水温，计算公式如下。

$$t'_z = t_c - \frac{q_x}{Cq'_x\rho_r} \qquad (7.21)$$

式中　t'_z——各管段终点水温，℃；

　　　t_c——各管段起点水温，℃；

　　　q_x——各管段的热损失，kJ/h；

　　　q'_x——各管段的循环流量，L/s；

其余同前。

若计算结果与原来热水配水管网确定的终点水温 t_z 相差较大（不得大于 10℃），应以式（7.18）和式（7.21）的计算结果，作为各管段的终点水温，重新进行上述①～⑤的计算。

⑦ 计算循环管网的总水头损失

$$H = (H_p + H_x) + H_j \qquad (7.22)$$

式中　H——循环管网的总水头损失，kPa；

　　　H_p——循环流量通过配水计算管段的沿程和局部水头损失，kPa；

　　　H_x——循环流量通过回水计算管段的沿程和局部水头损失，kPa；

　　　H_j——循环流量通过水加热器的水头损失，kPa。

容积式水加热器和加热水箱中被加热水的流速较低，一般为 0.1m/s 左右，其流程也短，因而其水头损失较小。故工程实际中在确定机械循环水泵扬程时，这部分损失可忽略不计。

对于半即热式水加热器、快速式水加热器，被加热水在其中流速较大，水头损失应以沿程和局部水头损失之和计算。

$$\Delta H = \left(\lambda \frac{L}{d_j} + \sum \xi\right)\frac{v^2}{2g} \qquad (7.23)$$

式中　ΔH——快速式水加热器中被加热水的水头损失，kPa；

　　　λ——管道沿程阻力系数；

　　　L——被加热水的流程长度，m；

　　　d_j——传热管计算管径，m；

　　　ξ——局部阻力系数；

　　　v——被加热水的流速，m/s；

　　　g——重力加速度，一般取 9.80m/s²。

计算循环管路配水管及回水管的局部水头损失可按沿程水头损失的 20%～30%估算。

⑧ 选择循环水泵　循环水泵宜采用热水泵，水泵壳体承受的工作压力不得小于其所承受的静水压力加水泵扬程。在全循环和干管、立管半循环的热水系统中，还应设置备用循环泵，交替运行；在仅有干管半循环的热水系统中，可不设备用循环泵。

热水循环水泵通常安装在回水干管的末端，水泵的出水量大于等于总循环流量。

循环水泵扬程的扬程按式（7.22）计算。

(3) 定时热水供应系统热水管网计算

定时热水供应系统的运行与全日热水供应系统不同，该系统仅在热水供应之前，加热设备提前工作，先用循环水泵将管网中的全部冷水进行循环，直到水温满足要求为止。由于供应热水时用水较集中，配水时可不考虑热水循环。

定时热水供应系统中，循环泵的选择是按循环管网中的水每小时循环的次数来确定，一般按 2～4 次/h 计算，系统较大时取下限；反之取上限。循环水泵的扬程与全日热水供应系统计算相同。

7.4.4.2　热媒管网（第一循环管网）的水力计算

（1）热媒为热水

以热水为热媒时，热媒量按式（7.11）确定，根据热媒量和流速查热水管道水力计算表确定配、回水管管径，并计算出管路的压力损失。热水管道内的水流速度按表7.11所示选用。

表 7.11　热水管道的流速

公称直径/mm	15～20	25～40	≥50
流速/(m/s)	≤0.8	≤1.0	≤1.2

当锅炉与水加热器或贮水器连接时，如图7.30所示，热媒管网的自然循环压力值，应按式（7.24）计算，以热水为热媒时，热媒量可按式（7.11）计算。

$$p_{zr} = 10 \times \Delta h (\rho_h - \rho_r) \tag{7.24}$$

式中　p_{zr}——第一循环管的自然压力值，Pa；

　　　Δh——锅炉或水加热器中心与贮水器中心的标高差，m；

　　　ρ_h——贮水器回水的密度，kg/m^3；

　　　ρ_r——锅炉或水加热器出水的热水密度，kg/m^3；

　　　10——重力加速度。

当$p_{zr} > p_h$时，可形成自然循环，为保证系统运行可靠一般要求：

$$p_{zr} \geq (1.1 \sim 1.15) p_h \tag{7.25}$$

若p_{zr}略小于p_h，在条件许可时可以适当调整水加热器和热水贮罐的设置高度来满足。经调整后仍不能满足要求时，则应采用机械循环方式强制循环。

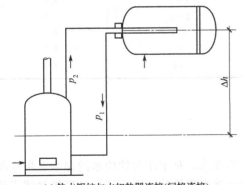
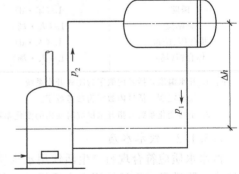

(a) 热水锅炉与水如热器连接(间接连接)　　　　　(b) 热水锅炉与贮水器连接(直接连接)

图 7.30　热媒管网自然循环压力

（2）热媒为蒸汽

蒸汽热媒量按式（7.9）和式（7.10）确定，根据热媒量和流速再根据允许比压降得管径、单位管长压力损失。

蒸汽热媒管径一般不大，常按允许流速法计算，高压蒸汽管道的常用流速见表7.12。

表 7.12　高压蒸汽管道常用流速

管径/mm	15～20	25～32	40	50～80	100～150	≥200
流速/(m/s)	10～15	15～20	20～25	25～35	30～40	40～60

凝结水管管径按一般热水管道系统进行计算。

7.5 饮水供应

饮水供应系统是现代建筑给水系统的重要组成部分。目前，饮水供应主要有开水供应系统和冷饮水供应系统两类。采用何种类型主要依据人们的生活习惯和建筑物的使用要求确定。一般而言，办公楼、旅馆、大学生宿舍、军营等多采用开水供应系统；而大型娱乐场所等公共建筑、工矿企业生产热车间等多采用冷饮水供应系统。

7.5.1 饮水标准

随着生活水平的不断提高，人们自我保健意识逐渐增强，对饮用水水质的要求越来越高。为此，我国已实施了《饮用净水水质标准》，并正在制定《饮用纯水水质标准》。

7.5.1.1 饮水定额

根据建筑物的性质或劳动性质以及地区的气候条件，按表 7.13 选用，表中所列数据适用于开水、温水、饮用自来水（生水）、冷饮水供应，但制备冷饮水时其冷凝器的冷却用水量不包括在内。

表 7.13 饮水定额及小时变化系数

建筑物名称	单 位	饮水定额/L	小时变化系数 K_h
热车间	L/(人·班)	3~5	1.5
一般车间	L/(人·班)	2~4	1.5
工厂生活间	L/(人·班)	1~2	1.5
办公楼	L/(人·班)	1~2	1.5
集体宿舍	L/(人·d)	1~2	1.5
教学楼	L/(人·d)	1~2	2.0
医院	L/(床·d)	2~3	1.5
影剧院	L/(人·场)	0.2	1.0
招待所、旅馆	L/(人·d)	2~3	1.5
体育馆(场)	L/(人·场)	0.2	1.0

注：1. 开水温度，括号内数字为闭式开水系统。

2. 饮水定额，括号内数字为参考数字。

3. 小时变化系数系指开水供应时间内的变化系数。

7.5.1.2 饮水水质

饮水水质应符合现行《生活饮用水水质标准》的要求。对于作为饮用水的温水、生水和冷饮水，除满足《生活饮用水水质标准》外，在接至饮水装置前，还应进行必要的过滤或消毒处理，以防止贮存和运输过程中的二次污染，从而进一步提高饮水水质。

7.5.1.3 饮水温度

（1）开水

为达到灭菌消毒的目的，应将水烧至 100℃后并持续 3min，计算温度采用 100℃。饮用开水目前仍是我国采用较多的饮水方式。

（2）生饮水

随地区不同，水源种类不同而异，一般为 10~30℃，国外采用这种饮水方式较多，国内随着各种饮用净水的出现，这种饮水方式逐渐为人们所接受。

（3）冷饮水

冷饮水温度因人、气候、工作条件和建筑物性质等不同而异，可参照下述温度采用：高温环境重体力劳动 14~18℃；重体力劳动露天作业时 10~14℃；轻体力劳动 7~10℃；一般地区 7~10℃；高级饭店、餐馆、冷饮店 4.5~7℃。

7.5.2 饮水制备

7.5.2.1 开水制备

开水可通过开水炉将生水烧开制得，这是一种直接加热方式，常采用的热源为燃煤、燃油、燃气、电等；另一种方法是利用热媒间接加热制备开水。这两种都属于集中制备开水的方式。

目前在办公楼、科研楼、实验室等建筑中，常采用小型电开水器这种分散制备开水方式。其使用灵活方便，某些电开水器既可制备热水、也可制备冷饮水，可随时满足由于气候变化引起的用水需求。

7.5.2.2 冷饮水制备

冷饮水的品种很多，但常规的制备方法有以下几种。

① 自来水烧开后再冷却至饮水温度。

② 自来水经净化处理后再经水加热器加热至饮水温度。

③ 自来水经净化处理后直接供给用户或饮水点。

④ 天然矿泉水取自地下深部循环的地下水。

⑤ 蒸馏水是通过水加热汽化，再将蒸汽冷凝。

⑥ 纯水是通过对水的深度预处理、主处理、后处理等。

⑦ 活性水是用电场、超声波、磁力或激光等将水活化。

⑧ 离子水是将自来水通过过滤、吸附离子交换、电离和灭菌等处理，分离出碱性离子水供饮用，而酸性离子水供美容。

7.5.3 饮水的供应方式

7.5.3.1 开水集中制备管道输送

在开水间统一制备开水，通过管道输送至开水取水点，这种系统对管道材质要求较高，确保水质不受污染，为使各饮水点维持一定水温，应设置循环管道系统，如图 7.31 所示。适用于四层及四层以上的旅馆、办公楼、教学楼、科研楼、工业楼、医院等建筑。

7.5.3.2 开水集中制备分散供应

在开水间集中制备，人们用容器取水饮用，这种方式适用于机关、学校等建筑，如图 7.32 所示。

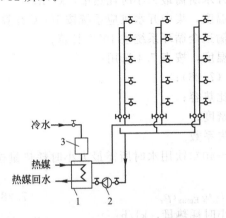

图 7.31 集中制备开水管道输送
1—开水器（水加热器）；2—循环水泵；
3—过滤器蒸汽

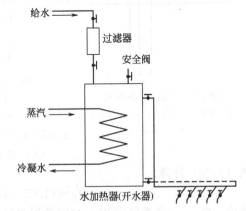

图 7.32 开水集中制备分散供应

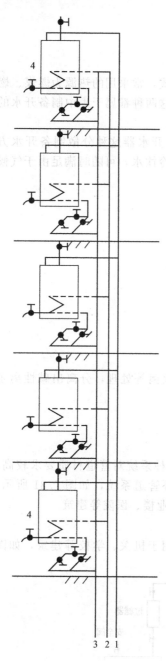

图 7.33 每层制备开水
1—给水；2—蒸汽；3—冷凝水；
4—开水器

7.5.3.3 开水统一热源分散制备分散供应

在建筑中把热媒输送至每层，再在每层设开水间制备开水，以满足各层需要，如图 7.33 所示。使用方便，并能保证开水温度，但不便于集中管理，投资较大，耗热量大。在大型多层或高层建筑中常采用。

7.5.3.4 冷饮水集中制备分散供应

对于中、小学校、体育场（馆）、游泳馆、车站、码头等人员流动较集中的公共场所，可采用冷饮水集中制备，再通过管道输送至各饮水点，如图 7.34 所示。

7.5.4 饮水系统的计算

开水供应系统和冷饮水系统中管道的流速一般 ≤1.0m/s，循环管道的流速 ≤2.0m/s，计算管网时采用 95℃ 水力计算表。管网的水力计算方法和步骤以及设备的选择方法与热水管网相同。

（1）设计最大时饮用水量

按下列公式计算：

$$q_{Emax} = K_h \frac{m q_E}{T} \tag{7.26}$$

式中 q_{Emax}——设计最大时饮用水量，L/h；

       K_h——小时变化系数，按表 7.13 选用；

       q_E——饮水定额，L/(人·d) 或 L/(床·d) 或 L/(人·班) 等，按表 7.13 选用；

       m——饮用水计算单位数，人数或床位数等；

       T——饮用水供应时间，h。

（2）制备开水所需最大小时耗热量

按式（7.27）计算。

$$Q_k = (1.05 \sim 1.10)(t_k - t_1) q_{Emax} c \rho_r \tag{7.27}$$

式中 Q_k——制备开水所需最大小时耗热量，kJ/h；

       t_k——开水温度，集中开水供应系统按 100℃ 计算；管道输送全循环系统按 105℃ 计算；

       t_1——冷水温度，按表 7.4 选用；

       q_{Emax}——同式（7.26）；

       c——水的比热容；

       ρ_r——热水密度；

   1.05~1.10——热损失系数。

（3）冬季供应 35~40℃ 饮用水时所需最大小时耗热量按式（7.28）计算。

$$Q_E = (1.05 \sim 1.10)(t_E - t_1) q_{Emax} c \rho_r \tag{7.28}$$

式中 Q_E——冬季供应 35~40℃ 饮用水时所需最大小时耗热量，kJ/h；

       t_E——冬季饮用水温度，一般取 40℃；

式中其余符号意义同式（7.27）。

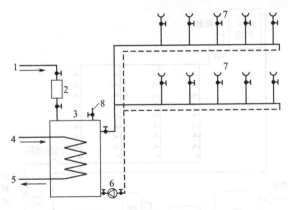

图 7.34 冷饮水供应系统

1—给水；2—过滤器；3—水加热器（开水器）；4—蒸汽；

5—冷凝水；6—循环泵；7—饮水器；8—安全阀

7.5.5 管道直饮水供应

7.5.5.1 管道直饮水的水质要求

（1）水质要求

直接饮用水应在符合国家《生活饮用水卫生标准》（GB 5749—2006）的基础上进行深度处理，出水的水质应符合《饮用净水水质标准》（CJ 94—2005）。

（2）水质处理

① 水质处理技术 活性炭吸附过滤法和膜分离法。

② 饮用净水处理工艺 简易的深度处理工艺如图 7.35 所示。

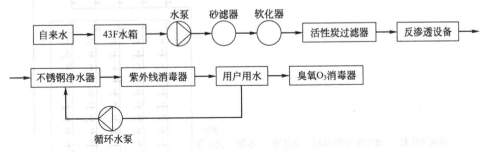

图 7.35 管道直饮水处理工艺

7.5.5.2 管道直饮水的供水方式

（1）水泵和高位水箱供水方式

采用高位水箱和配套水泵供水，饮用净水车间和设备设于管网的下部。管网为上行下给供水方式，高位水箱出口设消毒器，并在回水管路中设置防回流器，以保证供水水质。如图7.36 所示。

（2）变频调速泵供水方式

应用变频器调整水泵转速，改变水泵出水量。饮用净水车间和设备设于管网的下部。管网为下行上给供水方式，在回水管路中设置防回流器，如图 7.37 所示。

（3）屋顶设水箱重力流供水方式

采用屋顶水罐（箱）重力流供水，饮用净水车间和设备设于管网的上部。管网为上行下给供水方式，屋顶水罐（箱）出口设消毒器，并在回水管路中设置防回流器，以保证供水水

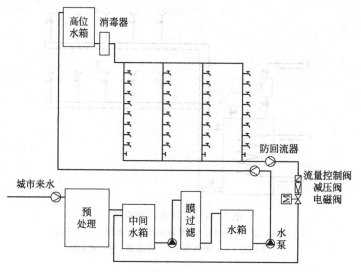

图 7.36 水泵和高位水箱供水方式

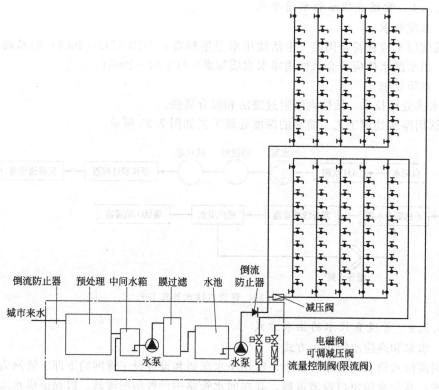

图 7.37 变频调速泵供水方式

质，如图 7.38 所示。

综上所述，选用何种供水设备，可依据用水量大小、投资多少及管理方式而定。有条件时应采用变频调速泵供水。为保证管道直饮水的水质，水泵应采用不锈钢材质。高位水箱、屋顶水罐（箱）重力流及变频泵设备选用与生活给水的确定方法相同。管道直饮水的供水方式与给水系统相同，但采用水泵和高位水罐（箱）供水方式或屋顶水罐（箱）重力流供水方式时存在着水箱二次污染问题。因此，宜采用调速泵组直接供水的方式，还可使所有设备均

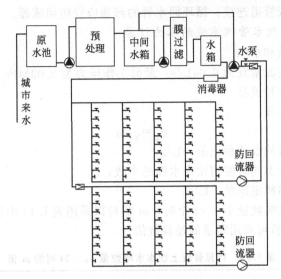

图 7.38　屋顶水箱重力供水方式

集中在设备间，便于管理控制。

7.5.5.3　管道直饮水系统的水质防护

管道直饮水在管网中的保质输送，是管道直饮水管网系统设计中的关键。不仅是水处理设备出口处水质应符合标准，更要保证各个水嘴出水的水质符合标准。管道直饮水的系统需要向用户明确承诺，从水嘴流出的水是安全的，是可以直接饮用的。

（1）管道、设备材料

管道直饮水系统的管材应优于生活给水系统。为了在输送过程中最大限度地减小二次污染的影响，管材的选择至关重要。可选用耐腐蚀，内表面光滑，符合食品品质卫生要求的薄壁不锈钢管、薄壁铜管、优质塑料管（如交联聚乙烯 PEX 管、改性聚丙烯 PPC、PPR 管及 ABS 管等），一般应优先选用薄壁不锈钢管，因其强度高、受高温变化的影响小、热导率低、内壁光滑、耐腐蚀、对水质的不利影响极小。

机房以及与管道直饮水直接接触的管道连接件、阀门、水表、配水龙头等选用材质均应符合食品级卫生要求，并应与管材匹配。

（2）水池、水箱的设置

水池水箱中出现的水质下降现象，经常是由于水的停留时间过长，使得生物繁殖、有机物及浊度增加造成的。为减少水质污染，应优先选用无高位水箱的供水系统，应选用变频给水机组直接供水的系统，另外应保证直饮水在整个供水系统中各个部分的停留时间不超过 4～6h。

（3）管网系统设计

严禁管道直饮水供应系统与其他水系统的管道串接。管道直饮水管网系统必须设置循环管道，并应保证干管和立管中饮用水的有效循环。并且采用压力传感器或电磁阀根据管网内压力，调节循环流量，使主干管内多余的水回流至净水站，以始终保持水的新鲜、优质。直饮水的管道应有较高的流速，以防细菌繁殖和微粒沉积、附着在内壁上。循环回水必须经过净化与消毒处理方可再进入饮用净水管道。

（4）防回流污染

防回流污染的主要措施：若直饮水水嘴用软管连接且水嘴不固定，支管不论长短，均设置防回流阀；小区集中供水系统，各栋建筑的入户管在与室外管网的连接处设防回流阀；禁止与较低水质的管网或管道连接；循环回水管的起端应设防回流器。

7.5.5.4 管道直饮水管网系统的水力计算

（1）直饮水的水量和水压

管道直饮水的额定流量宜为 0.04L/s，最低工作压力为 0.03MPa。

（2）配水管的设计秒流量

应按式（7.29）计算。

$$q_g = q_0 m \tag{7.29}$$

式中　q_g——计算管段的设计秒流量，L/s；

　　　m——计算管段上同时使用饮水水嘴的个数；

　　　q_0——饮水水嘴额定流量，L/s。

当计算管道中的水嘴数量小于 24 个时，m 值可以采用表 7.14 中的经验值。当管道中的水嘴多于 24 个时，m 值可采用附录的经验数值。

表 7.14　计算管段上饮水水嘴数量 $n_0 \leqslant 24$ 时的 m 值　　　　单位：个

水嘴数量 n_0	1	2	3～8	9～24
使用数量 m	1	1	3	4

水嘴同时使用概率可按式（7.30）计算。

$$P_0 = \frac{\alpha q_d}{1800 n_0 q_0} \tag{7.30}$$

式中　P_0——水嘴同时使用概率；

　　　α——经验系数，住宅楼取 0.22，办公楼取 0.27，教学楼取 0.45，旅馆取 0.15；

　　　q_d——系统最高日直饮水量，L/d；

　　　n_0——饮水水嘴数量，个；

　　　q_0——饮水水嘴额定流量，L/s。

（3）水力计算

方法同前。

（4）系统的循环流量

按式（7.31）计算。

$$q_x = \frac{V}{T_1} \tag{7.31}$$

式中　q_x——循环流量，L/s；

　　　V——闭合循环回路上供水系统部分的总容积，包括贮备容积，L；

　　　T_1——管道直饮水系统管网允许停留时间，可取 4～6h。

（5）水泵

变频调速水泵流量按式（7.32）计算：

$$Q_b = q_s \times 3600 + q_x \tag{7.32}$$

水泵扬程按式（7.33）计算：

$$H_b = h_0 + 10z + \sum h \tag{7.33}$$

式中　Q_b——水泵流量，L/s；

　　　q_s——瞬间高峰用水量，L/s；

　　　h_0——最不利点水嘴自由水头，m；

　　　z——最不利点水嘴与净水箱的几何高差，m；

$\sum h$——最不利点水嘴到净水箱的管路总水头损失，m。

管道直饮水管网系统如图 7.39。

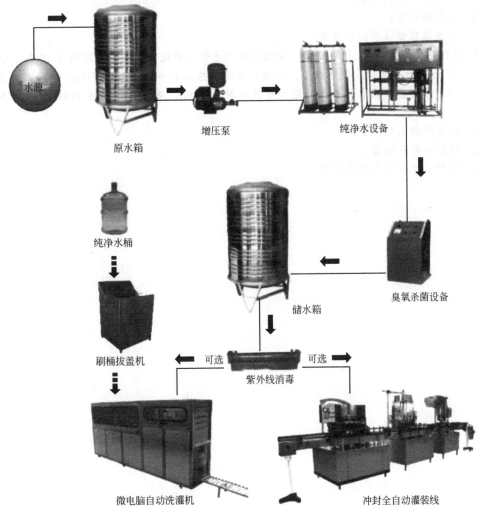

水源

原水箱

增压泵

纯净水设备

臭氧杀菌设备

纯净水桶

储水箱

刷桶拔盖机

可选 紫外线消毒 可选

微电脑自动洗灌机

冲封全自动灌装线

图 7.39 管通直饮水管网系统

复习思考题

1. 热水供应系统的类型有哪些？各有何特点？

2. 热水供应系统的组成如何？

3. 热水供应系统有哪些加热方式？

4. 怎样确定热水供应系统的水温？

5. 怎样解决开式和闭式热水供应系统的排气和水加热时的体积膨胀问题？

6. 加热设备的类型有哪些？

7. 热水管道的布置和敷设应注意哪些问题？

8. 有哪些常用的饮水供应系统？

9. 如何防止管道直饮水的二次污染？

10. 某公共浴室有淋浴器 30 只、浴盆 5 只、洗脸盆 7 只，每天开放 4h，采用加热水箱由高压蒸汽直接加热,蒸汽压力为 20kPa,蒸汽量满足要求。室外给水管压力足够大,冷水温度为 10℃,加热到 65℃,试计算:

(1) 最大时热水耗用量;

(2) 最大耗热量;

(3) 热水箱容积(不贮存热水)。

11. 某住宅楼 40 户,以 5 人/户计、采用集中热水供应系统,热水用水定额为 150L/(人·d),热水温度以 65℃计,冷水温度为 10℃。已知:水的比热容 $C=4.19\times10^3$ J/(kg·℃),时变化系数 $K_h=4.5$。采用容积式水加热器,热水每日定时供应 6h,蒸汽气化热按 2167kJ/kg 计算,试求解:

(1) 最大时热水耗用量;

(2) 设计小时耗热量;

(3) 容积式水加热器所需容积。

第8章 建筑中水系统

▶【知识目标】
- 了解建筑中水系统特点。
- 熟悉建筑中水系统的组成。
- 理解建筑中水系统设计计算方法。
- 熟悉建筑中水系统水质及水处理技术。

▶【能力目标】
- 能初步进行建筑中水系统设计计算。
- 能进行建筑中水系统安装运行操作和管理。

随着全球范围内工业的迅猛发展和人口的不断增加，淡水用水量也不断增加，同时由于水资源有限、水污染等世界性的缺水问题日趋严重。从 20 世纪 60 年代开始，日本、美国、德国、英国、南非等国相继实施了节水技术之一——中水工程。到了 80 年代，我国制定了《建筑中水设计规范》，并在一些城市陆续开展了中水利用的实验研究工作，开放了中水技术，实施了中水工程。现行的《建筑中水设计规范》（GB 50336—2002）。2006 年 4 月发布的《城市污水再生利用技术政策》明确了目标与原则：城市污水再生利用的总体目标是充分利用城市污水资源、削减水污染负荷、节约用水、促进水的循环利用、提高水的利用效率。2010 年北方缺水城市的再生水直接利用率达到城市污水排放量的 10%～15%，南方沿海缺水城市达到 5%～10%；2015 年北方地区缺水城市达到 20%～25%，南方沿海缺水城市达到 10%～15%，其他地区城市也应开展此项工作，并逐年提高利用率。

建筑中水技术的快速发展，在于其能缓解严重缺水地区、城市水资源不足的矛盾，且能够带来明显的经济效益和社会效益。
① 节约用水量，可以有效地利用有限的淡水资源。
② 减少污水的排放量，减轻污水对水体的污染。
③ 分质供水，节约成本。
④ 变废为利，开辟了新水源。

8.1 建筑中水系统组成

8.1.1 建筑中水的分类

中水是指各种排水经处理后，达到规定的水质标准，可在一定范围内重复使用的非饮用水。中水水质要求：低于生活饮用水标准，但高于生活污水二级处理后的水质标准。

所谓"中水"，是相对于"上水（给水）"和"下水"（排水）而言的，中水的供水水质介于上水和下水之间，故称为"中水"。中水是指各种排水经处理后，达到规定的水质标准，可在生活、市政、环境等范围内杂用的非饮用水。其中，用于厕所冲洗、绿化、清洁洒水和冲洗汽车等杂用的中水水质须符合国家标准《城市污水再生利用　城市杂用水水质》

（GB/T 18920—2002），用于水景、工业循环冷却水等用途的中水水质标准还应有所提高，符合国家标准，《城市污水再生利用 景观环境用水水质》（GB/T 18921—2002）。

目前中水回用的途径有几十种，主要是农业灌溉、工业和生活回用及市政杂用、地下水回灌、补充地表水等。中水再生回用减少了城市对自然水的需求量，削减了对水环境的污染负荷，减弱了对水自然循环的干扰，是维持水循环不可缺少的措施。在缺水的城市广泛推行中水回用更是有力的可行之策，是保护水资源的有效途径。

以生活污水、设备冷却水排水、雨水或其他废水为水源等，经过适当的处理以后，再回用于建筑或居住小区作为浇洒道路、浇洒绿地、冲洗等杂用水，这种供水工程叫做中水工程，建筑中水系统是指民用建筑或建筑小区使用后的各种污、废水，经处理回用于建筑或建筑小区作为杂用水。如用于冲厕、绿化、洗车等。

当新建的建筑面积大于 20000m² 或回收水量大于等于 100m³/d 的宾馆、饭店、公寓和高级住宅，建筑面积大于 30000m² 或回收水量大于等于 100m³/d 的机关、科研单位、大专院校和大型文化体育建筑，以及建筑面积大于 50000m² 或回收水量大于等于 150m³/d 或综合污水量大于等于 750m³/d 的居住小区（包括别墅区、公寓区等）和集中建筑区，宜配套建设中水设施。

中水系统是由中水原水的收集、储存、处理和供给等工程设施组成的有机结合体，是建筑或建筑小区的功能配套设施之一。中水系统是一个系统工程，是给水工程技术、排水工程技术、水处理工程技术和建筑环境工程技术的有机综合，从而得以实现各部分的使用功能、节水功能及建筑环境功能的统一。按其服务的范围一般可分为：建筑中水系统、小区中水系统和城市中水系统。

（1）建筑中水系统

建筑中水系统是指单幢（或几幢相邻建筑）所形成的中水系统。分为①具有完善排水设施的建筑中水系统（如图 8.1）②排水设施不完善的建筑中水系统（图 8.2）。

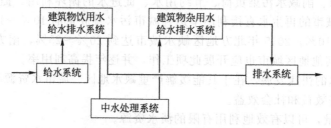

图 8.1　排水设施完善的中水系统

（2）建筑小区中水系统

小区中水主要指居住小区的中水，根据我国国情，还包括院校、机关大院等统一管理的集中建筑区的中水，通常称为建筑小区中水。

该系统以住宅小区或数个建筑物形成的建筑群排放的污水或雨水为水源（如图 8.3）。小区中水系统适用于缺水城市的小区建筑物、分布较集中的新建住宅小区和高层建筑群。

（3）城市中水系统

以城市污水处理厂的出水为水源，深度处理后供大面积的建筑群作中水使用（如图 8.4）。

8.1.2　建筑小区中水系统型式

（1）全部完全分流系统

是指原水分流管系和中水供水管系覆盖全区建筑物的系统。全部完全分流系统就是在建筑小区内的主要建筑物都建有污水废水分流管系（两套排水管）和中水自来水供水管系（两套供水管）的系统（图 8.5）。"全部"是指分流管道的覆盖面，是全部建筑还是部分建筑，

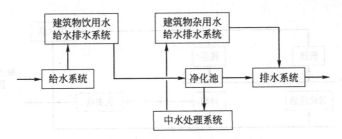

图 8.2　排水设施不完善的中水系统

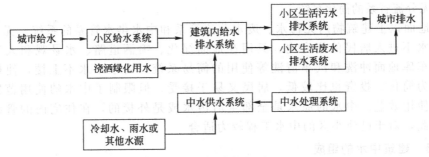

图 8.3　小区中水系统框图

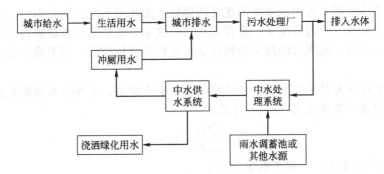

图 8.4　城镇中水系统框图

"分流"是指系统管道的敷设形式,是污水、废水分流、合流还是无管道。

采用杂排水作中水水源,必须配置两套上水系统(自来水系统和中水供水管系)和两套下水系统(杂排水收集系统和其他排水收集系统),属于完全分流系统。管线上比较复杂,给设计、施工增加了难度,也增加了管线投资。这种方式在缺水比较严重、水价较高的地区是可行的,尤其在中水建设的起步阶段,居民对优质杂排水处理后的中水比较容易接受,或者是高档住宅区内采用。如果这种分流系统覆盖小区全部建筑物,称为全部完全分流系统;如果只覆盖小区部分建筑物,称为部分完全分流系统。

(2)部分完全分流系统

是指原水分流管系和中水供水管系均为覆盖小区内部分建筑的系统。

(3)半完全分流系统

是指无原水分流管系(原水为综合污水或外接水源),只有中水供水管系或只有污水、废水分流管系而无中水供水管的系统。当采用生活污水为中水水源时,或原水为外接水源,可省去一套污水收集系统,但中水仍然要有单独的供水系统,成为三套管路系统,称为半完全分流系统。当只将建筑内的杂排水分流出来,处理后用于室外杂用的系统也是半完全分流系统。

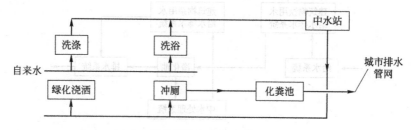

图 8.5 完全分流系统

（4）无分流管系的简化系统

是指地面以上建筑物内无污水、废水分流管系和中水供水管系的系统。无原水分流管系，中水不进入居民的住房内，只用在地面绿化、喷洒道路、水景观和人工河湖补水、地下车库地面冲洗和汽车清洗等使用的简易系统。由于中水不上楼，使楼内的管路设计更为简化，投资也比较低，居民又易于接受。但限制了中水的使用范围，降低了中水的使用效益。中水的原水是全部生活污水或是外接的，在住宅内的管线仍维持原状，因此，对于已建小区的中水工程较为适合。

8.1.3 建筑中水的组成

（1）中水原水系统

原水收集系统指确定为中水水源的建筑物原排水的收集系统。它分为污、废水合流系统和污、废水分流系统。一般情况下，推荐采用污、废水分流系统。水源来自小区住户的非厕所排水、小区雨水等，这类水源的主要特点是污染物的含量较低，便于简单的处理后实现中水回用。

原水收集系统主要是采集原水，包括室内中水采集管道、室外中水采集管道和相应的集流配套设施。原水收集率按式（8.1）计算。

$$\eta = \frac{\sum Q_p}{\sum Q_J} \times 100\% \tag{8.1}$$

式中　η——原水收集率，一般不低于 75%；

　　　Q_p——中水系统回收排水项目的回收水量之和，m^3/d；

　　　Q_J——中水系统回收排水项目的给水量之和，m^3/d。

（2）中水处理设施

① 预处理设施　截留较大的悬浮物、漂浮物、杂物，分离油脂、调节 pH 值等。

a. 化粪池　以生活污水为原水的中水系统，必须在建筑物的粪便排水系统中设置化粪池，使污水得到初级处理。

b. 格栅　其作用是截流中水原水中漂浮和悬浮的机械杂质，如毛发、布头和纸屑等。

c. 调节池　其作用是对原水流量和水质起调节均化作用，保证后续处理设备的稳定和高效运行。

② 主要处理设施　去除水中有机物和无机物。

a. 沉淀池　通过自然沉淀或投加混凝剂，使污水中悬浮物借重力沉降作用从水中分离。

b. 气浮池　通过进入污水后的压缩空气在水中析出的微波气泡，将水中密度接近于水的微小颗粒黏附，并随气泡上升至水面，形成泡沫浮渣而去除。

c. 生物接触氧化池　在生物接触氧化池内设置填料，填料上长满生物膜，污水与生物膜相接触，在生物膜上微生物的作用下，分解流经其表面的污水中的有机物，使污水得到净化。

　　d. 生物转盘　其作用机理与生物接触氧化池基本相同，生物转盘每转动一周，即进行一次吸附-吸氧-氧化-分解过程，衰老的生物膜在二沉池中被截留。

　　③ 后处理设施　当中水水质要求高于杂用水时，应根据需要增加深度处理，即中水再经过后处理设施处理，如过滤、消毒等。

　　消毒设备主要有加氯设备和臭氧发生器。

　　（3）中水管道系统

　　中水管道系统分为中水原水集水和中水供水两大部分。

　　① 中水原水集水系统主要是指建筑排水管道系统和将原水送至中水处理设施必需的管道系统，同时设有超越管线，以便出现事故，可直接排放。

　　② 中水供水系统：中水供水管道系统是将中水处理站处理后的水输送至各杂用水点的管网。原水经中水处理设施处理后成为中水，首先流入中水贮水池，再经水泵提升后与建筑内部的中水供水系统连接，建筑物内部的中水供水管网与给水系统相似，只是在供水范围、水质、使用等方面有些限定和特殊要求，应单独设置。

　　某大学中水雨水回收再利用系统如图 8.6。

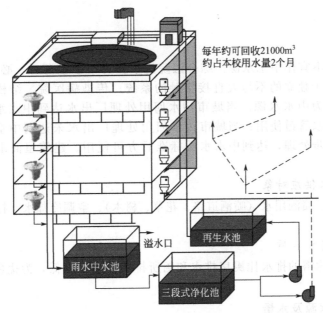

图 8.6　某大学中水雨水回收再利用系统

8.2　中水水源、水量及水质标准

8.2.1　中水水源

　　建筑小区中水水源的选择要依据水量平衡和技术经济比较确定，并应优先选择水量充裕稳定、污染物浓度低、水质处理难度小、安全且居民易接受的中水水源。中水系统的水源主要来自建筑内部的生活污水、生活废水和冷却水，中水原水系统宜采用污、废水分流制，一般以洗浴废水为原水的比较多。由于水源短缺问题越来越严重，雨水利用目前看来很有前景，因为雨水作为中水水源，处理工艺比较简单，水质较好，一般只是采用物理方法处理就可以了。

　　在中水工程中，中水原水分为优质杂排水、杂排水、生活污水三类。

优质杂排水指盥洗水、淋浴水、雨水、洗衣机水等污染程度较低的排水。

杂排水含优质杂排水和厨房洗涤水。

生活污水含杂排水和厕所排水。水质差，处理工艺复杂。

中水原水的水质、水量应根据中水的水量、水质进行选择和使用，有利于经济合理地设计中水工程。

8.2.1.1 中水水源的选择

中水水源一般为生活污水、冷却水、雨水等。医院污水不宜用作中水水源。优先选用优质杂排水。

建筑物中水水源可选择的种类和选取顺序如下。

① 卫生间、公共浴室的盆浴和淋浴等的排水；

② 盥洗排水；

③ 空调循环冷却系统排污水；

④ 冷凝水；

⑤ 游泳池排污水；

⑥ 洗衣排水；

⑦ 厨房排水；

⑧ 冲厕排水。

医院排水一般不宜作中水水源。综合医院污水作为中水水源时，必须经过消毒处理，产出的中水仅可用于独立的不与人直接接触的系统。传染病医院、结核病医院污水和放射性废水，不得作为中水水源。当城市污水回用处理厂出水达到中水水质标准时，建筑小区可直接连接中水管道使用；当城市污水回用处理厂出水未达到中水水质标准时，可作为中水原水进一步处理，达到中水水质标准后方可使用。建筑屋面雨水可作为中水水源或其补充。

8.2.1.2 中水供应对象

冲洗厕所用水、喷洒用水（喷洒道路、花草、树木）、空调冷却水（补给水）、娱乐用水（水池、喷泉）。

8.2.1.3 原排水水质

洗脸、洗手、沐浴的排水比厨房排水和厕所排水污染程度低，为优质杂排水，应首先选用。

8.2.2 中水水源及水量

8.2.2.1 建筑物中水原水水量

中水原水是指被选作为中水水源而未经处理的水。

中水原水水量按式（8.2）计算。

$$Q_y = \sum \alpha \beta Q b \tag{8.2}$$

式中 Q_y——中水原水水量，m^3/d；

　　α——折算系数，一般取 $0.67 \sim 0.91$；

　　β——折减系数，一般取 $0.8 \sim 0.9$；

　　Q——建筑物最高日生活给水量，按《建筑给水排水设计规范》中的用水定额计算确定，m^3/d；

　　b——建筑物用水分项给水百分率。可参照表 8.1。

用作中水水源的水量宜为中水回用水量的 $110\% \sim 115\%$，以保证中水处理设施的安全运转。

表 8.1　各类建筑物分项给水百分率　　　　　单位：%

项目	住宅	宾馆、饭店	办公楼教学楼	公共浴室	餐饮业营业餐厅
冲厕	21.3～21	10～14	60～66	2～5	6.7～5
厨房	20～19	12.5～14			93.3～95
沐浴	29.3～32	50～40		98～95	
盥洗	6.7～6.0	12.5～14	40～34		
洗衣	22.7～22	15～18			
总计	100	100	100	100	100

8.2.2.2　中水用水量

一般住宅中水可用于冲洗厕所、清扫、浇花等，办公楼中水可用于冲洗厕所、洗车、冷却、绿化等，中水还可作为消防、水景、道路喷洒、绿化浇水等。因此确定中水用水量，必须进行分类，区别不同用途，根据各类建筑的不同项目用水量、不同项目用水量占供水量的百分比及计算单位数，参照表 8.1 分别加以计算。而水景、绿化浇水、洗车、道路洒水等中水用水量参照有关资料提供的用水定额确定。

8.2.2.3　水量平衡

水量平衡就是将设计的建筑或建筑群的给水量、污水、废水排水量、中水原水量、贮存调节量、处理量、处理设备耗水量、中水调节贮存量、中水用量、自来水补给量等进行计算和协调，使其达到平衡，并把计算和协调的结果用图线和数字表示出来，即水量平衡图。水量平衡图虽无定式，但从中应能明显看出设计范围内各种水量的来龙去脉，水量多少及其相互关系，水的合理分配及综合利用情况，是系统工程设计及量化管理必须做的工作和必备的资料。实践表明，中水工程不能坚持有效运行的一个重要原因，就是水量不平衡，因此，应充分重视这一项工作。

中水系统设计应进行水量平衡计算，并绘制水量平衡图。水量平衡是对中水原水量、处理量与中水用量和自来水补水量进行计算、调整，使其达到供用平衡和一致。水量平衡计算是中水设计的重要步骤，它是合理用水的需要，也是中水系统合理运行的需要。

(1) 水量平衡设计

水量平衡设计步骤如下。

① 根据所定的中水用水时间及计算用量拟定出中水用量的逐时变化曲线。

② 绘出中水站处理水量变化曲线，由处理设备工作情况所决定。

中水水源设计原水量为：

$$Q_1 \geqslant (1.10 \sim 1.15)Q_3 \tag{8.3}$$

式中　Q_1——中水设计原水量，m^3/d；

　　　Q_3——中水用水量，m^3/d。

中水处理水量按式（8.4）计算。

$$Q_2 = (1+n)Q_3 \tag{8.4}$$

式中　Q_2——中水日处理水量，m^3/d；

　　　n——中水处理设施自耗水系数，取 10%～15%；

　　　Q_3——中水用水量，m^3/d。

计算溢流量或自来水补充水量 Q_0 如下。

$$Q_0 = Q_1 - Q_2 \tag{8.5}$$

当 Q_1 大于 Q_2 时，为溢流量，当 Q_2 大于 Q_1 时，为自来水补水量。

③ 根据以上两条曲线之间所围面积最大者确定中水系统中原水、处理水、用水之间的调节量。

④ 如中水最大用量是连续发生在几小时内，可将这连续几小时的最大用量之和作为中水调节池容积，一般连续最大小时数不超过 6。

【**例 8.1**】 某住宅小区设计居住人口 12000 人，拟收集生活优质杂排水作为中水水源，中水供水系统供应冲厕、小区绿化和洗车用水，该小区可收集的中水原水量 Q_y 和设计中水供水量 Q_3 应为多少？

已知数据如下：住宅小区最高日生活用水量 350L/(人·d)，平均日给水折减系数取 0.8，排水折减系数取 0.9，分项给水百分率：冲厕 21%，厨房 20%，洗浴 36%，洗衣 23%，中水处理设施自耗水量为 10%，小区绿化和洗车用水量之和为 700m³/d。

解 最高日用水量：350×12000/1000＝4200(m³/d)

平均日总用水量：4200×0.8＝3360(m³)

根据分项系数，可收集的优质杂排水（中水原水量）

$$Q_y＝3360×0.9×(0.36+0.23)＝1784.16(m³/d)$$

中水供水量：$Q_3＝4200×0.21+700＝1582.00(m³/d)$

(2) 水量平衡措施

水量平衡即中水原水量、处理水量与中水用量、给水补水量等通过计算、调整使其达到总量和时序上的稳定和一致。为使中水原水量、处理水量、中水用量保持均衡，使中水产量和中水用量在一天内逐时地不均匀变化以及一年内各季的变化得到调节，必须采取水量平衡措施。平衡措施有中水原水贮存池（如调节池）、中水贮存池（如中水池）、还有自来水补充调节和水的溢流超越等。

① 处理前的调节

中水的原水取自建筑排水，建筑物的排水量随着季节、昼夜、节假日及使用情况的变化，每天每小时的排水量是很不均匀的。处理设备则需要在均匀水量的负荷下运行，才能保障其处理效果和经济效果。这就需要在处理设施前设置中水原水调节池。调节池容积应按原水量逐时变化曲线及处理量逐时变化曲线所围面积之最大部分算出来。

连续运行时，原水调节池容量按日处理水量的 35%~50% 计算，即相当于 8.4~12.0 倍平均时水量。根据国内外资料及医院污水处理的经验，认为这个计算是合理、安全的。中国环境科学研究院的研究也认为，该调节储量是充分而又可靠的，设计中不应片面地追求调节池容积的加大，而应合理调整来水量、处理量及中水用量和其发生时间之间的关系。执行时可根据具体工程原水小时变化情况取其高限或低限值。

间歇运行时，原水调节池按处理设备运行周期计算，如式 (8.6) 所示。

$$V_2＝1.5Q_{1h}(24-T) \tag{8.6}$$

式中 V_2——原水调节池有效容积，m³；

Q_{1h}——中水原水平均小时进水量，m³/h；

T——处理设备连续运行时间，h。

② 处理后的调节

由于中水处理站的出水量与中水用水量不一致，在处理设施后还必须设中水贮存池。中水贮存池的容积既能满足处理设备运行时的出水量有处存放，又能满足中水的任何用量时均能有水供给。这个调节容积的确定如前条所述理由一样，应按中水处理量曲线和中水用量逐时变化曲线求算。计算时分为以下三种情况。

连续运行时，中水贮存池（箱）的调节容积可按中水系统日用水量的 25%~35% 计算，是参考以市政水为水源的水池、水塔调节贮量的调查结果的上限值确定的。中水贮存池的水源是由处理设备提供的，不如市政水源稳定可靠。这个估算贮量，相当于 $6.0 \sim 8.4$ 倍平均时中水用量。中水使用变化大，若按时变化系数 $K=2.5$ 估算，也相当 $2.4 \sim 3.4$ 倍最大小时的用量。

间歇运行时，中水贮存池调节容积按处理设备运行周期计算，如式（8.7）。

$$V_1 = 1.2T(Q_{2h} - Q_{3h}) \tag{8.7}$$

式中　V_1——中水贮存池有效容积，m^3；

Q_{2h}——中水设施处理能力，m^3/h；

Q_{3h}——中水平均小时用水量，m^3/h；

　　T——处理设备设计运行时间，h。

水泵-水箱联合供水时，其高位水箱的调节容积不得小于中水系统最大时用水量的 50%。

【例 8.2】 某公寓设置中水供水系统用于冲厕，中水总用水量为 $12m^3/d$，中水处理设备设计运行时间为 $8h/d$，请计算该系统的中水贮水池最小有效容积为多少？

解　$Q_{3h} = Q/24 = 12/24 = 0.5(m^3/h)$

式中，Q_{3h} 为中水平均小时用水量，Q 为最大日用水量。

$$Q_{2h} = (1+n)Q_{3h}/T = (1+0.1) \times 12/8 = 1.65(m^3/h)$$

式中，Q_{2h} 为中水设施处理能力；n 为自用水系数，按规定取 $10\% \sim 15\%$；T 为处理设施每日运行时间。

$$V_1 = 1.2 \times T \times (Q_{2h} - Q_{3h}) = 1.2 \times 8 \times (1.65 - 0.5) = 11.04(m^3)$$

由处理设备余压直接送至中水供水箱或中水供水系统需要设置中水供水箱时，中水供水箱的调节容积，要求不得小于中水最大小时用水量的 50%，将近为 2 倍的平均小时中水用量。通常说的中水供水箱，指的是设于系统高处的供水调节水箱，一般与中水贮存池组成水位自控的补给关系，它的调节贮量和地面中水贮存池的调节容积，都是调节中水处理出水量与中水用量之间不平衡的调节容积。自来水的应急补水管设在中水池或中水供水箱处皆可，但要求只能在系统缺水时补水，避免水位浮球阀式的常补水，这就需要将补水控制水位设在低水位启泵水位之下，或称缺水报警水位。

8.2.3　中水水质

8.2.3.1　原水水质

各类建筑物排水污染浓度见表 8.2。

表 8.2　各类建筑物各种排水污染浓度表　　　　　　　　单位：mg/L

类别	住宅			宾馆、饭店			办公楼		
	BOD	COD	SS	BOD	COD	SS	BOD	COD	SS
厕所	200~260	300~360	250	250	300~360	200	300	360~480	250
厨房	500~800	900~1350	250						
沐浴	50~60	120~135	100	40~50	120~150	80			
盥洗	60~70	90~120	200	70	150~180	150	70~80	120~150	200

8.2.3.2　中水水质

中水用途不同，其要满足的水质标准也不同。中水用作建筑杂用水和城市杂用水，如冲厕、道路清扫、消防、城市绿化、车辆冲洗、建筑施工等杂用，其水质应符合《城市污水再生利用城市杂用水水质》（GB 18920）的规定，见表 8.3。

表 8.3　城市杂用水水质标准

序号	项目	冲厕、道路清扫	消火栓、施工	浇洒、绿化	洗车、扫除、喷水景观
1	色度/度	40	40	40	30
2	嗅		无不快感觉		
3	pH 值	6.5～9.0	6.5～9.0	6.5～9.0	6.5～9.0
4	浊度(NTU)	5	10	20	5
5	SS/(mg/L)	10	10	30	5
6	溶解性固体/(mg/L)	—	—	1500	1000
7	BOD_5/(mg/L)	15	15	30	10
8	COD_{Cr}/(mg/L)	50	50	60	50
9	氯化物/(mg/L)				300
10	LAS/(mg/L)	2.0	1.0	1.0	0.5
11	铁/(mg/L)				0.3
12	锰/(mg/L)				0.5
13	游离余氯/(mg/L)	末端≥0.2	末端≥0.2	—	末端≥0.2
14	溶解氧/(mg/L)	≥1	≥1	—	≥1
15	总大肠菌群/(个/L)	3	3	500	3

中水用于景观环境用水，其水质应符合国家标准《城市污水再生利用景观环境用水水质》（GB/T 18921—2002）的规定。

基本要求如下。

① 卫生上安全可靠：无有害物质，其主要衡量指标是大肠菌群指数、细菌总数、余氯量、悬浮物量、生化需氧量及化学需氧量。

② 外观上无使人不快的感觉：其主要衡量指标有浊度、色度、臭气、表面活性剂和油脂等。

③ 不引起设备、管道等的严重腐蚀、结垢和不造成维护管理困难：其主要衡量指标 pH 值、硬度、蒸发残留物、溶解性物质等。

8.3　中水管道系统

中水管道系统分中水原水集水系统和中水供水系统。

8.3.1　中水原水集水管道系统

中水原水集水管道系统一般包括建筑内合流或分流集水管道、室外或建筑小区集水管道、污水泵站及有压污水管道和各处理环节之间的连接管道。

8.3.1.1　建筑内集水管道系统

建筑内集水管道系统即通常的建筑内排水管网，其管道布置与敷设同建筑排水设计。分为建筑内分流制集水管道系统和建筑内合流制集水管道系统。

（1）合流制集水管道系统

既将生活污水和生活废水用一套排水管道排出的系统。集水系统的立管、支管均同建筑内部排水设计。集流干管可设计为室内和室外集流干管。

（2）分流集水系统

适于设置分流管道的建筑，有洗浴设备且和厕所分开设置的住宅；有集中盥洗设备的办公楼、教学楼、旅馆、招待所、集体宿舍；公共浴室、洗衣房；大型宾馆、饭店。

分流管道布置和敷设如下。

① 便器与洗浴设置最好分设或分侧布置，以便用单独支管、立管排出。

② 多层建筑洗浴设备宜上下对应布置，以便接入单独立管。

③ 高层公共建筑的排水宜采用污水、废水、通气三管组合系统。

④ 明装污废水立管宜在不同墙角布设以利美观，污废水支管不宜交叉，以免横支管标高降低过大。

⑤ 室内外原水集水管及附属构筑物均应防渗、防漏，井盖应做"中"字标准。

⑥ 中水原水系统分设分流、溢流设施和超越管，其标高应能满足重力排放要求。设置这些设施具有如下功能：既能把原水引入处理系统，又能把多余水量或事故停运时的原水排入排水系统而不影响原建筑排水系统的使用，又不能产生倒灌。

⑦ 其他设置、敷设有关要求同排水管道。

8.3.1.2　室外或小区集水管道系统

室外或小区集水管道系统的布置与敷设与相应的排水管道基本相同，最大区别在于室外集水干管需将收集的原水送至中水处理站。因此，还需考虑地形、中水处理站的位置，注意布置尽量使管道尽可能较短。

8.3.1.3　污水泵站及有压污水管道

如果由于地形或其他因素，集水干管的出水不能自流到中水处理站时，就必须设置污水泵站将污水加压送到中水处理站。污水泵的数量由污水量（或中水处理量）确定，污水泵站根据当地的环境条件而设置。

8.3.2　中水供水管道系统

8.3.2.1　中水管网系统任务及类型

中水配水管网的任务是把处理合格的中水从水处理站输送到各个用水点。中水管网系统按其类型可分为：生活杂用管网系统、消防管网系统。

上述两种中水管网系统可组成共用系统，即生活杂用-消防共用中水系统。

8.3.2.2　中水供水系统设置

中水供水系统必须独立设置。中水用水量计算按《建筑给水排水设计规范》中有关规定执行。建筑中水供水系统管道水力计算按《建筑给水排水设计规范》中给水部分执行，建筑小区中水供水系统管道水力计算按居住小区给水排水设计的有关规定执行。中水供水管道宜采用承压的塑料管、复合管和其他给水管材，不得采用非镀锌钢管。中水贮存池（箱）宜采用耐腐蚀、易清垢的材料制作。钢板池（箱）内壁应采取防腐处理。

8.3.2.3　室内中水配水管网组成、布置与敷设

（1）室内中水配水管网系统的组成

室内中水配水管网系统由引入管（进户管）、水表节点、管道及附件、水泵或气压供水的增压设备、中水贮存池及高位水箱等贮水设备组成，对于室内杂用、消防共用系统或消防系统还应有消防设备。

（2）对中水供水管道和设备的要求

① 中水供水系统必须独立设置。中水供水系统不能以任何形式与自来水系统连接，单流阀、双阀加泄水等连接都是不允许的。中水池（箱）、阀门、水表及给水栓应该设"中水"标志，与生活用水管道严格区分。

② 中水管道必须具有耐腐蚀性，因为中水保持有余氯和多种盐类，产生多种生物和电

化腐蚀，采用塑料管、衬塑复合管和玻璃钢管比较适宜。

③ 不能采用耐腐蚀材料的管道和设备，应做好防腐蚀处理，使其表面光滑，易于清洗结垢。

④ 中水供水系统应根据使用要求安装计量装置。

⑤ 中水管道不得装设取水龙头，便器冲洗宜采用密闭型设备和器具。绿化、浇洒、汽车冲洗宜采用有防护功能的壁式或地下式的给水栓。

⑥ 中水管道、设备及受水器具应按规定着浅绿色，以免引起误用（图 8.7）。

图 8.7　PPR 中水管道及附件

8.3.2.4　中水供水系统型式

中水供水方式的选择应根据《建筑给水排水设计规范》中给水部分规定的原则，一般采用调速泵组供水方式、水泵-水箱联合供水方式、气压供水设备供水方式等，当采用水泵—水箱联合供水方式和气压供水设备供水方式时，水泵的出水管上应安装多功能水泵控制阀，防止水锤发生。

8.4　中水处理工艺

8.4.1　中水处理工艺流程的选择

中水处理一般包括预处理、主处理及深度处理三个阶段。预处理阶段主要有格栅、格网、毛发聚集器和调节池，主要作用是去除污水中的固体杂质、均匀水质及调节水量；主处理阶段是中水回用处理的关键，主要作用是去除污水的溶解性有机物；深度处理阶段包括砂过滤、活性炭过滤及消毒，主要以消毒处理为主，保证出水达到中水水质标准。

8.4.1.1　处理工艺的选择依据

① 根据中水原水的水量与水质，供应的中水水量与水质等实际情况确定处理工艺。

② 小区生活污水的污染处理主要为有机物，降解有机物的处理流程以生物处理为主。小区生物处理多以接触氧化、生物转盘、MBR（膜生物反应器）为主。

③ 中水处理工艺的消毒工艺是必不可少的，应采用先进可靠的消毒灭菌工艺。尽可能选择小型的、高效的、一体化的中水处理，努力降低工程费用和能耗。

④ 充分注意水处理工艺中所选设备对小区带来的臭味、噪声的危害。

⑤ 因小区中水处理中有自己的特点，切不可生搬硬套城市污水处理厂的处理工艺。

⑥ 选用中水工艺时，应进行技术经济比较，择优选用。

8.4.1.2　中水处理工艺流程

当以优质杂排水和杂排水作为中水原水时，可采用以物化处理为主的工艺流程，或采用生物处理和物化处理相结合的工艺流程（图8.8）。

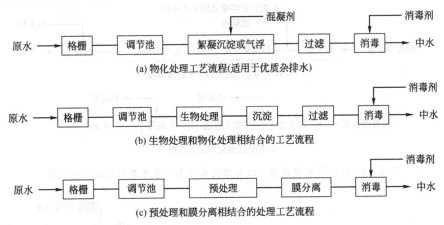

图 8.8　优质杂排水和杂排水作为中水原水的工艺流程

当以含有粪便污水的排水作为中水原水时，宜采用二段生物处理与物化处理相结合的处理工艺流程（图8.9）。

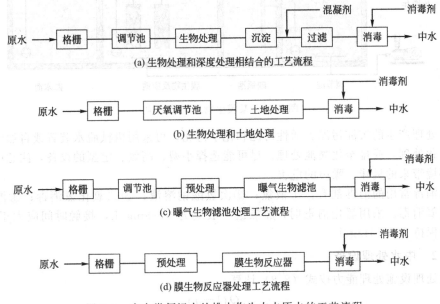

图 8.9　含有粪便污水的排水作为中水原水的工艺流程

利用污水处理站二级处理出水作为中水水源时，宜选用物化处理或与生化处理结合的深度处理工艺流程如图 8.10。

中水处理大部分是以生物处理为中心的流程，而生物处理中又以接触氧化法为最多，这是因为接触氧化生物膜法（图8.11）具有容易维护管理的优点，适用于小型水处理。以物化法处理为主的处理流程较少，而且多应用于原水水质较好的场合，无论采用哪种流程，消毒灭菌的步骤及其保障性是必不可少的。

中水用于水景、空调、冷却用水时，采用一般处理不能达到相应水质标准时，应增加深度处理设施。

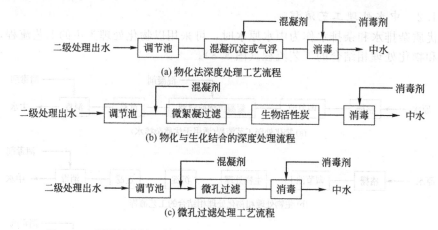

图 8.10 利用污水处理站二级处理出水作为中水水源时处理工艺流程

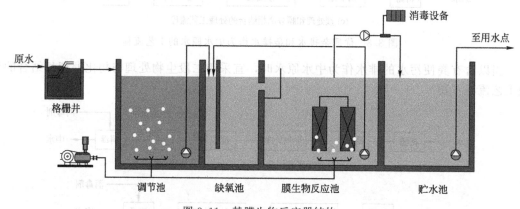

图 8.11 某膜生物反应器结构

中水处理产生的沉淀污泥、活性污泥和化学污泥，可采用机械脱水装置或自然干化池进行脱水干化处理，或排至化粪池处理。尽可能选择小型、高效、定型的设备，注意中水处理给建筑环境带来的臭味、噪声的危害。

中水消毒常用的消毒剂有：①液氯；②次氯酸钠溶液；③二氧化氯消毒；④漂白粉消毒；⑤臭氧消毒。采用氯化消毒时，加氯量一般应为 5～8mg/L，接触时间应大于 30min，余氯量应保持 0.5～1mg/L。

8.4.2 中水处理设备

中水处理设施处理能力按式（8.8）计算。

$$q = \frac{Q(1+n)}{t} \tag{8.8}$$

式中 q——设施处理能力，m^3/h；

Q——经过水量平衡计算后的中水原水量，m^3/d；

t——中水设施每日设计运行时间，h；

n——设施自耗水系数，一般不小于 10%～15%。

（1）格栅、格网

按结构分固定式、旋转式和活动式。

（2）调节池（略）

（3）沉淀（气浮）池

斜板（管）沉淀池是在沉淀池中加入斜板（管），水流从上向下、从下向上或水平流动，杂质颗粒沉积于斜管（板）上，到一定程度上加以去除。

（4）接触氧化池

由池体、填料、布水装置和曝气系统组成。多采用鼓风曝气，其填料一般采用蜂窝型填料和纤维软性填料。

（5）生物转盘——因室内臭味和对管理要求严格，现已不采用。

（6）絮凝池

絮凝池是池内投入混凝剂，使池内发生混凝反应，池内悬浮物形成絮凝体而在沉淀池去除。混凝剂一般采用湿投，投加时可用重力投加、水泵吸水管投加、水射器投加、加药泵投加。

（7）滤池

滤池一般采用定型产品。

（8）消毒

消毒是中水使用安全性保障的重要一步。

（9）活性炭吸附

对于常规水处理中难于去除的物质，可以利用活性炭吸附，它可以除臭、去色、脱氧、去除有机物、重金属、合成洗涤剂、病毒、有毒物质和放射性物质等。

8.4.3 中水处理站

8.4.3.1 中水处理站的位置及布置要求

① 中水处理站是中水处理设施集中设置的场所，应设置在所收集污废水的建筑和建筑群与中水回用地点便于连接的地方，且符合建筑总体规划的要求，如为单栋建筑的中水处理站可以设置在地下室附近。

② 建筑群的中水处理站应靠近主要集水和用水地点，并有单独的进出口、道路，便于进出设备、排除污物。生活污水为原水的地面处理站与公共建筑和住宅的距离不宜小于15m。

③ 中水处理站的面积按处理工艺需要确定，并预留发展空间。

④ 处理站除设有处理设施的空间外，还应设有值班室、化验间、贮藏维修间等附属房间。

⑤ 处理设备的间距不应小于0.6m，主要通道不小于1.2m，顶部有人孔的构筑物及设备距顶板不应小于0.6m。

⑥ 处理工艺中的化学药剂、消毒剂等需妥善处理，并有必要的安全防护措施。

⑦ 处理间必须有通风换气、采暖、照明及给排水设施。

⑧ 中水处理站必须根据实际情况，采取隔声降噪及防臭气污染等措施。

8.4.3.2 中水处理站的隔音降噪及防臭措施

① 中水处理站设置在建筑内部地下室时，必须与主体建筑及相邻房间严密隔开，并做建筑隔音处理，以防空气传声；转动设备及其与转动设备相连的基座、管道均应做减振处理以防振动。

② 中水处理中散发的臭气必须妥善处理。

a. 防臭法 对产生臭气的设备加盖、加罩防止散发或收集处理。

b. 稀释法 把收集的臭气高空排放，在大气中稀释。

c. 化学法 采有水洗、碱洗及氧化除臭。

d. 燃烧法 将废气在高温下燃烧除掉臭味。

e. 吸附法　采用活性炭过滤吸附除臭。

f. 土壤除臭法　直接覆土或采用土壤除臭装置。

8.4.4　建筑中水安全防护与控制

8.4.4.1　建筑中水的安全防护

建筑中水系统采用以下防护措施。

① 中水管道严禁与生活饮用水管道连接，生活饮用水管道只能通过间接装置，向中水池（箱）补水。

② 中水管道不宜暗装于墙体和楼面内，以防标记不清楚影响维修。如必须暗装于墙槽内时，必须在管道上有明显且不会脱落的标志。

③ 生活饮用水补水管出口与中水贮水池内最高水位间，应有不小于 2.5 倍管径的空气隔断。

④ 中水管道与生活饮用水给水管道、排水管道平行敷设时，其水平净距不得小于 0.5m；交叉埋设时，中水管道应位于生活饮用水给水管道下面、排水管的上面，其净距均不得小于 0.15m。

⑤ 中水贮水池（箱）设置的溢流管、泄水管，均应采用间接排水的方式排出，溢流管上应设隔网。

⑥ 中水高位水箱应与生活高位水箱分设在不同的房间内，如条件不允许只能设在同房间，与生活高位水箱的净距离应大于 2m。

⑦ 中水管道应采取下列防止误接、误用的措施如下。

a. 中水管道外壁应涂以浅绿色标志。

b. 中水池、阀门、水表及给水栓均应有明显的"中水"标志。

c. 中水工程验收时，应逐段进行检查，以防止误接。

d. 公共场所及绿化的中水取水口应设带锁装置。

8.4.4.2　控制与管理

① 小型处理站（日处理量≤200m³）可装设就地指示的监测仪表；中型处理站（＞200m³而≤1000m³）配置必要的自动记录仪表；大型处理站（＞1000m³）应考虑设置生物检查的自动系统，当水质不合格时应发出报警信号。

② 根据处理工艺要求，处理构筑物的进水管和出水管上应设置取样管及计量装置。

示例一　清华大学紫荆公寓再生水站（图 8.12）

处理规模：1200t/d。

解决方案：一体化膜生物反应器。

来水水质：COD＜200mg/L
　　　　　氨氮 15～40mg/L
　　　　　浊度 50～150NTU

出水水质：COD＜10mg/L
　　　　　氨氮 ＜1mg/L
　　　　　浊度 ＜0.5NTU

回用用途：校园绿化、宿舍冲厕。

直接运行成本：0.6 元/t。

图 8.12　清华大学紫荆公寓再生水站

建成时间：2008 年 3 月。

示例二　清华大学西区排放口再生水站（图 8.13）

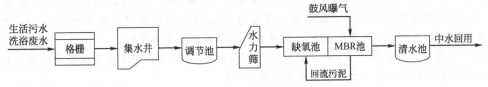

处理规模：1500t/d。

解决方案：一体化膜生物反应器。

来水水质：COD＜600mg/L

氨氮 30～80mg/L

浊度 100～500NTU

出水水质：COD＜15mg/L

氨氮 ＜1mg/L

浊度 ＜0.5NTU

回用用途：校园绿化、宿舍冲厕。

直接运行成本：0.6 元/t。

建成时间：2010 年 10 月。

图 8.13　清华大学西区排放口再生水站

清华大学的日污水排放量达到10000m³左右，根据上述规划，清华大学目前已相继建成2座MBR工艺中水处理站示范工程，设计处理能力分别为1200t/d和1500t/d，总计2700t/d，每年可节约新鲜水将近100万吨。根据中水回用的要求，中水处理站出水水质远远高于《城市污水再生利用 城市杂用水水质标准》（GB/T 18920—2002）中的相关规定，处理出水全部用于校园绿化和紫荆公寓冲厕等，在减少污染物排放的同时实现了节约用水。

复习思考题

1. 什么叫中水？
2. 简述建筑中水系统的组成。
3. 以优质杂排水或杂排水作为中水水源时，可以采用哪些处理工艺？
4. 简述中水处理常用的单元设施。
5. 某宾馆设中水系统，采用淋浴、盥洗和洗衣废水作为中水水源，该宾馆最高日用水量为450m³/d，中水原水量最小应为多少？
6. 某建筑采用中水作为绿化和冲厕用水，中水原水为淋浴、盥洗和洗衣用水，厨房废水不回用。其中，收集淋浴、盥洗和洗衣用水分别为149m³/d、45m³/d、63m³/d，厨房废水为44m³/d，排水量系数为90%，冲厕需回用废水为49m³/d，绿化需回用废水为83m³/d，中水处理设备自用水量取中水用水量的15%，则中水系统溢流水量为多少？
7. 某公寓设置中水系统用于冲厕，中水总用水量为12m³/d，中水处理设备设计运行时间为8h/d，则该系统的中水储水池最小有效容积是多少？

第9章 水景及游泳池给水排水系统

【知识目标】
● 了解水景的作用和类型。
● 了解水景的给水排水系统。
● 了解水景的设计和控制方式。
● 了解游泳池的类型与规格、水质和水温、给水系统。
● 熟悉游泳池水的循环、水的净化消毒和水的加热。
● 了解游泳池洗净和附属设施。
● 熟悉游泳池的排水系统。

【能力目标】
● 能进行简单水景的布置。
● 能进行游泳池运行管理。

9.1 建筑水景设计

随着人们生活水平的不断提高，对居住环境的要求也越来越高。水景工程随之也有了较大的发展和进步。水景已不再仅是园林建筑的一部分，也成为建筑与建筑小区的重要部分。建筑水景是在建筑环境中，运用各种水流形式、姿态、声音组成千姿百态的水流景色，可以起到美化庭院、增加生气、改进建筑环境、装饰厅堂、提高艺术效果的作用，如图9.1所示。水景散发出的水滴具有调节空气湿度、降低气温、去除灰尘、构成人工小区气候的功能，起到净化空气、改善小区气候的作用。其水池还可作为其他用水的水源，如消防、绿化、养鱼等。

图9.1 建筑水景

9.1.1 水景的类型及选择

9.1.1.1 水景分类

水景按照水流形态不同可分为以下几种。

（1）池水式或湖水式

在广场、庭院及公园中建成池（湖），微波荡漾，群鱼戏水，湖光倒影，相映成趣，分外增添优美景色。特点是水面开阔且不流动，用水量少，耗能不大，又无噪声，是一种较好的观赏水池。常见形式有镜池（湖）与浪池（湖）。

（2）喷水（喷泉）

喷水（喷泉）是水景的主要形式。在水压作用下，利用各种喷头喷射不同形态的水流，组成千姿百态的形式，构成美丽的图景，再配以彩灯，造成五光十色，则景观效果更好。近几年来有使用音乐控制的喷泉，喷射水柱随音乐声音的大小而跳动起落，使人耳目一新，给人以美的享受，还有与各种雕塑相配合，组成各种不同形式的喷泉。适用于各种场合，室内外均可采用，如在广场、公园、庭院、餐厅、门厅及屋顶花园等。常见形式有射流（直射）、冰塔（雪松）、冰柱、水膜、水雾。

（3）流水

使水流沿小溪流行，形成涓涓细流，穿桥绕石，潺潺流水，引人入胜，可使建筑环境生动活泼，一般耗能不大。它可用于公园、庭院及厅堂之内。常见形式有溪流、渠流、漫流、旋流。

（4）涌水

水流自低处向上涌出，带起串串闪亮如珍珠般的气泡，或制造静水涟漪的景观，别有一番情趣。大流量涌水令人赏心悦目，可用于多种场合。常见形式有涌泉、珠泉。

（5）跌水

水从高处突然跌落，飞流而下，哗哗流水，击起滚滚浪花，形成雄伟景观。或水幕悬吊，飘飘下垂。若使水流平稳、边界平滑，会给人以晶莹透明，视若水晶的感觉。近年来在有些城市的中心广场，将宏大的水幕作为银幕放映电影，可谓是景中生景。如果建在建筑大厅内，效果也不错。缺点是运行噪声较大、能耗高。常见形式有水幕、瀑布、壁流、孔流、叠流。

9.1.1.2 水景造型的选择

水景形态种类繁多，没有固定形式可以遵循，应根据置景环境、艺术要求与功能选择适当的水流形态、水景形式和运行方式。大体原则如下。

① 服从建筑总体规划，与周围建筑相协调。以水景为主景观的要选择超高型喷泉、音乐喷泉，水幕、瀑布、叠流、壁流、湖水等以及组合水景。陪衬功能的水景要选择溪流、涌泉、池水、叠流、小型喷泉等。安静环境要选择以静为主题的水景，热闹环境要选择以动为主题的水景。还要做到主次结合、粗细、刚柔并进。

② 充分利用地形、地貌和自然景色做到顺应自然、巧借自然、使水景与周围环境融为一体，节省工程造价。

③ 考虑建成后对周围环境的影响，对噪声有要求时尽量选择以静水为主的水景，喷洒水雾对周围建筑有影响时尽量不要选超高喷泉等。

④ 组合水景水流密度要适当，幽静淡雅主题，水流适当稀疏一些。壮观主题，水流适当丰满粗壮一些。活泼快乐主题，水柱数量与变化多一点。

9.1.2 水景给水排水系统

建筑水景一般是由水面建筑、照明系统、水池及给水排水系统组成的。给水排水系统则由水源、水池、加压设备、供水管路、出水口或喷头、管路配件、回水管路、排水管道、溢水管路等部分组成。需要时还要增加水处理装置。水景常见给水方式有以下两种。

9.1.2.1 直流系统

如果水景用水量小，其水源的供水能满足使用要求，为了节省能量、简化装备，可采用直流方式。水源一般采用城市给水管网供水，也可采用再生水作为景观水源，使用后由水池溢流排入雨水或排水管中。

9.1.2.2 循环系统

大型水景观或喷泉，由于用水量较大，喷水所需压力较高，城市供水不能满足需要。为了节省用水，可以采用循环用水系统，即喷射后的水流回集水池，然后由水泵加压供喷水管网循环使用，平时只需补充少量的损失水量。损失水量包括蒸发、排污及随风吹散等部分。对小型的水景，可在水池中设置潜水泵，就地循环，不必另建集水池和泵房。

9.1.3 水景系统的设计与计算

9.1.3.1 系统设计

(1) 给水管道系统

喷泉的给水管道分为水源引入管与喷泉配水管，配水管上装设喷头，为了保持各喷头的水压均匀，配水管常采用环形管，并使喷头在管上对称布置。每组喷头应有调节阀门，阀门常采用球阀，以便调节喷水量和喷水高度。管线布置应力求简短，流速不可过高，以减小压力损耗。管道安装技术要求较高，转弯应当圆滑，管径要渐变，接口要严密，安装喷头处必须光滑无缺口，无粗糙和毛刺。管道安装应有不小于 0.02 的坡度，坡向集水坑，以利泄空水池。在选用管材时，输水管可用铸铁管或钢管，配水管用钢管、塑料管、不锈钢管、复合管等。钢管应涂防腐材料。管路配件包括球阀、电磁阀、电动阀、蝶阀、止回阀、水位控制阀等。

为了保持池中正常水位，还需设置补充水管，以补充喷水池的水量损失。补充水管可装设浮球阀或其他自动控制水位的设备。

(2) 排水管道

池内还要装设溢流管及排水管，排水管上需要安装闸门，在排水管的闸门之后，可与溢流管合并成一条总排水管，排入雨水管中。喷泉给水排水系统参见图 9.2。

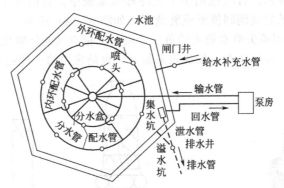

图 9.2 喷泉的给水排水系统

(3) 加压设备

喷泉的加压设备多选用离心清水泵、潜水泵。有循环加压泵房时采用清水泵，无条件设加压泵房时采用潜水泵。根据喷头出口压力与流量经水力计算确定水泵流量和扬程。泵房设于喷水池附近，以利观察和调整喷水效果。也有将泵房置于喷水池之下的地下泵房，加压水泵也可作为泄空水池排水之用。用加压泵排水时，排水出口要加消能井。

（4）水源

水景水质应符合现行《景观娱乐用水水质标准》的规定。当喷头对水质有特殊要求时，循环水应进行过滤等处理。一般可采用生活饮用水、清洁的生产用水和清洁的河、湖水为水源。小型喷泉用水量很小时，可采用自来水作为水源的直流系统；在大型喷泉采用循环系统时，如附近有适宜的生产用水或天然水源时，可以用来作为水源，也可以采用自来水作为补充用水的水源。

（5）水池

水池（湖）是水景的主要组成部分之一，它具有点缀景色、储存水量和装设给水排水管道系统的作用，也可装置潜水循环水泵。水池的形式可用圆形、方形、多边形及荷叶边形等。池的大小视需要而定。池的深度一般不小于 0.5m。池底应有坡度坡向集水坑，以利检修和冬季泄空之用。如配水管路设于水池底上时，管上应铺设卵石掩盖而较为美观。小型水池可用砖石砌造，大池宜用钢筋混凝土制造。水池（湖）要求防水、防渗、防冻，以免损坏和渗漏而浪费水资源。

（6）灯光与音乐

喷水池喷出千姿百态的水景，如再配以五颜六色的彩灯，则更增加动人的景色。灯光视需要而定，一般黄绿色视感度最强，红蓝色较弱，灯应距喷头较近，照光效果好。音乐喷泉的水柱随音乐声音的高低、强弱，通过电控而起伏跳动，更增添喷泉的生动美妙之感，颇受人们喜爱。

（7）喷头

喷头是喷射水柱的关键设备，是喷泉系统的主要组成部分。射流的形状、流量依喷头的喷嘴类型及其直径而定，射流的高度与喷头前的水压有关，而喷头布置成垂直或不同倾斜的角度，也都影响喷头的喷射高度和喷射距离。

喷头种类繁多，可根据不同的要求来选用，下面介绍几种常用的喷头。

① 直射喷头，如图 9.3 所示，水流沿筒形或渐缩形喷嘴直接喷出，形成较长水柱，是喷头的基本形式。其构造简单，造价低廉。如果制成球形铰接，可以调节喷射角度。

② 散射式（牵牛花喷头）：水流在喷头内由于离心作用或导叶的旋转作用而喷出，散射成倒立圆锥形或牵牛花形。有时也用于工业冷却水水池中，如图 9.4(a) 和(b)；也可利用挡板或导流板，使水散射成倒圆锥形或蘑菇形，如图 9.4(c) 所示。

③ 掺气喷头：利用喷头喷水造成的负压，吸入大量空气或使喷出水流掺气，体积增大，形成乳白色粗大水柱，非常壮观，景观效果很好，也是常用的一种喷头，如图 9.5 所示。

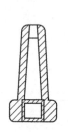 

图 9.3　直射喷头图

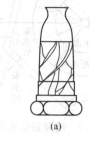  

(a)　　　(b)　　　(c)

图 9.4　散射喷头

④ 缝隙式喷头：喷水口制成条形缝隙，可喷出扇形水膜，如图 9.6(a)；或使水流折射而成扇形，如图 9.6(b)；如制成环形缝隙则可喷成空心圆柱，使用较小水量造成壮观的粗大水柱，如图 9.6(c)。

　　⑤ 组合式喷头：用几种喷头或同一种多个喷头构成一种组合喷头，可以喷出极其壮观的水流图案。这种组合的喷头种类繁多。图 9.7(a) 所示为直射与散射组合成百合花形喷头；图 9.7(b) 所示为用不同角度的直射喷头，组成指形或扇形水柱；图 9.7(c) 中，环形管上装设多个直射喷头，如使喷头装设的角度不同，可以形成各种形状的水柱图案；图 9.7(d) 中，在空心体或半球体上装设多个小型直射式喷头，组成蒲公英花式组合喷头，可形成球形或半球形花式等。总之，可以根据设计需要，进行多种组合。

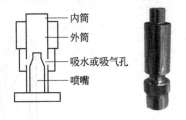

图 9.5　掺气喷头

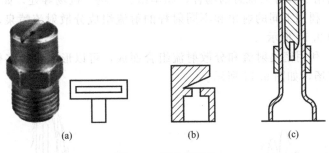

(a)　　　(b)　　　(c)

图 9.6　缝隙式喷头

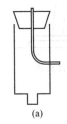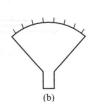

(a)　　　(b)　　　(c)　　　(d)

图 9.7　组合喷头

　　除此以外，常用喷头还有涌泉喷头、玉柱喷头、半球形喷头、蒲公英喷头、集流直射喷头、旋转喷头、水雾喷头等。

　　喷头选择应根据喷泉水景的造型确定，为保证喷泉的喷水效果，首先必须保证喷头的质量要求。喷头材质应不易锈蚀、经久耐用、易于加工的材料，常用青铜、黄铜、不锈钢等金属材料。小型喷头也可选用塑料、尼龙制品。为保持水柱形状，喷头加工制作必须精密，表面采用抛光或磨光，各式喷头均需符合水力学要求。具体选择何种喷头应根据喷泉水景的造型确定，流量与扬程计算按厂家给出的产品性能参数确定。

　　(8) 喷泉造型

　　运用基本射流，可以设计出多种优美的喷泉造型。设计射流的形式、喷射高度、喷水池平面形状等方案时，应仔细考虑喷泉所处的位置、地形、周围建筑以及所要形成的气氛，必须使喷泉与建筑协调，增加建筑的美感，使人们在观赏时可以得到美的享受。

　　① 单股射流　由一股垂直上射的水柱形成，水柱高度视需要而定，可由几米到几十米，甚至可达百余米。瑞士著名的莱蒙湖独股喷泉，水柱高达 140 余米，可谓奇观。小型单股射流可设置于庭院或其他地方，设备简单，装设方便，在不大的范围内形成较好的景观效果，如图 9.8 所示。

　　② 密集射流　是由多个单股射流组成不同高度的密集射流，形成较大型的几何图形，

图 9.8 单股射流

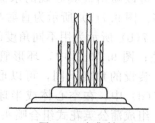

图 9.9 密集射流

形式甚为壮观，适用于具有大视野的场合，如车站、广场、机场等处，如图 9.9 所示。

③ 分散射流　利用不同的射角和不同射程的射流组成分散射流喷泉，常用于公共建筑物的广场上，如图 9.10 所示。

④ 组合射流　利用密集射流和分散射流组合而成，可以形成多种多样的美丽图形，适用于大型建筑前广场，如图 9.11 所示。

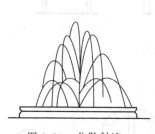

图 9.10　分散射流

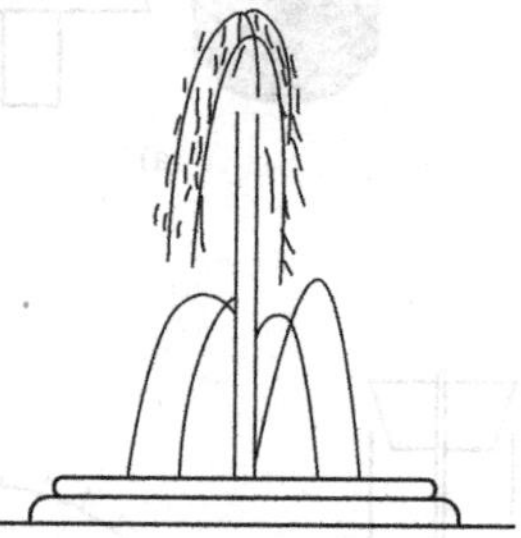

图 9.11　组合射流

9.1.3.2　系统计算

（1）喷泉水力计算步骤

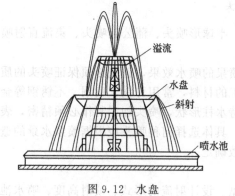

图 9.12　水盘

① 根据总体规划选择水景形式。

② 各种型号规格喷头前的水压与出流量，喷水高度和射程之间的关系，均由试验获得，可参照各专业公司提供的资料选择喷头形式、射流高度、喷射半径、射流轨迹、喷头流量和喷头所需的水压，确定喷头数量。

③ 计算管道系统的管径、循环流量、管道阻力，选择循环水泵。

④ 计算并确定循环水泵房的工艺尺寸。

（2）跌流水力计算

水幕、叠流、喷泉水池中的水盘，水溢流流出，形成多种塔形水柱，如图 9.12 所示。

① 周边溢流水量计算

a. 周边均匀溢流可按环形堰进行估算。

$$q = \pi Dm \sqrt{2g}\, H^{3/2} \tag{9.1}$$

式中　q——堰流量，m^3/s；

　　　m——流量系数，取值见表 9.1；

H——堰前水头，m；

D——水盘直径，m。

表 9.1　流量系数

堰口形式	直角	45°角	圆角	斜坡 80°～120°
m 值	320	360	360	340～380

　　b. 周边分段流出可用各种水堰式计算。

　　ⓐ 三角堰（见图 9.13）

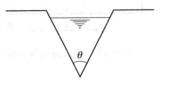

$$q = AH^{5/2} \qquad\qquad (9.2)$$

式中　q——三角堰流量，L/s；

　　　A——与堰口夹角 θ 有关的流量系数，取值见表 9.2；

　　　H——堰前水头，m。

图 9.13　三角堰

表 9.2　A 值与 θ 值的关系

θ	30	40	45	50	60	70	80	90	100	110	120	130	140	150	160	170
A	380	516	587	666	818	992	1189	1417	1689	2024	2455	3039	3894	5289	8637	16198

　　ⓑ 矩形堰

$$q = AH^{3/2} \qquad\qquad (9.3)$$

式中　q——矩形堰流量，L/s；

　　　A——与堰口宽度 b 有关的流量系数，取值见表 9.3；

　　　H——堰前水头，m。

表 9.3　A 值与 b 值的关系

b/m	0.05	0.10	0.15	0.20	0.25	0.30	0.35	0.40	0.45	0.50	0.55	0.60	0.70
A	99.6	199.5	298.9	398.6	498.2	597.0	697.5	797.2	896.8	996.5	1096.1	1195.7	1395.0

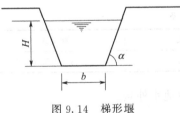

图 9.14　梯形堰

　　ⓒ 梯形堰（见图 9.14）

$$q = A_1 H^{3/2} + A_2 H^{5/2} \qquad (9.4)$$

式中　q——梯形堰流量，L/s；

　　　A_1——与堰口宽度 b 有关的系数，取值见表 9.4；

　　　A_2——与堰口坡角 α 有关的系数，取值见表 9.5；

　　　H——堰前水头，m。

表 9.4　梯形堰 A₁值

b/m	0.05	0.10	0.15	0.20	0.25	0.30	0.35	0.40	0.45	0.50	0.55	0.60	0.70
A_1	66.4	132.9	199.3	265.7	332.2	398.6	465.0	531.4	597.9	664.3	730.7	797.2	930.9

表 9.5　梯形堰 A₂值

α	5	10	15	20	25	30	35	40	45	50	55	60	65	70
A_2	16199	8037	5289	3894	3039	2454	2024	1689	1417	1189	992	818	661	516

　　② 孔口及管嘴射流计算　在水盘的水面下，做成孔口或管嘴，在盘中水位的作用下，喷洒各种形式和不同角度的水柱，形成独特的景色。如图 9.12 中下部大水盘的孔口射流

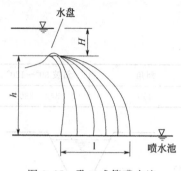

图 9.15　孔口或管嘴出流

情况。

水盘的孔口及管嘴（见图 9.15）的计算，可应用公式 $q=\mu F\sqrt{2gh}$（μ 为流量系数），管嘴水平喷射时，其水平喷射距离可按式（9.5）计算。

$$l=2\phi\sqrt{H+h} \qquad (9.5)$$

式中　l——水平喷射距离，m；

ϕ——流速系数，视孔口形式而不同，按表 9.6 采用；

H——作用水头，m；

h——孔口距水池水面高度，m。

表 9.6　孔口或管嘴的 ϕ 值

孔口或管嘴类型	薄壁孔口	外管嘴	内管嘴	收缩形管嘴	扩张形管嘴
ϕ	0.97	0.61~0.82	0.71~0.97	0.96	0.45~0.50

9.1.4　水景配套设施设计与计算

9.1.4.1　水池计算

（1）水池平面尺寸

在设计风速下，水滴应不致被风吹到池外。水滴在风力作用下的飘移距离可用式（9.6）计算。

$$L=0.03\times\frac{HV^2}{d} \qquad (9.6)$$

式中　L——水滴飘移距离，m；

H——水滴最大降落高度，m；

V——设计风速，m/s；

d——水滴计算直径，mm，与喷头形式有关，参考表 9.7。

表 9.7　各种喷头喷洒水滴的直径

喷头形式	螺旋式	碰撞式	直流式
水滴直径/mm	0.25~0.50	0.25~0.50	3.0~5.0

喷泉水池的实际尺寸宜比计算值增大 1m 以上，以减少池水外溅。

（2）水池深度

喷泉水池不作其他用途时，池水深度不小于 0.5m，水面超高不小于 0.25m。如有其他用途时，还应满足其他用途要求。水池底部应有不小于 0.01 的坡度，坡向排水口或集水坑。

9.1.4.2　排水设备计算

（1）溢流水量计算

为使水池中水位保持一定高度、进行表面排污和维持水面清洁，池中应设溢流口。如用漏斗式溢流口，溢流口溢流水量可用式（9.7）进行计算。

$$q=\mu F\sqrt{2gh} \qquad (9.7)$$

式中　q——溢流水量，m³/s；

μ——流量系数，可取 0.49；

F——过水断面面积，m²；

h ——口上水深，m。

溢流口宜设在不影响美观且便于清除积污和疏通管道之处；口上设置格栅以防浮物堵塞管道，格栅的间隙应不大于排水管径的 1/4；大型池如设一个溢流口不能满足要求时，可设多个，均匀布置在池中或周边处。

（2）泄水量计算

为便于水池和管道的维护及放空，池中需设泄水装置，泄水量的计算可用式（9.8）。

$$T = 0.26 \frac{F}{d^2} \sqrt{H} \qquad (9.8)$$

式中　T ——泄空时间，h；

F ——水池面积，m^2；

d ——泄水口直径，mm；

H ——开始泄水时水深，m。

泄水口上设置格栅，泄水管上设置闸阀，采用循环供水系统时，泄水口可兼作水泵吸水口，利用水泵排空。

9.1.4.3　喷泉的水量损失和补充水量

喷泉在运行中会损失部分水量，必须进行补充，以维持正常工作。

（1）水量损失计算

水量的损失包括风吹、溢流、排污、蒸发和渗漏等。一般可按循环流量或水池容量的百分数计算，其值可参照表 9.8。

表 9.8　水量损失　　　　　　　　　　　　　　　单位：%

水景形式	占循环流量的比例		溢流排污损失占池水容积的比例	水景形式	占循环流量的比例		溢流排污损失占池水容积的比例
	风吹损失	蒸发损失			风吹损失	蒸发损失	
喷泉、水膜、孔流等	0.5～1.5	0.4～0.6	3～5	瀑布、水幕、涌泉等	0.3～12.0	0.2	3～5
水雾	1.5～3.5	0.6～0.8	3～5	镜湖、珠泉等	—	—	2～4

（2）补充水量

补充水量除满足最大损失水量外，还要满足运行前的充水要求。充水时间一般可按24～48h 考虑。

对非循环的镜池等静水面，从卫生和美观考虑，每月宜换水 1～2 次，或按表 9.8 的损失水量不断补充新水。

9.1.4.4　喷泉控制方式

（1）手动控制方式

在水景设备运行后，喷水姿态固定不变，一般只需设置必要的手动调节阀，待喷水姿态调节满意后就不再变换。

（2）时间继电器控制方式

设置多台水泵或用电磁阀、气动阀、电动阀等控制各组喷头，利用时间继电器控制水泵、电磁阀、气动阀或电动阀的开关，从而实现各组喷头的姿态变换。照明灯具的色彩和照度也可同样实现变换。

（3）音响控制方式

在各组喷头的给水干管上设置电磁阀或电动调节阀，将各种音响的频率高低或声音的强弱转换成电信号，控制电磁阀的开关或电动调节阀的开启度，从而实现喷水姿态的变换。

简易音响控制法：在一个磁带上同时录上音乐信号和控制信号。为使音乐与水姿同步变化，应根据管道布置情况，使控制信号超前音乐信号一定的时间。在播放音乐的同时，控制信号转换成电气信号，控制和调节电磁阀的开关、电动调节阀的开启度、水泵的转速等，从而达到变换吸水姿态的目的。

间接音响控制法：利用同步调节装置控制音响系统和喷水、照明系统协调运行。音响系统可采用磁带放音，喷水和照明系统采用程序带、逻辑回路和控制装置进行调节和控制。

直接音响控制法：直接音响控制法是利用各种外部声源，经声波转换器变换成电信号，再经同步装置协调后控制喷水和照明的变换运行。

（4）混合控制法

对于大、中型水景，让一部分喷头的喷水姿态和照明灯具的色彩和强度固定不变，而将其他喷头和灯具分成若干组，使用时间继电器使各组喷头和灯具按一定时间间隔轮流喷水和照明，在任意一组喷头和灯具工作时，再利用音响控制喷水姿态、照明的色彩和强度的变换。这样就可使喷水随着音乐的旋律而舞动，使照明随着音乐的旋律而变换，形成变化万千的水景姿态。

9.2 游泳池给水排水设计

9.2.1 游泳池类型与规格

游泳池的大小一般无具体规定，平面形状也不一定是矩形，实际设计中可采用不规则的形状，或加入一些弧线形。游泳池的平面尺寸和水深参见表9.9。

表 9.9 游泳池的平面尺寸和水深 单位：m

游泳池类别	最浅端水深	最深端水深	池长度	池宽度	备注
比赛游泳池	1.8~2.0	2.0~2.2	50	21,25	
水球游泳池	≥2.0	≥2.0			
花样游泳池	≥3.0	≥3.0		21,25	
训练游泳池					
运动员用	1.4~1.6	1.6~1.8	50	21,25	
成人用	1.2~1.4	1.4~1.6	50,33.3	21,25	含大学生
中学生用	≤1.2	≤1.4	50,33.3	21,25	
公用游泳池	1.8~2.0	2.0~2.2	50,25	25,21,12.5,10	
儿童游泳池	0.6~0.8	1.0~1.2	平面形状和尺寸视具体情况而定		含小学生
幼儿嬉水池	0.3~0.4	0.4~0.6			
	跳板(台)高度	水深			
	0.5	≥1.8	12	12	
	1.0	≥3.0	17	17	
跳水游泳池	3.0	≥3.5	21	21	
	5.0	≥3.8	21	21	
	7.5	≥4.5	25	21,25	
	10.0	≥5.0	25	21,25	

9.2.2 水质和水温

（1）水质

游泳池内的水质应符合《生活饮用水卫生标准》的要求，人工游泳池水质卫生标准详见表 9.10。

表 9.10　人工游泳池水质卫生标准

序号	项目	标准	序号	项目	标准
1	水温	22～26℃	5	余氧	游离余氯:0.3～0.5mg/L
2	pH 值	6.5～8.5	6	细菌总数	每毫升不超过 1000 个
3	浑浊度	≤5NTU	7	总大肠菌群	每升不得超过 18 个
4	尿素	≤3.5mg/L	8	有害物质	参照相关标准执行

(2) 水温

游泳池内的水温，室内以 25～29℃为宜，儿童池为 28～30℃；有加热装置的露天游泳池采用 26～28℃，无加热装置时为 22～23℃。

9.2.3　给水系统

按节约用水的原则，应采用循环净化给水系统，而不应采用直流式供水系统。游泳池初次充水时间一般可用 24～48h，如条件允许，宜缩短充水时间。

游泳池的初次充水，以及使用过程中的补充水，应经补给水箱供水，以防止污染自来水水源，并控制游泳池的进水量。补充水的计算，应包括池面的蒸发损失、游泳者进出水池时带走的池水和过滤设备反冲洗时排掉的冲洗水，补充水量见表 9.11。

表 9.11　游泳池的补充水量

序号	游泳池类型	每日补水量占池水容积百分数
1	比赛池、训练池、跳水池	室内池 3～5 室外池 5～10
2	公共游泳池、游乐池	室内池 5～10 室外池 10～15
3	儿童池、幼儿戏水池	室内池≥15 室外池≥20
4	按摩池	专用池 8～10 公用池 10～15
5	家庭游泳池	室内池 3 室外池 5

补给水箱的设置要求如下。

① 补给水箱水面与游泳池溢流水面具有大约 100mm 的高差。

② 水箱容积不必太大，但水箱的进水量宜大，且应靠近游泳池设置。

③ 进水管可设两个进水浮球阀，或一个低噪声的液压式进水阀。进水间出口应高于游泳池溢流水位 100mm 以上，以防止水回流造成污染。

④ 对游泳池连通管的直径，除了考虑初次充水的流量外，还应考虑补水时的阻力损失。连通管不必设阀门。

⑤ 补给水箱的材料，可以和生活贮水池（箱）相同，若采用钢筋混凝土或砖砌体作箱体时，池壁及池底应铺砌白瓷片；采用金属结构时，可用不锈钢焊接，也可用玻璃钢水箱，不可采用碳钢涂防腐油漆的水箱。

9.2.4　循环水系统

游泳池的循环方式有顺流循环、逆流循环、混合循环三种，分别见图 9.16(a)、(b)、(c)。

顺流循环的全部循环水量从游泳池的两端壁或两侧壁上部进水（也可采用四壁进水），由深水处的底部回水。底部回水口可与排污口合用。此方式能满足配水均匀、防止出现死水区的要求。设计时应注意进水口均匀布置，且各进水口与回水口的距离大致相同，以防止短

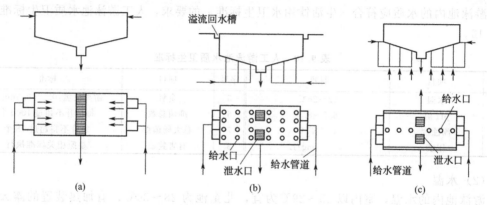

图 9.16 游泳池水流循环方式

流或形成死水区。

逆流循环方式在池底均匀布置给水口，循环水从池底向上供给，周边溢流回水。这种方式配水较均匀，底部沉积物较少，有利于排除表面污物；但基建投资费用较高。

混合循环方式从池底和两端进水，两侧溢流回水。

（1）循环周期

游泳池水池水的循环周期见表 9.12，使用人数多可采用较短的循环周期；反之，则采用较长的循环周期。

表 9.12 游泳池池水循环周期　　　　　　单位：h

比赛池训练池	跳水池	俱乐部、宾馆内游泳池	公共游泳池	儿童池	儿童戏水池	公用按摩池	专用按摩池	家庭游泳池
4～6	8～10	6～8	4～6	2～4	1～2	0.3～0.5	0.5～1	8～10

（2）循环流量

循环流量可按式（9.9）计算。

$$q = \alpha V / T \tag{9.9}$$

式中　q——循环流量，m^3/h；

　　　α——管道和过滤设备水容积附加系数，一般为 1.05～1.1；

　　　V——游泳池池水容积，m^3；

　　　T——循环周期，h。

（3）循环水泵

循环水泵可用单级离心水泵，一台工作，一台备用。所选水泵流量既要满足循环流量的需要，也要满足反冲洗时水量的需要。当反冲洗水量比循环流量大很多时，可将两台泵同时启动作反冲洗之用。

水泵的扬程等于循环水系统管道和设备的最大阻力，以及水泵吸水池水面与游泳池水面高差之和。当水泵直接从游泳池吸水而形成闭路循环时，则不存在水面差问题。水泵吸水管内的水流速度宜采用 1.0～1.5m/s；水泵出水管内的水流速度宜采用 1.5～2.5m/s；水泵进水管和出水管上，应分别设置压力真空表和压力表。

室内游泳池管道与水泵进出口阀门的连接处，应设可曲挠橡胶软接头，以防止水泵运行时的噪声通过管道传至建筑物的结构上，影响周围房间的安静。

（4）循环管道

循环给水管内的水流速度不宜超过 2.5m/s；循环回水管内的水流速度宜采用 0.7～

1.0m/s。管道材料多采用塑料给水管，有特别要求时，也可选用铜管和不锈钢管。管道耐压应满足水泵扬程的要求（一般水泵扬程是 20～30m）。由于塑料的线膨胀系数大于钢管，管道位置设计时必须考虑其可以伸缩而不致损坏。当池水需要加热时，尤其要注意此问题。

循环管道宜敷设在沿池子周边的管廊内或管沟内，管廊、管沟应留人孔及吊装孔；沿池子周边埋地敷设的循环管道，当为碳钢管道时，管外壁应采取防腐措施；当为非金属管道时，应有保证管道不被压坏的防护措施。

9.2.5　水质净化与消毒

（1）预净化

当游泳池的水进入循环系统时，应先进行预净化处理，以防止水中夹带颗粒状物、泳者遗留下的毛发及纤维物体进入水泵及过滤器。否则，既会损坏水泵叶轮又影响滤层的正常工作。所以，在循环回水进入水泵之前、吸水管阀门之后，必须设置毛发聚集器。

毛发聚集器的原理与给水管道上的 Y 形过滤器相同，但因聚集器的过滤筒必须经常取出清洗，因此取出滤筒处的压盖不要采用法兰盘连接，而应采用快开式的压盖，否则每次清扫需要较长时间。

毛发聚集器一般用铸铁制造，其内壁应衬有防腐层，也有用不锈钢制造的，防腐性能较佳。过滤筒应用不锈钢或紫铜制造，滤孔直径宜采用 3mm。

目前，国内生产的快开式毛发聚集器有 $DN100$、$DN150$、$DN200$、$DN250$ 等规格，当流量超过单个设备的过水能力时可并联使用。

（2）过滤

过滤是游泳池水净化工艺的主要部分。过滤可将水中的微小颗粒、悬浮物及部分微生物截留于滤层之外，从而降低水的浑浊度。过滤一般采用压力过滤器，其过滤效率高、操作简便且占用建筑面积少。专为游泳池设计的压力过滤器外壳和内件均用不锈钢制造，过滤器直径分别为 600mm 和 800mm，滤速约 40mm/h，最高处理水量可达 $15～25m^3/h$。

单层滤料一般采用石英砂；双层滤料上层为无烟煤，下层为石英砂；三层滤料上层为沸石、中层为活性炭，下层为石英砂。过滤器经一段时间运行后，滤层积聚了污物，使过滤阻力加大而滤速降低，此时应对滤料进行反冲洗。反冲洗水源可利用游泳池的贮水而不必另设贮水池。

（3）加药及其装置

水进入过滤器前，应投加混凝剂，使水中的微小污物吸附在絮凝体上，以提高过滤的效果。滤后水回流入池前，应投加消毒剂消灭水中的细菌。同时，为使进入泳池的滤后水 pH 值保持在 6.5～8.5 之间，需投药调节 pH 值。

混凝剂一般宜用精制硫酸铝、明矾或三氯化铁等，投加量随水质及水温、气温而变化，一般投加量为 5～10mg/L，实际运行中可经检验而确定其最佳投入量。pH 值调整剂一般可用碳酸钠、碳酸氢钠或盐酸，投加量为 3～5mg/L，具体应根据池水的酸碱度而调整投药量。为防止藻类生长，可投加 1～5mg/L 硫酸铜。

投药方式应采用电动计量泵，其优点是能够进行定时、定量投加，当需要变更投药量时，可按需调整，使用方便。投药应用耐腐蚀的塑料给水管，或夹钢丝的透明软塑料管作为投药管。投药容器应耐腐蚀，并装有搅拌器。

（4）消毒

游泳池池水常用的消毒方法有氯消毒、紫外线消毒及臭氧消毒等，以氯消毒使用最多。

氯消毒应用于游泳池时，不要使用液氯，因氯有气味并对游泳者的眼睛会产生一定的刺激作用。特别是液氯属危险物品，在运输及使用过程中，万一出现泄漏事故，会造成人员的伤亡。

目前使用的含氯消毒剂有氯片、漂粉精、二氧化氯及次氯酸钠溶液等。一般使用二氧化氯消毒器及次氯酸钠发生器产生二氧化氯及次氯酸钠溶液，也可直接向化工厂购买其成品溶液直接使用。固体状的消毒剂应调配成溶液后湿式投加。

投氯量应满足消灭水中细菌的需要，一般夏季用量为 5mg/L、冬季用量为 2mg/L，使游离余氯量为 0.4～0.6mg/L、化合性余氯为 1.0mg/L 以上，并定期取水样化验，调整投加量。投加方法采用电动计量泵。

紫外线消毒和臭氧消毒是有效的杀菌消毒方法，但成本较高，而且无持续的杀菌效果，不能消灭游泳者带入的细菌，故用于游泳池的水消毒有其局限性。采用这两种方法消毒游泳池水后，还要辅以氯消毒，以达到水质卫生标准中的余氯量。

9.2.6 水的加热

设计标准较高的室内游泳池，应考虑对游泳池水加温，以适应冬季时使用。

当有蒸汽供应时，可采用汽-水快速热交换器，水从加热管的管内通过，蒸汽从管间通过，不宜采用直接汽水混合的方式。需要独立设置发热设备为游泳池水加热，或与热水系统合用发热设备时，宜用低压热水进行水的热交换。

池水加热时，可在循环回水总管上串联加热器，把水升温之后再流入游泳池，即循环过滤与水加热一次完成。加热器应接旁通管，以备调节通过加热器的流量，以及夏季无需加热时，水由旁通管进入游泳池。串联加热器之后，循环水泵的扬程，应把加热器的阻力计算在内。

游泳池补充水加热所需的热量，按式（9.10）计算。

$$Q = c\rho q_b (t_r - t_b)/T \tag{9.10}$$

式中　Q——游泳池补充水加热所需的热量，kJ/h；

　　　c——水的比热容，$c = 4.1868 kJ/(kg \cdot ℃)$；

　　　ρ——水的密度，kg/L；

　　　q_b——游泳池每日的补充水量，L；

　　　t_r——游泳池水的温度，℃；

　　　t_b——游泳池补充水的水温，℃；

　　　T——加热时间，h。

9.2.7 系统布置

图 9.17 为游泳池系统布置示意。

9.2.8 附属装置

（1）进水口

顺流式的循环系统，其进水口设于池侧壁上，数量应满足循环流量的要求。为了使配水均匀不产生涡流和死水区，进水口直径一般为 40～50mm。进水端呈喇叭形，见图 9.18，水平间距为 2～3m。拐角处进水口与另一池壁的距离不宜大于 1.5m。因为最大水深不超过 1.5m，而回水量是在池底，故进水口设在水面下 0.5m 处，既可以防止余氯散失，也防止出现短流。进水口在壁面应设可调节水量的格栅，可使水流扩散均匀，又可调节各进水口的水量。

（2）回水口

回水口设于池底的最低处位置，并同时要考虑回水时水流均匀，不出现短流现象。其流量与进水量相同，但数量应比进水口少，故回水口及其连接管均比进水口大，并应以喇叭口与回水管连接。喇叭口应设隔栅盖板，栅条净距不大于 15mm，孔隙流速不大于 0.5m/s。

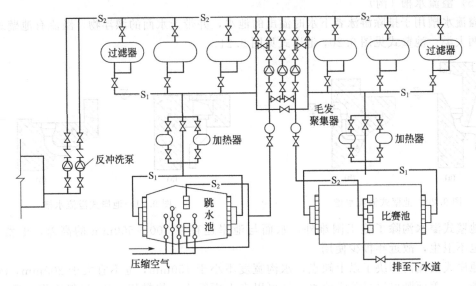

图 9.17　游泳池循环水处理系统示意

S_1—处理后的进水；S_2—未处理的排水

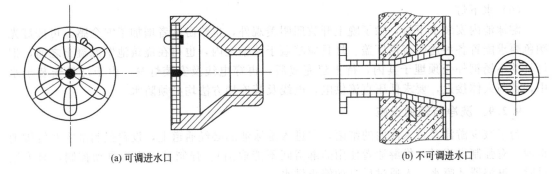

(a) 可调进水口 　　　　　　　　　　　　　(b) 不可调进水口

图 9.18　进水口形式

栅条用不锈钢制成，或用塑料管压注而成，应固定牢靠，参见图 9.19。

（3）泄水口

泄水口一般与回水口共用，在管道上设阀门控制游泳池水循环过滤或排放。

（4）吸污设备

游泳池使用后，池底会产生沉淀物，影响卫生，应在不排掉贮水的情况下能把污物吸出，一般将吸污口设在池壁水面下 0.4～0.5m 深处，视池面积的大小设一个或数个塑料制的吸污口。其位置及数量以能使吸污器到达池底任何部位为准。吸污口是装于池壁带内丝扣的接头，外丝扣用于接管通向排污泵，内丝扣平时旋上堵头。使用时，接上吸污器的软胶管，启动吸污泵后，用手柄往返推动吸污器，即可将污物吸出。吸污口的安装方法与进水口相同。吸污泵可单独设置，也可利用循环水泵代替。

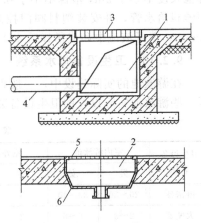

图 9.19　回水口形式

1—混凝土回水口；2—铸铁回水口；3—算子；
4—排水管；5—铸铁算子；6—铸铁外壳

（5）溢流水槽（沟）

溢流水槽用于排除游泳者下水时溢出的池水，并带走水面的漂浮物。溢流有池壁式和池岸式两大类。池壁式见图 9.20，池岸式见图 9.21。

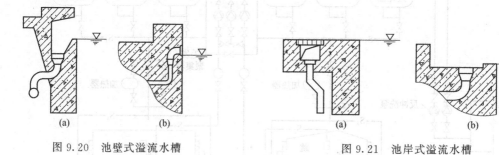

图 9.20　池壁式溢流水槽　　　　　　　　　图 9.21　池岸式溢流水槽

池壁式溢水沟除了施工困难外，水面与池岸还存在 300～500mm 的高差，浪费空间，沟壁也不卫生，故近年极少使用。

池岸式溢流沟解决了以上缺点，水沟宽度不小于 150mm，也不宜大于 200mm，沟面必须设栅盖，盖面既可以排除溢流水，又可以在上面行人。格栅用 ABS 塑料制作，栅面应有防滑措施。块状的塑料格栅仅能用于直线的溢水沟；条状拼装组合型的格栅，既能用于直线的水沟，也能随水沟的弧线而变化，使用灵活。

（6）水下灯

游泳池内安装水下灯，除了晚上开放照明美观外，也给游泳者增加了安全感。可按灯光颜色要求配置各种透明有色灯盖。灯具应暗藏于池壁之内，也可在浇筑池壁混凝土之前，把灯具的不锈钢外壳预埋于其内，待土建完成后，再穿电线及安装灯具。由于灯具安装于水中，且与人体接近，要求低压直流供电，电线及其连接方法均必须防水。

9.2.9　洗净与辅助设施

为了减少游泳者带入池内的细菌，在进入游泳池的必经通道上，设置强制淋浴及浸脚消毒池（有强制淋浴时，供游泳者使用的淋浴间不能取消）。强制淋浴应为自动控制，有人通过时，淋浴器才喷水，人通过后自动停止供水。

浸脚消毒池应设于强制淋浴之后，且有一定距离，防止淋浴水溅入而使消毒液稀释。消毒池长度不小于 2m，液深不小于 0.15m，消毒液余氯量不低于 10mg/L。消毒液的排放管应用塑料给水管，并安装塑料阀门控制。为防止管道被杂物或泥砂堵塞，公称管径不宜小于 80mm。消毒液应中和或稀释后才能排入市政排水管网。

9.2.10　卫生设备排水系统

在游泳池的实际建设中，一般根据池水总表面积确定其卫生设备的数量，表 9.13 为我国一些游泳池实际设置的卫生设备数量统计数据。

表 9.13　卫生设备设置数量　　　　　　　　　　　单位：个/(1000m² 水面)

卫生设备名称	室内游泳池		室外游泳池		卫生设备名称	室内游泳池		室外游泳池	
	男	女	男	女		男	女	男	女
淋浴器	20～30	30～40	3	3	小便器	4～6			4
大便器	2～3	6～8	2	4					

游泳池设于首层或楼层之上者，排放池水时应首先考虑重力排水；不能重力排放时应尽量利用循环水泵作泄水之用。

室外的雨水，不应流向游泳池的溢水沟，以免雨量大时可能有少量雨水流入而污染游泳池。池岸周边应设雨水排水口及龙头，以备清洗溢水沟格栅及池岸之用。清洗水和雨水可合流入城市排水系统中。

复习思考题

1. 水景按照水流形态不同可分为哪几种？
2. 喷泉的控制方式有哪几种？
3. 游泳池的循环方式有哪几种？各有什么特点？
4. 游泳池池水常用的消毒方法有哪些？
5. 游泳池的附属装置有哪些？
6. 游泳池为什么要设置洗净设施？洗净设施一般有哪些？

液体的体。不起消解问题的造污水，仅仅供应生活用水或生产用水，多数水质以较低标准，如使用城市自来水作水源，可能把水资源的合理化，以达到水使用和储水功能。

第 10 章　居住小区给水排水系统

【知识目标】

- 了解居住小区给水排水特点。
- 熟悉居住小区给水排水管道的组成。
- 理解居住小区给水排水管道设计计算方法。
- 熟悉居住小区给水加压泵站及设施。
- 熟悉居住小区污水排放要求及水处理技术。

【能力目标】

- 能进行居住小区给水排水管道综合布置。
- 能进行小区给水加压泵站或污水提升泵站的运行操作和管理。

居住小区是指含有教育、医疗、文体、经济、商业服务及其他公共建筑的城镇居民住宅建筑区。居住小区，一般称小区，是被城市道路或自然分界线所围合，并与居住人口规模（10000～15000 人）相对应，配建有一套能满足该区居民基本的物质与文化生活所需的公共服务设施的居住生活聚居地。

（1）居住组团

最基本的构成单元，占地面积小于 $10×10^4 m^2$，居住 300～800 户，居住人口在 1000～3000 人。

（2）居住小区

由若干个居住组团构成，占地面积在 $(10～20)×10^4 m^2$ 之间，居住 3000～5000 户，居住人口 10000～15000 人。

（3）城市居住区

由若干个居住小区组成，居住 10000～15000 户，居住人口 30000～50000 人。

《建筑给水排设计》中只使用了"居住小区"这一术语，它包含了 15000 人以下的居住小区或居住组团。《城镇居住区规划设计规范》《建筑给水排水设计规范》将 1、2 类统称为居住小区，大于 15000 的城市居住区适用《室外给水设计规范》和《室外排水设计规范》。

居住小区的给水排水有其自身的特点，其给水排水工程设计，既不同于建筑给水排水工程设计，也有别于室外城市给水排水工程设计。

包括以下几项。

① 给水工程，含给水水源、给水净化、给水管网、小区消防给水、其他公共给水。

② 排水工程，含污水管网，废水管网、雨水管网和小区污水处理。

③ 中水工程，用中水来冲洗便器、浇绿化、浇洒道路和洗车。

居住小区中的给水排水工程，是指小区内部的室外给水排水管道工程，是在室内给排水管道和室外市政给排水管道之间起衔接作用的室外管道工程，是一项重要的住宅配套工作。居住小区给水排水管道，是建筑给水排水管道和市政给水排水管道的过渡管段，其水量、水质特征及其变化规律与其服务范围、地域特征有关。小区给水、排水设计流量与建筑内部和室外城市给水、排水设计流量计算方法均不相同。

10.1 居住小区给水系统

居住小区给水系统的任务是从城镇给水管网（或自备水源）取水，按各建筑物对水量、水压、水质的要求，将水输送并分配到各建筑物给水引入点处；同时满足用水系统的安全可靠和节水，并不受污染。小区给水系统设计应综合利用各种资源，宜实行分质供水，充分利用再生水、雨水等非传统水源；优先采用循环和重复利用给水系统。

10.1.1 居住小区给水系统水源

小区的室外给水系统，其水量应满足小区内全部用水的要求，其水压应满足最不利配水点的水压要求。应尽量利用城镇给水管网的水压直接供水。当城镇给水管网的水压、水量不足时，应设置贮水调节和加压装置。小区的加压给水系统，应根据小区的规模、建筑高度和建筑物的分布等因素确定加压站的数量、规模和水压。

10.1.2 居住小区给水系统供水方式

小区的室外给水系统，其水量应满足小区内全部用水的要求，其水压应满足最不利配水点的要求。小区给水系统主要由进入小区主水表以后的管道、阀门井、进建筑物之前的水表井、排气泄水井、室外消火栓等组成。居住小区供水既可以是生活和消防合用一个给水系统，也可以是生活给水系统和消防给水系统各自独立。设计居住小区给水系统时，应该充分利用市政给水管网供水水压，以节省居住小区供水动力费用。

（1）直接给水方式

直接供水方式就是利用城市市政给水管网的水压直接向用户供水。多层建筑的居住小区，当城镇管网的水压和水量能满足居住小区用水要求时，尽量采用直接供水方式。小区室外给水管网中不设升压和贮存设备。

（2）调蓄增压供水方式

当城镇市政管网的水压和水量不足，不能满足居住小区内大多数建筑用水要求时，应集中设置贮水调节设施和加压装置，有以下三种情况：①小区室外管网中仅设升压设备，由水泵直接从市政给水管网或吸水井抽水供至各用水点，适用于市政管网水量充足的情况；②小区仅设水塔；③小区设升压、贮水设备。

（3）分压供水方式

多层和高层建筑混合的小区，应采用分压供水方式，以节省动力消耗。

（4）分质给水方式

严重缺水地区可采用生活饮用水和中水的分质供水方式。

居住小区的加压给水系统，应根据小区的规模、建筑高度和建筑物的分布等因素确定加压站的数量、规模、水压以及水压分区。当居住小区内所有建筑的高度和所需水压都相近时，整个小区可集中设置共用一套加压给水系统。当居住小区内只有一幢高层建筑或幢数不多且各幢所需压力相差很大时，每一幢建筑物宜单独设调蓄增压设施。当居住小区内若干幢建筑的高度和所需水压相近，且布置集中时，调蓄增压设施可以分片集中设置，条件相近几幢建筑物共用一套调蓄增压设施。

10.1.3 居住小区给水管道系统布置

（1）给水管道的布置

居住小区给水管道有小区干管、小区支管和接户管三类，在布置小区给水管网时，管网的布置形式有枝状管网和环状管网两种。

布置顺序：干管-支管-接户管，管网宜布置成环网（干管）。

接户管：布置在建筑物周围，直接与建筑物引入管相接的给水管道。

给水支管：布置在居住组团内道路下与接户管相接的给水管道。

给水干管：布置在小区道路或城市道路下与小区支管相接的管道。

小区的室外给水管网，宜布置成环状网，或与城镇给水管连接成环状网。环状给水管网与城镇给水管的连接管不宜少于两条。

给水干管布置原则：宜沿用水量最大的地段布置，即以最短的距离向用水大户供水。给水支管与接户管布置：一般为枝状。居住小区室外给水管道，应沿区内道路平行于建筑物敷设，宜敷设在人行道、慢车道或草地下；管道外壁距建筑物外墙的净距不宜小于 1.0m，且不得影响建筑物的基础。给水管道与建筑物基础的水平净距与管径有关，管径为 100～150mm 时，不宜小于 1.5m；管径为 50～75mm 时，不宜小于 1.0m。

室外给水管道与污水管道交叉时，给水管道应敷设在上面，且接口不应重叠；当给水管道敷设在下面时，应设置钢套管，钢套管的两端应采用防水材料封闭。

室外给水管道的覆土深度，应根据土壤冰冻深度、车辆荷载、管道材质及管道交叉等因素确定。管顶最小覆土深度不得小于土壤冰冻线以下 0.15m，行车道下的管线覆土深度不宜小于 0.70m。

敷设在室外综合管廊（沟）内的给水管道，宜在热水、热力管道下方，冷冻管和排水管的上方。给水管道与各种管道之间的净距，应满足安装操作的需要，且不宜小于 0.3m。与其他地下管线及乔木之间的最小水平、垂直净距见表 10.1。为了便于小区管网的调节和检修，应在与城市管网连接处的小区干管上，与小区给水干管连接处的小区给水支管上，与小区给水支管连接处的接户管上及环状管网需调节和检修处设置阀门。阀门应设在阀门井或阀门套筒内。

表 10.1 居住小区地下管线（构筑物）间的最小净距　　　　　　单位：m

种类	给水管		污水管		雨水管	
种类	水平	垂直	水平	垂直	水平	垂直
给水管	0.5～1.0	0.10～0.15	0.8～1.5	0.10～0.15	0.8～1.5	0.10～0.15
污水管	0.8～1.5	0.10～0.15	0.8～1.5	0.10～0.15	0.8～1.5	0.10～0.15
雨水管	0.8～1.5	0.10～0.15	0.8～1.5	0.10～0.15	0.8～1.5	0.10～0.15
低压燃气管	0.5～1.0	0.10～0.15	1.0	0.10～0.15	1.0	0.10～0.15
直埋式热水管	1.0	0.10～0.15	1.0	0.10～0.15	1.0	0.10～0.15
热力管沟	0.5～1.0	—	1.0		1.0	
乔木中心	1.0	—	1.5		1.5	
电力电缆	1.0	直埋 0.5 穿管 0.25	1.0	直埋 0.5 穿管 0.25	1.0	直埋 0.5 穿管 0.25
通信电缆	1.0	直埋 0.5 穿管 0.15	1.0	直埋 0.5 穿管 0.15	1.0	直埋 0.5 穿管 0.15
通信及照明电缆	0.5	—	1.0		1.0	

注：1. 净距指管外壁距离，管道交叉设套管时指套管外壁距离，直埋式热力管指保温管壳外壁距离。

　　2. 电力电缆在道路的东侧（南北方向的路）或南侧（东西方向的路）；通信电缆在道路的西侧或北侧。一般均在人行道下。

居住小区内城市消火栓保护不到的区域应设室外消火栓，设置数量和间距应按《建筑设计防火规范》和《消防给水及消火栓系统技术规范》执行。当居住小区绿地和道路需洒水时，可设洒水栓，其间距不宜大于 80m。

（2）消防水泵接合器与室外消火栓的布置

小区消防给水：多层建筑居住小区，7 层及 7 层以下建筑一般不设室内消防给水系统，由室外消火栓和消防车灭火，应采用生活和消防共用的给水系统。高层建筑居住小区，高层建筑必须设置室内、室外消火栓给水系统，采用生活和消防各自独立的供水系统。

当发生火灾时，消防车的水泵可迅速方便地通过该接合器的接口与建筑物内的消防设备相连接（图 10.1、图 10.2），并送水加压，从而使室内的消防设备得到充足的压力水源，用以扑灭不同楼层的火灾，有效地解决了建筑物发生火灾后，消防车灭火困难或因室内的消防设备因得不到充足的压力水源无法灭火的情况。

图 10.1　地下式水泵接合器

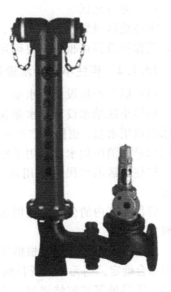

图 10.2　地上式水泵接合器

（3）室外消防给水管道的布置应符合下列规定

① 室外消防给水管网应布置成环状，当室外消防用水量小于等于 15L/s 时，可布置成枝状。

② 向环状管网输水的进水管不应少于 2 条，当其中 1 条发生故障时，其余的进水管应能满足消防用水总量的供给要求。

③ 环状管道应采用阀门分成若干独立段，每段内室外消火栓的数量不宜超过 5 个。

④ 室外消防给水管道的直径不应小于 DN100。

⑤ 室外消防给水管道设置的其他要求应符合现行国家标准《室外给水设计规范》（GB 50013）的有关规定。

（4）室外消火栓的布置应符合下列规定

① 室外消火栓应沿道路设置。当道路宽度大于 60m 时，宜在道路两边设置消火栓，并宜靠近十字路口。

② 室外消火栓的间距不应大于 120m。

③ 室外消火栓的保护半径不应大于 150m；在市政消火栓保护半径 150m 以内，当室外消防用水量小于等于 15L/s 时，可不设置室外消火栓。

④ 室外消火栓的数量应按其保护半径和室外消防用水量等综合计算确定，每个室外消火栓的用水量应按 $10\sim15L/s$ 计算；与保护对象的距离在 $5\sim40m$ 范围内的市政消火栓，可计入室外消火栓的数量内。

⑤ 室外消火栓宜采用地上式消火栓。地上式消火栓应有 1 个 $DN150$ 或 $DN100$ 和 2 个 $DN65$ 的栓口。采用室外地下式消火栓时，应有 $DN100$ 和 $DN65$ 的栓口各 1 个。寒冷地区设置的室外消火栓应有防冻措施。

⑥ 消火栓距路边不应大于 2m，距房屋外墙不宜小于 5m。

⑦ 工艺装置区内的消火栓应设置在工艺装置的周围，其间距不宜大于 60m。当工艺装置区宽度大于 120m 时，宜在该装置区内的道路边设置消火栓。

(5) 永久性固定标志

建筑的室外消火栓、阀门、消防水泵接合器等设置地点应设置相应的永久性固定标识。

(6) 寒冷地区

寒冷地区设置市政消火栓、室外消火栓确有困难的，可设置水鹤等为消防车加水的设施，其保护范围可根据需要确定。

10.1.4　居住小区给水设计流量

(1) 居住小区设计用水量

居住小区给水设计用水量包括居民生活用水量、公共建筑用水量、绿化用水量、水景、娱乐设施用水量、道路、广场用水量、公用设施用水量、未预见用水量及管网漏失水量、消防用水量。消防用水量仅用于校核管网计算，不计入正常用水量。

居住小区的居民生活用水量应按小区人口和规范中住宅最高日生活用水定额经计算确定。

居住小区内的公共建筑用水量，应按其使用性质、规模，并采用规范中的用水定额经计算确定。

绿化浇灌用水定额应根据气候条件、植物种类、土壤理化性状、浇灌方式和管理制度等因素综合确定。当无相关资料时，小区绿化浇灌用水定额可按浇灌面积 $1.0\sim3.0L/(m^2\cdot d)$ 计算，干旱地区可酌情增加。公共游泳池、水上游乐池和水景用水量可按规范确定。

小区道路、广场的浇洒用水定额可按浇洒面积 $2.0\sim3.0L/(m^2\cdot d)$ 计算。

小区消防用水量和水压及火灾延续时间，应按现行的国家标准《建筑设计防火规范》(GB 50016) 确定 (表 10.2)。

表 10.2　居住区同一时间内的火灾次数和一次灭火用水量

人数 N/万人	同一时间内的火灾次数/次	一次灭火用水量/(L/s)
$N\leqslant1$	1	10
$1<N\leqslant2.5$	1	15

居住小区内的公用设施用水量应由该设施的管理部门提供用水量计算参数，当无重大公用设施时，不另计用水量。

(2) 居住小区给水系统管道设计流量

我国现行《建筑给水排水设计规范》对居住小区给水管网设计流量的确定与计算有明确规定。

居住小区的室外给水管道的设计流量应根据管段服务人数、用水定额及卫生器具设置标准等因素确定，并应符合下列规定。

① 服务人数小于等于表 10.3 中数值的室外给水管段，住宅应按设计秒流量计算管段流量。居住小区内配套的文体、餐饮娱乐、商铺及市场等设施应按相应建筑的设计秒流量计算节点流量。

表 10.3　居住小区室外给水管道设计流量计算人数

每户 N_g	3	4	5	6	7	8	9	10
350	10200	9600	8900	8200	7600	—		
400	9100	8700	8100	7600	7100	6650		—
450	8200	7900	7500	7100	6650	6250	5900	—
500	7400	7200	6900	6600	6250	5900	5600	5350
550	6700	6700	6400	6200	5900	5600	5350	5100
600	6100	6100	6000	5800	5550	5300	5050	4850
650	5600	5700	5600	5400	5250	5000	4800	4650
700	5200	5300	5200	5100	4950	4800	4600	4450

② 服务人数大于表 10.3 中数值的给水干管，住宅应按最大时用水量作为管段流量。居住小区内配套的文体、餐饮娱乐、商铺及市场等设施的生活给水设计流量，应按相应建筑物的最大时用水量为节点流量。

③ 居住小区内配套的文教、医疗保健、社区管理等设施，以及绿化和景观用水、道路及广场洒水、公共设施用水等，均以平均时用水量计算节点流量。

【注】凡不属于小区配套的公共建筑均应另计。(一般是单独系统，收费及管理单列)

小区的给水引入管的设计流量，应符合下列要求。

① 小区给水引入管的设计流量应按《建筑给水排水设计规范》第 3.6.1、3.6.1A 条的规定计算，并应考虑未预计水量和管网漏失量。

② 不少于两条引入管的小区室外环状给水管网，当其中一条发生故障时，其余的引入管应能保证不小于 70% 的流量（室外给水规范）。

③ 当小区室外给水管网为支状布置时，小区引入管的管径不应小于室外给水干管的管径。

④ 小区环状管道宜管径相同。

居住小区的室外生活、消防合用给水管道，应按规范规定计算设计流量（淋浴用水量可按 15% 计算，绿化、道路及广场浇洒用水可不计算在内），再叠加区内一次火灾的最大消防流量（有消防贮水和专用消防管道供水的部分应扣除），并应对管道进行水力计算校核，管道末梢的室外消火栓从地面算起的水压，不得低于 0.1MPa。设有室外消火栓的室外给水管道，管径不得小于 100mm。

（3）小区给水管网的水力计算

居住小区给水系统水力计算是在确定了供水方式，布置完管线后进行的。计算的目的是确定各管段的管径和压力损失，校核消防和事故时的流量，选择确定升压贮水调节设备。

居住小区给水管网水力计算步骤和方法与城市给水管网水力计算步骤和方法基本相同。

首先确定节点流量和管段设计流量，然后求管段的管径和压力损失，最后校核流量和选择设备。进行居住小区给水管网水力计算时应注意以下几点。

① 局部压力损失按沿程压力损失的 15%～20%计算。

② 管段内水流速度一般按 1～1.5m/s，消防时可为 1.5～2.5m/s。

③ 环状管网需进行管网平差计算，大环闭合差应小于等于 15kPa，小环闭合差应小于等于 5kPa。

④ 按计算所得外网须供的流量确定连接管的管径，计算所得的干管管径不得小于支管管径或建筑引入管管径。

⑤ 居住小区室外给水管道，不论小区规模和管网形状，均应按最大用水时的平均秒流量为节点流量，再叠加区内一次火灾的最大消防量（有消防贮水和专用消防管道供水部分应扣除），对管道进行水力校核，管道末梢的室外消火栓从地面算起的水压不得低于 0.1MPa。

⑥ 设有室外消火栓的室外给水管道，管径不得小于 100mm。

10.1.5 供水水压和调节构筑物

生活饮用水给水管网从地面算起的最小服务水压可按住宅建筑层数确定：一层为 0.1MPa，二层为 0.12MPa，二层以上每增高一层增加 0.04MPa；高层建筑生活用水需要采用增压供水系统。

（1）泵房

小区加压站的泵房类型和城镇加压站泵房相似，有圆形、矩形、地面式、半地下式、地下式、自灌式、非自灌式等类型。一般小区内选择半地下式、矩形、自灌式泵房。小区独立设置的水泵房，宜靠近用水大户。水泵机组的运行噪声应符合现行的国家标准《城市区域环境噪声标准》（GB 3096）的要求。

生活加压给水系统的水泵机组应设备用泵，备用泵的供水能力不应小于最大一台运行水泵的供水能力。水泵宜自动切换交替运行。小区的给水加压泵站，当给水管网无调节设施时，宜采用调速泵组或额定转速泵编组运行供水。泵组的最大出水量不应小于小区生活给水设计流量，生活与消防合用给水管道系统还应进行消防工况校核。

小区内给水泵房的水泵多选用卧式离心泵，扬程高的可选用多级离心泵。泵房隔振消声要求高时，亦可选用立式离心泵。

（2）水池

小区生活用贮水池设计应符合下列规定。

① 小区生活用贮水池的有效容积应根据生活用水调节量和安全贮水量等确定，并应符合下列规定：生活用水调节量应按流入量和供出量的变化曲线经计算确定，资料不足时可按小区最高日生活用水量的 15%～20%确定；安全贮水量应根据城镇供水制度、供水可靠程度及小区对供水的保证要求确定；当生活用水贮水池贮存消防用水时，消防贮水量应按国家现行的有关消防规范执行。

② 贮水池宜分成容积基本相等的两格。

（3）水塔和高位水箱（池）

小区采用水塔作为生活用水的调节构筑物时，应符合下列规定：水塔的有效容积应经计算确定（调节容积）、有冻结危险的水塔应有保温防冻措施。

居住小区水池、水塔和高位水箱的有效容积应根据小区生活用水量的调蓄贮水量，安全贮水量和消防贮水量确定。可按（0.15～0.20）Q_d计算。

10.2　居住小区排水系统

居住小区排水系统按其所排除的污水种类不同分为生活污水排水系统、雨水排水系统。小区排水系统的体制有分流制和合流制两种。分流制排水系统是将生活污水、雨水分别采用两套各自独立的排水系统进行排除。其中排除生活污水的系统称为污水排水系统；排除雨水的系统称为雨水排水系统。合流制排水系统是将生活污水、雨水混合在同一管渠系统内进行排除。采用哪种排水体制主要取决于城市排水体制和环境保护要求，新建小区一般应采用分流制，以减少对水体和环境污染。居住小区内需设置中水系统时，为简化中水处理工艺，节省投资和日常管理费用，还应将生活污水和生活废水分质分流。为减少化粪池容积也应将污水和废水分流。

小区排水系统组成：建筑接户管、检查井、排水支管、排水干管、小型处理构筑物等组成。局部处理构筑物主要有化粪池、隔油池等。

10.2.1　室外排水管道的布置

（1）管道布置和敷设

小区排水管的布置应根据小区规划、地形标高、排水流向，按管线短、埋深小、尽可能自流排出的原则确定。当排水管道不能以重力自流排入市政排水管道时，应设置排水泵房。特殊情况下，经技术经济比较合理时，可采用真空排水系统。

小区排水管道最小覆土深度应根据道路的行车等级、管材受压强度、地基承载力等因素经计算确定，并应符合下列要求。

① 小区干道和小区组团道路下的管道，其覆土深度不宜小于 0.70m。

② 生活污水接户管道埋设深度不得高于土壤冰冻线以上 0.15m，且覆土深度不宜小于 0.30m。

【注】当采用埋地塑料管道时，排出管埋设深度可不高于土壤冰冻线以上 0.50m。

布置原则如下。

① 按管线短、埋深小、尽量自流排出的原则确定。排水管道尽量采用重力流形式，避免提升。由于污水在管道中靠重力流动，因此管道必须有坡度。

② 排水管道一般沿道路、建筑物平行敷设。尽量减少转弯以及与其他管线的交叉，如不可避免时，与其他管线的水平和垂直最小距离应符合表 10.4 的要求。污水干管一般沿道路布置，不宜设在狭窄的道路下，也不宜设在无道路的空地上，而通常设在污水量较大或地下管线较少一侧的人行道、绿化带或慢车道下。

③ 排水管道与建筑物基础的水平净距，当管道埋深浅于基础时，应不小于 1.5m；当管道埋深深于基础时应不小于 2.5m。

④ 排水管线尽量避免穿越地上和地下构筑物。

⑤ 管线应布置在建筑物排出管多并且排水量较大的一侧。

⑥ 排水管道转弯和交接处，水流转角应不小于 90°，当管径小于 300mm，且跌水水头大于 0.3m 时，可不受限制。

⑦ 管线布置应简捷顺直，不要绕弯，注意节约大管道的长度。避免在平坦地段布置流量小而长度大的管道，因流量小，保证自净流速所需的坡度较大，而使埋深增加。生活污水处理设施应设超越管。

⑧ 排水管道与其他地下管线及乔木之间的最小水平、垂直净距、排水管道与建筑物间的水平距离见表 10.4。排水管道与建筑物基础间的最小水平净距与管道的埋设深浅有关，

但管道埋深浅于建筑物基础时,最小水平净距不小于 1.5m;否则,最小水平间距不小于 2.5m。

表 10.4 排水管道和其他地下管线(构筑物)的最小净距

名称			水平净距/m	垂直净距/m
建 筑 物			见注3	
给水管		$d{\leqslant}200mm$	1.0	0.4
		$d{>}200mm$	1.5	
排水管				0.15
再生水管			0.5	0.4
燃气管	低压	$p{\leqslant}0.05MPa$	1.0	0.15
	中压	$0.05MPa{<}p{\leqslant}0.4MPa$	1.2	0.15
	高压	$0.4MPa{<}p{\leqslant}0.8MPa$	1.5	0.15
		$0.8MPa{<}p{\leqslant}1.6MPa$	2.0	0.15
热力管线			1.5	0.15
电力管线			0.5	0.5
电信管线			1.0	直埋0.5
				管块0.15
乔木			1.5	
地上柱杆	通讯照明及<10kV		0.5	
	高压铁塔基础边		1.5	
道路侧石边缘			1.5	
铁路钢轨(或坡脚)			5.0	轨底1.2
电车(轨底)			2.0	1.0
架空管架基础			2.0	
油管			1.5	0.25
压缩空气管			1.5	0.15
氧气管			1.5	0.25
乙炔管			1.5	0.25
电车电缆				0.5
明渠渠底				0.5
涵洞基础底				0.15

注:1. 表列数字除注明者外,水平净距均指外壁净距,垂直净距系指下面管道的外顶与上面管道基础底间净距。

2. 采取充分措施(如结构措施)后,表列数字可以减小。

3. 与建筑物水平净距,管道埋深浅于建筑物基础时,不宜小于 2.5m,管道埋深深于建筑物基础时,按计算确定,但不应小于 3.0m。

(2)室外排水管的连接

应符合下列要求。

① 排水管与排水管之间的连接,应设检查井连接;排出管较密且无法直接连接检查井时,可在室外采用管件连接后接入检查井,但应设置清扫口。

② 室外排水管,除有水流跌落差以外,宜管顶平接。

③ 排出管管顶标高不得低于室外接户管管顶标高。

④ 连接处的水流偏转角不得大于 90°。当排水管管径小于等于 300mm 且跌落差大于 0.3m 时，可不受角度的限制。

居住小区排水管道的覆土厚度应根据道路的行车等级、管材受压强度、地基承载力、土层冰冻等因素和建筑物排水管标高经计算确定。

小区干道和小区组团道路下的管道，覆土厚度不宜小于 0.7m，如小于 0.7m 时应采取保护管道防止受压破损的技术措施；生活污水接户管埋设深度不得高于土壤冰冻线以上 0.15m，且覆土厚度不宜小于 0.3m。考虑房屋污水排出管的衔接，污水支管起点埋深一般不小于 0.6~0.7m。因此，综上所述，其中的最大值就是管道的最小覆土厚度。

居住小区内雨水口的形式和数量应根据布置位置、雨水流量和雨水口的泄流能力经计算确定。雨水口应根据地形、建筑物位置，沿道路布置。

为及时排除雨水，雨水口一般布置在道路交汇处和路面最低点，建筑物单元出入口与道路交界处，外排水建筑物的水落管附近，小区空地、绿地的低洼点，地下坡道入口处。

沿道路布置的雨水口间距宜在 25~40m 之间。雨水连接管长度不宜超过 25m，每根连接管上最多连接 2 个雨水口。平算雨水口的算口宜低于道路路面 30~40mm，低于土地面 50~60mm。

居住小区内雨水管道和合流管道上检查井的最大间距按规范要求，检查井的内径应根据所连接的管道管径、数量和埋设深度确定。生活排水管道的检查井内应有导流。

(3) 小区排水常用管材及附属构筑物

① 常用管材　小区室外排水管道，应优先采用埋地排水塑料管，当连续排水温度大于 40℃ 时，应采用金属排水管或耐热塑料排水管；压力排水管道可采用耐压塑料管、金属管或钢塑复合管。小区雨水排水系统可选用埋地塑料管、混凝土管或钢筋混凝土管、铸铁管等。

排水管道基础分地基、基础和管座三部分。

砂土基础：弧形素土基础、砂垫层基础（$H \geqslant 200\text{mm}$）。

混凝土枕基：只在管道接口处才设置管道局部基础，适用于干燥土壤中，雨水管道及不太重要的排水支管。

混凝土带形基础：沿管道全长铺设的基础，按管座不同可分为 90°、135°、180° 三种管座基础，适用于多种潮湿土壤，以及地基软硬不均匀的排水管道。

排水管道接口：具有不透水性、耐久性。有柔性接口、刚性接口。

② 排水管渠上的附属构筑物

a. 检查井　设置在管道转弯和连接处、在管道的管径、坡度改变处。小区生活排水检查井应优先采用塑料排水检查井，因其节能材料，占地小。室外生活排水管道管径小于等于 160mm 时，检查井间距不宜大于 30m（表 10.5）；管径大于等于 200mm 时，检查井间距不宜大于 40m。检查井的内径应根据所连接的管道管径、数量和埋设深度确定。生活排水管道的检查井内应有导流槽。相邻两个检查井之间的管段应在一直线上。

表 10.5　雨水检查井的最大间距

管径/mm	最大间距/m
150(160)	30
200~300(200~315)	40
400(400)	50
≥500(500)	70

检查井由井底（包括基础）、井身、井盖座和井盖组成。为使水流通过检查井时阻力较小，井底宜设半圆形或弧形流槽。进人的检查井由工作室、渐缩部和井筒组成。

b. 雨水口 雨水口用于收集地面雨水，然后经过连接管流入雨水管道。合流制管道上的雨水口必须设有水封管，以免管道井内的臭气散发到地面上来，一般设在距离交叉路口、路侧边沟有一定距离且地势较低的地方。包括进水箅、井底和连接管。

（4）污水泵房

居住小区排水依靠重力自流排除有困难时，应及时考虑排水提升措施。污水泵房应建成单独构筑物，并应有卫生防护隔离带。泵房设计应按现行国家标准《室外排水设计规范》。

污水泵宜设置排水管单独排至室外，排出管的横管段应有坡度坡向出口。当两台或两台以上水泵共用一条出水管时，应在每台水泵出水管上装设阀门和止回阀；单台水泵排水有可能产生倒灌时，应设置止回阀（一般技术要求，止回阀应有防阻塞的措施）。公共建筑内应以每个生活污水集水池为单元设置一台备用泵。地下室、设备机房、车库冲洗地面的排水，当有 2 台及 2 台以上排水泵时可不设备用泵。当集水池不能设事故排出管时，污水泵应有不间断的动力供应。当能关闭污水进水管时，可不设不间断动力供应。污水水泵的启闭，应设置自动控制装置。多台水泵可并联交替或分段投入运行。

污水水泵流量、扬程的选择应符合下列规定：小区污水水泵的流量应按小区最大小时生活排水流量选定；建筑物内的污水水泵的流量应按生活排水设计秒流量选定；当有排水量调节时，可按生活排水最大小时流量选定；当集水池接纳水池溢流水、泄空水时，应按水池溢流量、泄流量与排入集水池的其他排水量中大者选择水泵机组；水泵扬程应按提升高度、管路系统水头损失、另附加 2～3m 流出水头计算。

雨水泵房机组的设计流量按雨水管道的最大进水流量计算。水泵扬程根据污、雨水提升高度、管道水头损失和自由水头计算决定。污水泵尽量选用立式污水泵、潜水污水泵，雨水泵则应尽量选用轴流式水泵。小区污水排放，居住小区内的污水排放应符合现行《污水综合排放标准》和《污水排入城市下水道水质标准》规定要求。

集水池设计应符合下列规定。

① 集水池有效容积不宜小于最大一台污水泵 5min 的出水量，且污水泵每小时启动次数不宜超过 6 次。

② 集水池除满足有效容积外，还应满足水泵设置、水位控制器、格栅等安装、检查要求。

③ 集水池设计最低水位，应满足水泵吸水要求。

④ 当集水池设置在室内地下室时，池盖应密封，并设通气管系；室内有敞开的集水池时，应设强制通风装置。

⑤ 集水池底宜有不小于 0.05 坡度坡向泵位。集水坑的深度及平面尺寸，应按水泵类型而定。

⑥ 集水池底宜设置自冲管。

⑦ 集水池应设置水位指示装置，必要时应设置超警戒水位报警装置，并将信号引至物业管理中心。

（5）化粪池

化粪池是一种利用沉淀和厌氧发酵原理，去除生活污水中可沉淀和悬浮性有机物，储存并厌氧消化池底污泥的处理措施。化粪池距离地下取水构筑物不得小于 30m。化粪池的设置应符合下列要求：化粪池宜设置在接户管的下游端，便于机动车清掏的位置；化粪池池外壁距建筑物外墙不宜小于 5m，并不得影响建筑物基础。当受条件限制化粪池设置于建筑物内时，应采取通气、防臭和防爆措施。

10.2.2 小区污水管道水力计算

水力计算的目的，在于经济合理地选择管道断面尺寸、坡度和埋深。并校核小区的污水能否重力自流排入城镇污水管道，否则应提出提升泵位置和扬程要求。污水管道是按非满流设计。

关于水力计算的公式、方法和步骤可参照城镇室外污水管道水力计算方法进行。小区污水管道水力计算的设计数据有设计充满度、设计流速、最小设计坡度和最小管径、污水管道的埋设深度。

（1）设计充满度

是污水在管道中的水深与管径的比值。

（2）设计流速

是与设计流量、设计充满度相应的水流平均流速。为防止管道中产生淤积或冲刷，设计流速不宜过小或过大，应在最大和最小流速范围内。相应于管内流速的最小设计流速时的管道坡度为最小设计坡度。

（3）管道埋设

管道的埋深分为管顶覆土厚度与管底埋设深度。

① 无保温措施的生活污水管道或水温与生活污水接近的工业废水管道，管线可埋设在冰冻线以上 0.15m。

② 在车行道下，管顶最小覆土厚度不宜小于 0.7m。

③ 住宅、公共建筑内产生的污水要能顺畅排入街道污水管网，就必须保证街道污水管网起点深度等于或大于街道污水管网的终点埋深。而街坊污水管起点的埋深又必须等于或大于建筑物污水出户管的埋深。污水出户管的最小埋深一般为 0.5～0.6m。

小区室外生活排水管道最小管径、最小设计坡度和最大设计充满度见表 10.6。

表 10.6　小区室外生活排水管道最小管径、最小设计坡度和最大设计充满度

管别	管材	最小设计坡度	最大设计充满度
接户管	埋地塑料管	0.005	
支管	埋地塑料管	0.005	0.5
干管	埋地塑料管	0.004	

注：1. 接户管管径不得小于建筑物排出管管径。

　　2. 化粪池与其连接的第一个检查井的污水管最小设计坡度宜取值：管径 150mm 为 0.010～0.012；管径 200mm 为 0.010。

（4）污水管道的衔接

下游管段起端的水面和管底标高都不得高于上游段终端的水面和管底标高，通常管径相同采用水面平接，管径不同采用管顶平接。

① 由管道坡度增加导致管径的缩小，其缩小范围不能超过两级，并不得小于最小管径。

② 当地面高程有剧烈变化或地形坡度陡时，可设跌水井，使管道坡度适当，以防止管内流速过大而冲刷管道。

10.2.3　小区生活污水设计排水量

小区生活排水系统排水定额宜取其相应的生活给水系统用水定额的 85%～95%。小区生活排水系统小时变化系数应与其相应的生活给水系统小时变化系数相同，按规范确定。公共建筑生活排水定额和小时变化系数应与公共建筑生活给水用水定额和小时变化系数相同，按规范规定确定。居住小区内生活排水的设计流量应按住宅生活排水最大小时流量与公共建筑生活排水最大小时流量之和确定。

居住小区合流制管道的设计流量为生活污水量与雨水量之和。

10.2.4　小区雨水管渠布置

室外雨水管道布置应按管线短、埋深小自流排出的原则确定，雨水管道宜沿道路和建筑物的周边平行布置，管道尽量布置在道路外侧的人行道或草地的下面，不应布置在乔木下面。雨水管道宜路线短、转弯少并尽量减少管道交叉。雨水管道应远离生活饮用水管道，与给水管的最小净距应为 $0.8\sim1.5m$，与污水管和给水管并列布置时，宜布置在给水管和污水管之间。与道路交叉时应尽量垂直于路面的中心线。

雨水管道布置在车行道下时，管顶覆土厚度不得小于 $0.7m$，否则应采取防止管道受压破损的技术措施，当管道不受冰冻和外部荷载的影响时，管顶覆土厚度不宜小于 $0.6m$。当冬季地下水不会进入管道，且冬季管道内不会积水时，雨水管道可以埋设在冰冻层内，硬聚氯乙烯材质管道应埋于冰冻线以下。

雨水管道向小区内水体排水时，出水管底应高于水体设计水位。在管道转弯和交接处，水流转角应不小于 $90°$，当管径大于 $300mm$，且跌水水头大于 $0.3m$ 时可不受此限。雨水口沿街布置间距一般为 $20\sim40m$，雨水口连接长度不宜超过 $25m$，平算雨水口设置宜低于路面 $30\sim40mm$。

下沉式广场地面排水、地下车库出入口的明沟排水，应设置雨水集水池和排水泵提升排至室外雨水检查井。雨水集水池和排水泵设计应符合下列要求。

① 排水泵的流量应按排入集水池的设计雨水量确定。

② 排水泵不应少于 2 台，不宜大于 8 台，紧急情况下可同时使用。

③ 雨水排水泵应有不间断的动力供应。

④ 下沉式广场地面排水集水池的有效容积，不应小于最大一台排水泵 30s 的出水量。

⑤ 地下车库出入口的明沟排水集水池的有效容积，不应小于最大一台排水泵 5min 的出水量。

10.2.5　雨水管渠水力计算

居住小区雨水排水系统设计雨水流量的计算与城市雨水（或屋面雨水）排水相同，设计充满度按满流计算，即 $h/D=1$。最小设计流速 $0.75m/s$，其他同污水。但设计重现期、径流系数以及设计降雨历时等参数的取值范围不同。

径流系数采用室外汇水面平均径流系数，既按表 10.8 选取，经加权平均后确定。如资料不足，也可以根据建筑稠密程度按 $0.5\sim0.8$ 选用。北方干旱地区的小区一般可取 $0.3\sim0.6$。建筑稠密取上限，反之取下限。

居住小区内的雨水设计流量和设计暴雨强度的计算。

雨水设计排水量按式（10.1）计算。

$$q_y=q_i\psi F_w \tag{10.1}$$

式中　　q_y——设计雨水流量，L/s；

q_i——设计暴雨强度，$L/(s \cdot hm^2)$；

ψ——径流系数；

F_w——汇水面积，m^2。

（1）暴雨强度公式

$$q=\frac{167A_1(1+c\lg P)}{(t+b)^n} \tag{10.2}$$

式中　　q——暴雨强度，$L/(s \cdot ha)$；

P——重现期，a；

t——降雨历时，min；

A_1，c，b，n——地方参数，根据统计方法进行计算。

（2）设计重现期

居住小区雨水设计流量的计算与城市雨水设计流量的计算相同。应根据汇水区域的重要程度、地形条件、地形特点和气象特征等因素确定，其中设计重现期一般宜选用 1～3 年（表 10.7）。

表 10.7　各种汇水区域的设计重现期

汇水区域名称		设计重现期/a
室外场地	居住小区	1～3
	车站、码头、机场的基地	2～5
	下沉式广场、地下车库坡道出入口	5～50

注：1. 工业厂房屋面雨水排水设计重现期应由生产工艺、重要程度等因素确定。

　　2. 下沉式广场设计重现期应由广场的构造、重要程度、短期积水即能引起较严重后果等因素确定。

（3）地面径流系数

$$\psi = \frac{\sum F_i \psi_i}{F} \tag{10.3}$$

式中　ψ——地面径流系数；

　　　F_i——汇水面积上各类地面的面积，ha；

　　　ψ_i——汇水面积上各类地面的径流系数；

　　　F——汇水面积，ha。

径流系数按小区地面径流系数表选取，经加权平均后确定。各种屋面、地面的雨水径流系数可按表 10.8 采用。

表 10.8　径流系数

屋面、地面种类	ψ
屋面	0.90～1.00
混凝土和沥青路面	0.90
块石路面	0.60
级配碎石路面	0.45
干砖及碎石路面	0.40
非铺砌地面	0.30
公园绿地	0.15

注：各种汇水面积的综合径流系数应加权平均计算。资料不足时，小区综合径流系数也可以根据建筑稠密程度按 0.5～0.8 选用，建筑稠密取上限，反之取下限。

（4）设计降雨历时

$$t = t_1 + mt_2 \tag{10.4}$$

式中　t——降雨历时，min；

　　　t_1——地面集水时间，min；

　　　m——折减系数，小区支管和接户管取 1，暗管干管取 2，明渠干管取 1.2；

　　　t_2——管内雨水流行时间，min。

对于居住小区而言，其雨水利用主要是指雨水的直接利用。即雨水经过收集、截污、调蓄、净化后用于建筑物内的生活杂用（冲洗厕所、洗衣）、作为中水的补充水、小区内的绿化浇灌用水、道路浇洒用水、洗车用水等，在条件允许的情况下，还可用于屋顶花园、太阳能、风能综合利用、水景利用等场合。

各种雨水管道的最小管径和横管的最小设计坡度宜按表10.9确定。

表 10.9　雨水管道的最小管径和横管的最小设计坡度

管别	最小管径/mm	横管最小设计坡度	
		铸铁管、钢管	塑料管
小区建筑物周围雨水接户管	200(225)	—	0.0030
小区道路下干管、支管	300(315)	—	0.0015
13 号沟头的雨水口的连接管	150(160)	—	0.0100

注：表中铸铁管管径为公称直径，括号内数据为塑料管外径。

复习思考题

1. 居住小区的供水方式有哪些？
2. 居住小区给水管网水力计算应注意哪些问题？
3. 居住小区的给水引入管的设计应符合哪些要求？
4. 如何确定居住小区生活排水管道的设计流量？
5. 某住宅小区居民生活用水量为 $600m^3/d$，公共建筑用水量 $350m^3/d$，绿化用水量 $56m^3/d$，水景、娱乐设施和公共设施用水量共 $160m^3/d$，道路、广场用水量 $34m^3/d$，未预见用水量及管网漏失水量以 10% 计，消防用水量为 20L/s，则该小区最高日用水量是多少？

第11章 建筑给水排水工程施工及竣工验收

【知识目标】

- 熟悉建筑给水排水工程施工准备。
- 熟悉建筑给水排水工程施工流程。
- 熟悉建筑给水排水工程施工验收规范。

【能力目标】

- 能进行建筑给水排水工程施工准备。
- 能组织建筑给水排水工程施工。
- 能按照建筑给水排水工程施工验收规范进行工程验收。

11.1 施工准备与配合土建施工

建筑给水、排水工程的施工应编制施工组织设计或施工方案，经批准后方可实施。建筑给水、排水工程与相关各专业之间应进行交接质量检验，并形成记录。隐蔽工程应在隐蔽前经验收各方检验合格后，才能隐蔽，并形成记录。地下室或地下构筑物外墙有管道穿过的，应采取防水措施。对有严格防水要求的建筑物，必须采用柔性防水套管。

11.1.1 施工准备

施工准备包括以下几项。

① 技术准备 熟悉图纸、资料以及相关的国家或行业施工验收标准、规范和标准图集，编制施工组织设计或施工方案并向施工人员进行交底。

② 材料准备 向材料主管部门提出材料计划并做好入库、验收和保管工作。

③ 机具准备 准备施工机械、工具、量具等。

④ 场地准备 准备加工场地、料场、库房等。

⑤ 施工组织及人员准备 编制施工组织设计或施工方案。搞好图纸会审及有关变更工作，根据管道工程安装的实际情况，灵活选择依次施工、流水作业、交叉作业等施工组织形式。

施工准备原则：在编制施工组织设计时，一般应考虑先难后易、先大件后小件的施工方法和遵循小管让大管、电管让水管、水管让风管、有压管让无压管的配管原则。

施工依据包括：施工图纸、标准图，《建筑给排水及采暖工程施工及验收规范》。设计图纸有给水排水管道平面图、剖面图、给排水系统图、施工详图。熟悉施工图纸的目标是了解室外管道的走向、具体位置、关系、标高、水表井、阀门井、检查井、穿越基础做法；室内管道：走向、管径、标高、坡度、位置、连接方式；室内管道：管材、配件、支架设备型号、规格数量；建筑的结构、楼层标高、管井、门窗洞槽位置。管道加工草图包括轴测图，标明管道中心线间距、配件间距离、管径、标高、阀门位置、接口位置等。

11.1.2 配合土建施工

配合土建预留、预埋：配合土建施工进度做好各项预留孔洞、预埋套管。并进行复核工作。认真阅读图纸，掌握系统整个安装过程需预埋的套管、预留的洞口等。特别是标准卫生间一定要采用实物放样。预留预埋要充分考虑好相关专业之间的安装关系，安全距离，不要因以后正式安装时相互影响或者根本不能安装。板面预留预埋工作在模板制安完成后或者底层钢筋绑扎完成后开始施工。板墙、柱子内、梁内的预留（预埋）在绑扎钢筋完成后，模板还未安装前开始预留预埋施工，施工时要找准定位尺寸、标高以及需预留的洞口大小和套管规格型号。套管或者管道预埋要固定好，不能随意松动，使浇砼时人为踩踏或者振动棒振动时使预埋预留偏位或者松脱。地下室出外墙的套管应预埋防水套管，套管的长度应满足墙体的厚度，内墙与墙面平，外墙要满足防水厚度。浇混凝土时应有专人跟进，使发生偏位或者松脱甚至损坏后能在浇混凝土的过程中得到及时修复。

① 现场预埋法　适用地下管道、水池、水箱，如砌筑基础时安装引入管及排出管。

② 现场预留法　避免交叉作业，按要求预留孔洞，用短圆木或模板固定，预埋铁件用电焊固定在规定位置。预留孔洞尺寸见表 11.1。

③ 现场打洞法　电钻。

表 11.1　预留孔洞尺寸　　　　　　　　　　　　　单位：mm

项次	管道名称		管道留孔尺寸（长×宽）	暗管墙槽尺寸（长×宽）
1	采暖或给水立管	管径≤25	100×100	130×130
		管径 32、50	150×150	150×150
		管径 70、80	200×200	200×200
2	一根排水立管	管径≤50	150×150	200×130
		管径 70、80	200×200	250×200
3	两根采暖或给水立管	管径≤32	150×150	200×130
4	一根给水立管和一根排水立管在一起	管径≤50	200×150	200×130
		管径 70、100	250×200	250×200
5	两根给水立管和一根排水立管在一起	管径≤50	200×150	200×130
		管径 70、100	250×200	250×200
6	给水支管或散热器支管	管径≤25	100×100	60×60
		管径 32、40	150×130	150×100
7	排水支管	管径≤80	250×200	—
		管径 100	300×250	—
8	采暖或排水立干管	管径≤80	300×250	—
		管径 100、125	350×300	—
9	给水引入管	管径≤100	300×200	—
10	排水排出管穿基础	管径≤80	300×300	—
		管径 100、125	（管径＋300）×（管径＋200）	—

注：1. 给水引入管，管顶部净空一般不小于100mm。

　　2. 排水排出管，管顶上部净空一般不小于150mm。

11.2　给水系统的安装

建筑给水管道安装顺序：引入管→干管→立管→支管→水有压试验合格→卫生器具或用水设备→竣工验收。

管道安装时若遇到多种管道交叉，应按照以下原则进行避让：小管道让大管道；压力流管道让重力流管道；冷水管让热水管；生活用水管道让工业、消防用水管道；气管让水管；阀件少的管道让阀件多的管道；压力流管道让电缆。

11.2.1　引入管的安装

引入管的位置及埋深应满足设计要求、引入管与建筑物外墙轴线垂直。引入管穿越承重墙或基础时应预留孔洞，孔洞大小为管径＋200mm，敷设时应保证管顶上部距洞壁净空不得小于建筑物的最大沉降量，且≥100mm。引入管与孔洞之间的空隙用黏土填实，水泥砂浆封口。引入管穿越地下室或地下构筑物外墙时，应采取防水措施，一般可用刚性防水套管。对于有严格防水要求或可能出现沉降时，应用柔性防水套管，引入管的敷设应有≥0.003的坡度，坡向室外给水管网或门井、水表井，以便检修时排放存水，井内应设管道泄水龙头，两根引入管净距不小于0.1m。

11.2.2　建筑内部给水管道的安装

室内给水管道根据结构、使用分为明装、暗装。明装管道：分为给水干管、立管及支管均为明装和部分明装。暗装：管道在建筑物内部隐藏敷设，分为全部暗装和部分管道暗装。

（1）给水干管安装

明装管道的给水干管安装位置，一般在建筑物的地下室顶板下或建筑物的顶层顶棚下。给水干管安装之前应将管道支架安装好。管道支架必须装设在规定的标高上，一排支架的高度、形式、离墙距离应一致。应减少高空作业，管径较大的架空敷设管道，应在地面上进行组装，将分支管上的三通、四通、弯头、阀门等装配好，经检查尺寸无误，方可进行吊装。吊装时，吊点分布要合理，尽量不使管子过分弯曲。在吊装中，要注意操作安全。各段管子起吊安装在支架上后，立即用螺栓固定好，以防坠落。

架空敷设的给水管，应尽量沿墙、柱子敷设，大管径管子装在里面，小管径管子装在外面，同时管道应避免对门窗的开闭的影响。干管与墙、柱、梁、设备以及另一条干管之间应留有便于安装和维修的距离，通常管道外壁距墙面距离不小于10mm，管道与梁、柱及设备之间的距离可减少到50mm。

暗装管道的干管一般设在设备层、地沟或建筑物的顶棚里，或直接敷设与地面下。当敷设在顶棚里时，应考虑冬季的防冻、保温措施；当敷设在地沟内，不允许直接敷设在沟底，应敷设在支架上。直接埋地的金属管道，应进行防腐处理，有关管道防腐处理见第1章有关内容。

（2）给水立管安装

给水立管安装之前，应根据设计图纸弄清各分支管之间的距离、标高、管径和方向，应十分注意安装支管的预留口位置，确保支管的方向坡度的准确性。明装管道立管一般设在房间的墙角或沿墙、梁、柱敷设。立管外壁至墙面的净距：当管径 $DN \leq 32mm$ 时，应为25～35mm；当管径 $DN > 32mm$ 时，应为30～50mm。明装立管应垂直，其偏差每米不得超过2mm；高度超过5mm时，总偏差不得超过8mm。

给水立管卡安装，层高小于或等于5m，每层须安装1个；层高大于5m，每层不得少于2个。管卡安装高度，距地面为1.5～1.8m，2个以上管卡可均匀安装。

立管穿楼板应加钢制套管，套管直径应大于立管1～2号，套管可采取预留或现场打洞安装。安装时，套管底部与楼板底部平齐，套管底部应高出楼板地面10～20mm，立管的接口不允许设在套管内，以免维修困难。

如果给水立管高出地坪设阀门时，阀门应设在距地坪0.5m以上，并应安装可拆卸的连接件（如活接头或法兰），以便操作和维修。

暗装管道的立管，一般设在管道井内或管槽内，采用型钢支架或管卡固定，以防松动。设在管槽内的立管安装一定要在墙壁抹灰之前完成，并应作水压试验，检查其严密性。各种阀门及管道活接件不得埋入墙内，设在管槽内的阀门，应设便于操作和维修的检查门。

（3）横支管安装

横支管的管径较小，一般可集中预制、现场安装。明装横支管，一般沿墙敷设，并设0.002～0005的坡度坡向泄水装置。横支管安装时，要注意管子的平直度，明装横支管绕过梁、柱时，各平行管上的弧形弯曲部分应平行。水平横管不应有明显的弯曲现象，其弯曲的允许偏差为：管径$DN \leqslant 100mm$，每10m为5mm；管径$DN > 100mm$时，每10m为10mm。

冷、热水管上下平行安装，热水管应在冷水管上面；垂直并行安装时，热水管应装在冷水管左侧，其管中心距为80mm。在卫生器具上安装冷、热水龙头时，热水龙头应安装在左侧，冷水龙头应装在右侧。

横支管一般采用管卡固定，固定点一般设在配水点附近及管道转弯附近。暗装的横支管敷设在预留或现场剔凿的墙槽内，应按卫生器具接口的位置预留好管口，并应加临时管堵。

（4）支吊架的安装

管道支、吊、托架的安装，应符合下列规定：位置正确，埋设应平整牢固。固定支架与管道接触应紧密，固定应牢靠。滑动支架应灵活，滑托与滑槽两侧间应留有3～5mm的间隙，纵向移动量应符合设计要求。无热伸长管道的吊架、吊杆应垂直安装。有热伸长管道的吊架、吊杆应向热膨胀的反方向偏移。固定在建筑结构上的管道支、吊架不得影响结构的安全。钢管水平安装的支、吊架间距不应大于表11.2的规定。

表11.2　钢管管道支架的最大间距

公径直径/mm		15	20	25	32	40	50	70	80	100	125	150	200	250	300
支架的最大间距/m	保温管	2	2.5	2.5	2.5	3	3	4	4	4.5	6	7		8	8.5
	不保温管	2.5	3	3.5	4	4.5	5	6	6	6.5	7	8	9.5	11	12

采暖、给水及热水供应系统的塑料管及复合管垂直或水平安装的支架间距应符合表11.3的规定。

表11.3　塑料管及复合管管道支架的最大间距

管径/mm			12	14	16	18	20	25	32	40	50	63	75	90	110
最大间距/m	立管		0.5	0.6	0.7	0.8	0.9	1.0	1.1	1.3	1.6	1.8	2.0	2.2	2.4
	水平管	冷水管	0.4	0.4	0.5	0.5	0.6	0.7	0.8	0.9	1.0	1.1	1.2	1.35	1.55
		热水管	0.2	0.2	0.25	0.3	0.3	0.35	0.4	0.5	0.6	0.7	0.8		

11.2.3　消防水泵接合器的安装

安装顺序：检查水泵接合器和消火栓→砌筑支墩→安装水泵接合器和消火栓→处理管道穿过井壁间隙。

消防水泵接合器安装在接近主楼外墙的一侧，附近40m以内有可供取水的室外消火栓或消防水池。水泵接合器的规格应根据设计选定，有三种类型：地下型、地上型、墙壁型。其安装位置应有明显标志，阀门位置应便于操作，接合器附近不得有障碍物。安全阀应按系统工作压力确定压力，防止外来水源压力过高破坏室内管网及部件，接合器应有泄水阀。

消防水泵接合器和消火栓标志明显，栓口的位置应方便操作。消防水泵接合器如采用墙壁式，如设计没有要求，进、出水栓口的中心安装高度距地面应为 1.0m，其上方应设防坠落物打击的措施。室外消火栓和消防水泵接合器的各项安装尺寸符合设计要求，栓口安装高度允许偏差±20mm。地下式消防水泵接合器顶部进水口或地下消火栓的顶部出水口与消防井盖底面的距离不大于 400mm，井内应有足够的操作空间，并设爬梯，寒冷地区井内应做防冻保护。消防水泵接合器的安全阀及止回阀安装位置和方向应正确，阀门启闭应灵活。

11.2.4　室外消火栓的安装

室外地下消火栓应砌筑消火栓井，室外地上消火栓应砌筑消火栓阀门井。消火栓井的规格见全国通用给水排水标准图集。在高级及一般路面上，井盖上表面同路面相平，允许偏差±5mm，无正规道路时，井盖高出室外设计标高 50mm，并在井口周围以 0.02 的坡度向外做护坡。室外地下消火栓与主管连接的三通或弯头下部带座或无座的，均应稳固在混凝土支墩上，管道底部距井底不小于 200mm，消火栓顶部距井盖不大于 400mm，如果超过，加设短管。接出的短管高于 1m 时，增设固定卡子一道。室外地上式消火栓安装时，距地面高度一般为 640mm，消火栓与开闭阀门之间，两者距离不超过 2.5m，进行消火栓阀门短管、消火栓法兰短管、阀门的安装。浅型地上和地下式消火栓，在放水口处做卵石渗水层，卵石粒径 20～30mm，铺设半径 500mm，铺设深度自地面下 200mm 至槽底，铺设卵石时，注意保护好放水弯头，以免碰坏。地下消火栓安装时如设置阀门井，必须将消火栓自身的放水口堵死，在井内另设放水口。消火栓使用的阀门井盖必须铸有明显的"消火栓"字样。管道穿过井壁处应严密，不漏水。

消火栓安装见国标 01S201 进行。消火栓安装位于人行道沿上 1.0m 处，采用钢制双盘短管调整高度，做内外防腐。室外地上式消火栓安装时，消火栓顶距地面高为 0.64m，立管应垂直、稳固、控制阀门井距消火栓不应超过 2.5m，消火栓弯管底部应设支墩或支座。室外地下式消火栓应安装在消火栓井内，消火栓井一般用 MU7.5 红砖、M7.5 水泥砂浆砌筑。消火栓井内径不应小于 1m。井内应设爬梯以方便阀门的维修。消火栓与主管连接的三通或弯头下部位应带底座，坻座时应设混凝土支墩，支墩与三通、弯头底部用 M7.5 水泥砂浆抹成八字托座。消火栓井内供水主管底部距井底不应小于 0.2m，消火栓顶部至井盖底距离最小不应小于 0.2m，冬季室外温度低于－20℃的地区，地下消火栓井口需作保温处理。室外消火栓安装前，管件内外壁均涂沥青冷底子油两遍，外壁需另加热沥青两遍，面漆一遍，埋入土中的法兰盘接口涂沥青冷底子油两遍，外壁需另加热沥青两遍，面漆一遍，埋入土中的法兰盘接口涂沥青冷底子油两遍，外壁需另加热沥青两遍，面漆一遍，埋入土中的法兰盘接口涂沥青冷底子油及热沥青两遍，并用沥青麻布包严，消火栓井内铁件也应涂热沥青防腐。

11.3　建筑排水系统的安装

室内排水管道的安装一般顺序：安装出户管→然后安装排水立管→排水支管→最后安装卫生器具。

（1）出户管安装

出户管的安装宜采取排出管预埋或预留孔洞方式。当土建砌筑基础时，将出户管按设计坡度，承口朝来水方向敷设，安装时一般按标准坡度，但不应小于最小坡度，坡向检查井。为了减小管道的局部阻力和防止污物堵塞管道，出户管和排水立管的连接，应采用两个45°弯头连接。排水管道的横管与横管、横管与立管的连接应采用45°三通或45°四通和90°斜三通或90°斜四通。预埋的管道接口处应进行临时封堵，防止堵塞。

管道穿越房屋基础应做防水处理。排水管道穿越地下室外墙或地下构筑物的墙壁处，应设刚性或柔性防水套管。防水套管的制作与安装可参见全国通用《给水排水标准图集》S312。

排出管的埋深：在素土夯实地面，应满足排水铸铁管管顶至地面的最小覆土厚度0.7m；在水泥等路面下，最小覆土厚度不小于0.4m。

（2）排水立管安装

排水立管在施工前应检查楼板预留孔洞的位置和大小是否正确，未预留或预留的位置不对，应重新打洞。

立管通常沿墙角安装，立管中心距墙面的距离应以不影响美观、便于接口操作作为适宜。一般立管管径 $DN50\sim75$mm 时，距墙 110mm 左右；$DN100$ 时，距墙 140mm；$DN150$ 时，距墙 180mm 左右。

排水立管安装宜采取预制组装法，即先实测建筑物层高，以确定立管加工长度，然后进行立管上的管件预制，最后分楼层由下而上组装。排水立管预制时，应注意下列管件所在位置。

① 检查口设置及标高。排水立管每两层设置一个检查口，但最底层和有卫生器具的最高层必须设置。检查口中心距地面的距离为1m，允许偏差为±20mm，并且至少高出卫生器具上边缘0.15m。

② 三通或四通设置及标高。排水立管上有排水横支管接入时，须设置三通或四通管件。当支管沿楼层对面安装时，其三通或四通口中心至地面距离一般为100mm左右；当支管悬吊在楼板下时，三通或四通口中心至楼板底面距离为350～400mm。此间距太小不利于接口操作；间距太大影响美观，且浪费管材。

立管在分层组装时，必须注意立管上检查口盖板向外，开口方向与墙面成45°夹角；设在管槽内立管检查口处应设检修门，以便对立管进行清通。还应注意三通口或四通口的方向要准确。

立管必须垂直安装，安装时可用线锤校验检查，当达到要求再进行接口。立管的底部弯管处应设砖支墩或混凝土支墩。

伸顶通气管应高出屋面0.3m，并且大于最大积雪高度。经常有人活动的平面屋顶，伸顶通气管应高出屋面2m。通气口上应做网罩，以防落入杂物。伸顶通气管伸出屋面应作防水处理。

（3）排水横支管安装

立管安装后，应按卫生器具的位置和管道规定的坡度敷设排水支管。排水支管通常采取加工厂预制或现场地面组装预制，然后现场吊装连接的方法。排水支管预制过程主要有测线、下料切断、连接、养护等工序。

测线要依据卫生器具、地漏、清通设备和立管的平面位置，对照现场建筑物的实际尺寸，确定各卫生器具排水口，地漏接口和清通设备的确切位置，实测出排水支管的建筑长度，再根据立管预留的三通或四通高度与各卫生器具排水口的标准高度，并考虑坡度因素求得各卫生器具排水管的建筑高度。

在实测和计算卫生器具排水管的建筑高度时，必须准确地掌握土建实际施工的各楼层地坪高度和楼板实际厚度，根据卫生器具的实际构造尺寸和图标大样图准确地确定其建筑尺寸。

测线工作完成后，即可进行下料，其关键在于计算是否正确。计算下料先要弄清楚管材、管件的安装尺寸，再按测线所得的构造尺寸进行计算。

排水支管连接时要算好坡度，接口要直，排水支管组装完毕后，应小心靠墙或贴地坪放置，不得搬动，接口是养护时间不少于 48h。

排水支管吊装前，应先设置支管吊架或托架，吊架或托架间距一般为 1.5m 左右，宜设置在支管的承口处。

吊装方法一般用人工绳索吊装，吊装时应不少于两个吊点，以便吊装时使管段保持水平状态，卫生器具排水管穿过楼板调整好，待整体到位后将支管末端插入立管三通或四通内，用吊架吊好，采取水平尺测量并调整吊杆顶端螺母以满足支管所需坡度。最后进行立管与支管的接口，并进行养护。在养护期，吊装的绳索若要拆除，则须用不少于两处吊点的粗钢丝固定支管。

伸出楼板的卫生器具排水管，应进行有效的临时封堵，以防施工时杂物落入堵塞管道。

（4）雨、雪排水管道安装

① 雨水斗　屋面连接处防水。

② 悬吊管　沿墙、梁、柱悬吊，以管架固定，间距同排水管，$i \geqslant 0.005$，长度 $\geqslant 15m$ 时安装检查口，其间距 15~20m 与立管以 2 个 45°弯头或 90°斜三通连接；明装，暗装时防结露。

③ 立管　沿墙、梁、柱明装或设于管道井，设检查口，距离地面 1m 以管架固定，间距同排水立管；与立管以 2 个 45°弯头或大曲率半径的 90°弯头接入排出管；塑料管穿楼板时设阻火圈。

④ 排出管　不允许其他排水管道接入，穿越地下室外墙、基础时预留孔洞或防水套管。

硬聚氯乙烯塑料管安装顺序与排水铸铁管相同，管道接口一般采用承插粘接，螺纹连接主要用于经常拆卸的地方。

11.4　卫生器具的安装

卫生器具一般在土建内粉刷工作基本完工，建筑内部给水排水管道敷设完毕后安装，安装前应熟悉施工图纸和国家颁发的《全国通用给水排水标准图集》S342，做到所有卫生器具安装尺寸符合国家标准及施工图纸的要求。卫生器具的安装基本上有共同的要求：平、稳、准、牢。所有卫生器具上口边沿水平，同一房间成排的卫生器具标高一致，无晃动、松动、脱落现象。安装前应对卫生器具及其附件进行检查（表 11.4～表 11.7）。

表 11.4　卫生器具的安装高度　　　　　　　　　　　单位：mm

项次	卫生器具名称		卫生器具安装高度		备注
			居住和公共建筑	幼儿园	
1	污水盆（池）	架空式	800	800	
		落地式	500	500	
2	洗涤盆（池）		800	800	
3	洗涤盆/洗手盆（有塞/无塞）		800	500	自地面至器具上边缘
4	盥洗槽		800	500	
5	浴盆		$\leqslant 520$		

项次	卫生器具名称			卫生器具安装高度		备注
				居住和公共建筑	幼儿园	
6	蹲式大便器	高水箱		1800	1800	自台阶面至高水箱底
		低水箱		900	900	自台阶面至低水箱底
7	坐式大便器	高水箱		1800	1800	自地面至高水箱底
		低水箱	外露排水管式	510		自地面至低水箱底
			虹吸喷射式	470	370	
8	小便器	挂式		600	450	自地面至下边缘
9	小便槽			200	150	自地面至台阶面
10	大便槽冲洗水箱			≥2000		自台阶面至水箱底
11	妇女卫生盆			360		自地面至器具上边缘
12	化验盆			800		自地面至器具上边缘

表 11.5　卫生器具给水配件的安装高度　　　　　单位：mm

项次	给水配件名称		配件中心距地面高度	冷热水龙头跳高
1	架空式污水盆(池)水龙头		100	—
2	落地式污水盆(池)水龙头		800	
3	洗涤盆(池)水龙头		1000	150
4	住宅集中给水龙头		1000	—
5	洗手盆水龙头		1000	—
6	洗脸盆	水龙头（上配水）	1000	150
		水龙头（下配水）	800	150
		角阀（下配水）	450	—
7	盥洗槽	水龙头	1000	150
		冷热水管上下并行，其中热水龙头	1100	150
8	浴盆	水龙头（上配水）	670	150
9	淋浴器	截止阀	1150	95
		混合阀	1150	
		淋浴喷头下沿	2100	—
10	蹲式大便器（台阶面算起）	高水箱角阀及截止阀	2040	
		低水箱角阀	250	
		手动式自闭冲洗阀	600	
		脚踏式自闭冲洗阀	150	
		拉管式冲洗阀（从地面算起）	1600	
		带防污助冲器阀门（从地面算起）	900	
11	坐式大便器	高水箱角阀及截止阀	2040	
		低水箱角阀	150	

续表

项次	给水配件名称	配件中心距地面高度	冷热水龙头跳高
12	大便槽冲洗水箱截止阀(从台阶算起)	≥2400	—
13	立式小便器角阀	1130	—
14	挂式小便器角阀及截止阀	1050	—
15	小便槽多孔冲洗器	1100	—
16	实验室化验室化验水龙头	1000	—
17	妇女卫生盆混合阀	360	—

表 11.6　卫生器具安装的允许偏差和检验方法　　　单位：mm

项次	项目		允许偏差	检验方法
1	坐标	单独器具	10	拉线、吊线和尺量检查
		成排器具	5	
2	标高	单独器具	±15	
		成排器具	±10	
3	器具水平度		2	用水准尺和尺量检查
4	器具垂直度		3	吊线和尺量检查

表 11.7　卫生器具给水配件安装标高的允许偏差和检验方法　　单位：mm

项次	项目		允许偏差	检验方法
1	坐标	单独器具	10	拉线、吊线和尺量检查
		成排器具	5	
2	标高	单独器具	±15	
		成排器具	±10	
3	器具水平度		2	用水准尺和尺量检查
4	器具垂直度		3	吊线和尺量检查

(1) 卫生器具安装顺序

划线定位→预装配件→固定→连接给排水口→试水

(2) 卫生器具安装准备

技术准备如下。

① 认真审阅图纸资料，相关技术资料齐备。

② 对所要安装的卫生器具性能、技术要求已做了充分了解。

③ 根据卫生器具的性能、技术要求及设计图纸，对相关作业班组进行技术交底。

④ 明确提出施工范围和质量标准，并据此定出合理可行的施工周期。

⑤ 施工方案通过批准。

(3) 卫生器具安装主要施工机具

套丝机、砂轮切割机、角磨机、冲击电钻、手电钻、管子钳、活动扳手、呆扳手、钢锯、手锤、錾子、剪刀、铲刀、旋具、锉刀、水平尺、角尺、钢卷尺、线坠等。

(4) 施工作业条件

① 所有与卫生器具连接的管道其试压、灌水试验已完毕，隐蔽部分已作记录，并办理

预验手续。

② 蹲式大便器应在其台阶砖筑前安装，浴盆安装应在土建完成防水层及保护层后进行安装。

③ 其余卫生洁具安装应待室内装修已基本完成后再进行安装。

④ 小便槽冲洗管、大便槽冲洗水箱待装修完后安装。

⑤ 根据设计要求，结合卫生洁具生产厂家的安装技术规定，确定好卫生器具的安装方案、位置、标高。

⑥ 卫生器具选型符合要求，确认合格，并已送到现场。

11.5　热水供应系统的安装

11.5.1　管道及配件的安装

11.5.1.1　安装前的准备工作

(1) 原材料进场前检查

① 管道及配件必须具有制造厂的质量证明书，其材质、规格、型号及性能检测报告等应符合国家技术标准或设计要求，并应及时做检查验收。

② 阀门安装前应作强度和严密性试验。试验应在每批（同牌号、同型号、同规格）数量中抽查 10%，且不小于 1 个。对安装在主干管上起切断作用的闭路阀门，应逐个作强度和严密性试验。

③ 管道上使用冲压弯头时，所使用的冲压弯头外径应与管道外径相同。

④ 管材和管件的规格符合设计要求，内外壁应光滑平整，无气泡、裂口、裂纹、脱皮和明显的痕纹螺纹丝扣符合标准，应无毛刺、缺牙。

(2) 安装施工条件

① 施工图纸、标准规范及施工作业文件齐全，且已进行图纸会审。

② 施工场地平整且达到通水、通电条件。

③ 配管材料、所需工机具及消耗材料满足施工要求。

11.5.1.2　管道及配件的安装

(1) 安装的工艺顺序

预制加工→预埋预留→干管安装→支管安装→管道及配件安装→支架操作及安装→管道试压→管道防腐和保温→管道冲洗

(2) 安装要求

① 室内热水管道安装必须在土建基础施工基本完成后进行。暗装管道应在地沟未盖沟盖板或吊顶未封闭前进行安装。

② 明装托吊干管必须安装在安装层的结构顶板完成后进行。沿管线安装位置的模板及杂物清理干净，脱吊卡件均已安装牢固、位置正确。

③ 热水立管安装在主体结构达到安装条件后适当穿插进行。管道穿过的房间内，位置线及地面水平线已检测完毕。室内装饰的种类、厚度已确定。地下管道已铺设完，各立管甩头已正确就位，每层均应有明确的标高线。暗装竖井内的模板及杂物清理干净，并有防坠落措施。各种热水附属设备、卫生器具样品和其他用水器具已进场。

④ 热水支管安装在墙体砌筑完毕，墙面未装修前，设有用水设备的房间地面水平线已放好，室内装修种类、厚度已确定，管道穿墙的孔洞已预留好。热水立管已安装完毕，立管上连接横支管用的关键位置、标高、规格、数量、朝向经复核符合设计要求及质量标准，用

水设备已基本安装完毕。

⑤ 设置在屋面上的太阳能热水器，以在屋面做完保护层后安装。位于阳台上的太阳能热水器，应在阳台栏板安装完后安装并有安全防护措施。

（3）安装质量控制

① 水压试验　热水供应系统安装完毕应进行水压试验。试验压力应符合设计要求。当设计未注明时，其试验压力应为系统顶点的工作压力加 0.1MPa，同时在系统顶点的试验压力不小于 0.3MPa。

检验方法：钢管或复合管道系统试验压力下 10min 内压力降不大于 0.02MPa，然后降至工作压力检查，压力应不降，且不渗不漏；塑料管道系统在试验压力下稳压 1h，压力降不得超过 0.05MPa，然后在工作压力 1.15 倍状态下稳压 2h，压力降不得超过 0.03MPa，连接处不得渗漏。

② 热水供应管道应尽量利用自然弯补偿热伸缩，直线段过长则应按设计要求设置补偿器。

③ 热水供应系统竣工后必须冲洗。

④ 温度控制器及阀门应安装在便于观察和维护的位置。

11.5.2　辅助设备的安装

11.5.2.1　安装前的准备工作

设备进场前检查主要包括以下几种。

① 太阳能热水器、热交换器、水泵、水箱等室内热水供应辅助设备必须具有制造厂的质量证明书，其材质、规格、型号及性能检测报告应符合国家技术标准或设计要求，并应及时做检查验收。

② 热水器、水泵等主要设备必须具有完整的安装使用说明书，在运输、保管和安装过程中应采取有效措施防止损坏和腐蚀。

11.5.2.2　辅助设备的安装

（1）安装的工艺顺序

安装准备支座架安装→热水器设备组装→配水管路安装→管路系统试压→管路系统冲洗或吹洗→温控仪表安装→管道防腐→系统调试运行。

（2）安装要求

① 按有关标准和设计规定对设备基础进行检测验收，并办理交接手续；设备安装完毕，应及时整理好各项施工、检查记录报请有关方验收。

② 安装固定式太阳能热水器，朝向应正南。如受条件限制时，其偏移角不得大于 15°。集热器的倾角，对于春、夏、秋三个季节使用的，应采用当地纬度为倾角；若以夏季为主，可比当地纬度减少 10°。

③ 由集热器上、下集管接往热水箱的循环管道，应有不小于 5‰的坡度。

④ 制作吸热钢板凹槽时，其圆度应准确，间距应一致。安装集热排管时，应用卡箍和钢丝紧固在钢板凹槽内。

⑤ 太阳能热水器的最低处应安装泄水装置；检热水箱及上、下集管等循环管道均应保温。

⑥ 安全阀应垂直安装，并尽可能装在锅炉、水加热器和管路的最高处。用于锅炉、水加热器和热水罐等设备、容器上的安全阀，一般均应安装排汽管并通至室外，以防排气时伤人；排汽管径不应小于阀座内径。排汽管上不得装设任何闭路配件，以保证排汽畅通。另外，弹簧式安全阀应有提升把手和防止随意拧动调整螺丝的装置。

⑦ 疏水器的安装位置应便于检修,并尽量靠近用汽设备,安装高度应低于设备或蒸汽管道底部 150mm 以上,以便凝结水排出。疏水器一般不装设旁通管,但对于特别重要的加热设备,如不允许短时间中断排除凝结水或生产上要求速热时,可考虑装设旁通管。旁通管应在疏水器上方或同一平面上安装,避免在疏水器下方安装。疏水器的安装方式如图 11.1 所示。

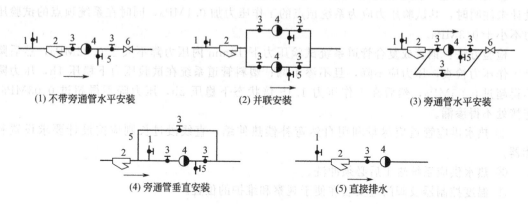

图 11.1　疏水器的安装

1—冲洗管;2—过滤器;3—截止阀;4—疏水器;5—检查管;6—止回阀

⑧ 自动排气阀应安装在管网的最高处,以利于管内气体的汇集和排除。阀体应垂直安装,阀与管网之间的连接横管应朝阀体保持一定向上坡度。另外,自动排气阀前应设检修阀门,以便维护检修。

⑨ 减压阀应安装在水平管段上,阀体应直立,安装节点还应安装阀门、安全阀、压力表、旁通管等附件,如图 11.2 所示,其安装尺寸见表 11.8。

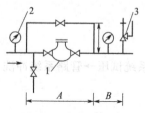 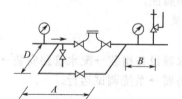 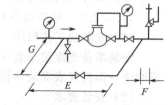

(a) 活塞式减压阀旁路管垂直安装　　(b) 活塞式减压阀旁路管水平安装　　(c) 薄膜式或波纹管式减压阀的安装

图 11.2　减压阀安装

1—减压阀;2—压力表;3—安全阀

表 11.8　减压阀安装尺寸　　　　　　　　　　　　　　　单位:mm

减压阀公称直径 DN	A	B	C	D	E	F	G
25	1100	400	350	200	1350	250	200
32	1100	400	350	200	1350	250	200
40	1300	500	400	250	1500	300	250
50	1400	500	450	250	1600	300	250
65	1400	500	500	300	1650	350	300
80	1500	550	650	350	1750	350	350
100	1600	550	750	400	1850	400	400
125	1800	600	800	450			
150	2000	650	850	500			

注:1. 减压阀安装一律采用法兰截止阀。
　　2. 低压部分可采用低压截止阀。

⑩ 直接式自动温度调节器，其安装方法如图 11.3(a) 所示。安装时必须直立安装，通过温度探测部分（一般为温包），把感受到的温度变化传导给安装在热媒管道上的调节阀，自动控制热媒流量而起到自动调温的作用。

间接式自动温度调节器是由温包、电触点温度计、阀门电机控制箱等组成，如图 11.3(b) 所示。

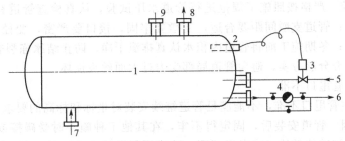

(a) 直接式温度调节器安装

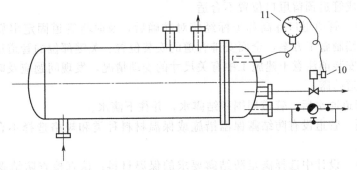

(b) 间接式温度调节器安装

图 11.3　温度调节器安装示意图

1—加热设备；2—温包；3—自动调节阀；4—疏水器；5—蒸汽；6—凝结水；
7—冷水；8—热水；9—安全阀；10—自动调节阀；11—电触点温度计

(3) 安装质量控制

① 在安装太阳能集热器玻璃前，应对集热排管和上、下集管作水压试验，试验压力为工作压力的 1.5 倍。水压试验在试验压力下 10min 内压力不降，不渗不漏。

② 热交换器应以工作压力的 1.5 倍作水压试验。蒸汽部分应不低于蒸汽供汽压力加 0.3MPa；热水部分应不低于 0.4MPa；在试验压力下 10min 内压力不降，不渗不漏。

③ 水泵就位前的基础混凝土强度、坐标、标高和螺栓孔位置必须符合设计要求。

④ 水泵试运转的轴承温升必须符合设计说明书的规定。敞口水箱的满水试验和密闭水箱（罐）的水压试验必须符合满水静置 24h，观察不渗、不漏；水压试验在试验压力下 10min 内压力不降、不渗、不漏。

11.6　施工质量问题及防治措施

11.6.1　给水管道安装质量问题及有效措施

(1) 地下埋设进水管道漏水

① 现象　管道通水后，地面或墙角处局部返潮、积水，甚至从孔缝处冒水，严重影响使用。

② 漏水原因　管道安装后，没有认真进行水压试验，管道裂缝、零件上的砂眼以及接口处渗漏，没有及时发现解决；管边支墩位置不合适，受力不均匀，造成丝头断裂；尤其当管道变径使用管补心，以及丝头超长时更易发生；北方地区管道试水后，没有及时把水泄净，在冬季造成管道或零件冻裂漏水；管道埋土夯实方法不当，造成管道接口处受力过大，丝头断裂。

③ 质量预控　严格按照施工规范进行管道水压试验，认真检查管道有无裂缝，零件和管丝头是否完好；管道支墩间距要合适，支墩要牢固，接口要严密，变径不得使用管补心，应该用异径管箍；冬期施工前将管道内积水认真排泄干净，防止结冰冻裂管道或零件；管道周围埋土要用手夯分层夯实，避免管道局部受力过大而丝头损坏。

（2）管道主管甩口不准

① 现象　主管甩口不准，不能满足管道继续安装对坐标和标高的要求。

② 不准原因　管道安装后，固定得不牢，在其他工种施工时受碰撞或挤压而位移；设计或施工中，对管道的整体安排考虑不周，造成预留甩口位置不当；建筑结构和墙面装修施工误差过大，造成管道预留甩口位置不合适。

③ 质量预控　管道甩口标高和坐标经核对准确后，及时将管道固定牢靠；施工前认真审查图纸，结合编制施工方案，全面安排管道的安装位置。关键部位的管道甩口尺寸应详细计算确定；管道安装前注意土建施工中有关尺寸的变动情况，发现问题应及时解决。

（3）给水管道结露

① 现象　管道通水后，管道周围积结露水，并往下滴水。

② 结露原因　管道没有防结露保温措施或保温材料种类和规格选择不合适；保温材料的保护层不严密。

③ 质量预控　设计中选择满足防结露要求的保温材料；认真检查防结露保温质量，保证保护层的严密性。

11.6.2　排水管道安装质量问题及防治措施

（1）地下埋设排水管道漏水

① 现象　排水管道渗漏处附近的地面、墙角缝隙部位返潮，埋设在地下室顶板与一层地面夹层内的排水管道渗漏处附近（地下室顶板下部）还会看到渗水现象。

② 漏水原因　管道支墩位置不合适，在回填土夯实时，管道因局部受力过大而破坏，或接口处活动而产生缝隙；预制管段时接口养护不认真，搬动过早，致使水泥接口活动，产生缝隙；冬期施工时，管道接口保温养护不好，管道水泥接口受冻损坏；没有认真排除管道内的积水，造成管道或零件冻裂；管道安装后未认真进行闭水试验，未能及时发现管道和零件的裂缝和砂眼，以及接口处的渗漏。

③ 质量预控　管道支墩要牢靠，位置要合适，支墩基础过深时应分层回填土，回填土时严防直接撞压管道；预制管段时认真做好接口养护，防止水泥接口活动；冬期施工前注意排除管道内的积水，防止管道内结冰；严格按照施工规范进行管道闭水试验，认真检查是否有渗漏现象。如果发现问题，应及时处理。

（2）排水管道堵塞

① 现象　管道通水后，卫生器具排水不通畅。

② 堵塞原因　管道甩口封堵不及时或方法不当，造成水泥砂浆等杂物掉入管道中；卫生器具安装前没有认真清理掉入管道内的杂物；管道安装时，没有认真清除管道内杂物；管道安装坡度不均匀，甚至有局部倒坡；管道接口零件使用不当，造成管道局部阻力过大。

③ 质量预控　及时堵死封严管道的甩口，防止杂物掉进管道内；卫生器具安装前认真

检查原甩口，并掏出管内杂物；管道安装时认真疏通管道内杂物；保持管道安装坡度均匀，不得有倒坡；生活排水管道标准坡度应符合规范规定。无设计规定时，管道坡度应小于1%；生活排水管道标准坡度，根据生活排水管道管径大小而定：当生活排水管管径为50mm、75mm、100mm、150mm时，其标准坡度分别为0.035、0.025、0.020、0.010；合理使用零件。地下埋设管道应使用TY形和Y形三通，不宜使用T形三通；水平横管避免使用四通；排水出墙管及平面清扫口需用两个45°弯头连接，以便流水通畅；主管检查口和平面清扫口的安装位置应便于维修操作；施工期间，卫生器具的返水弯丝堵最好缓装，以减少杂物进入管道内。

（3）排水管道甩口不准

① 现象　在继续安装主管时，发现原管道甩口不准。

② 甩口不准原因　管道层或地下埋设的管道未固定好；施工时对管道的整体安排不当，或者对卫生器具的安装尺寸了解不够；墙体与地面施工偏差过大，造成管道甩口不准。

③ 质量预控　管道安装后要垫实，甩口应及时固定牢靠；在编制施工方案时，要全面安排管道的安装位置，及时了解卫生器具的规格尺寸，关键部位应做样板交底；与土建密切配合，随时掌握施工进度，管道安装前要注意隔墙位置和基准线的变化情况，发现问题及时解决。

11.7　建筑给水排水工程竣工验收

按《建筑给水排水及采暖工程施工质量验收规范》（GB 50242—2002）及相关规范的要求进行。

11.7.1　给水系统的质量检查

验收步骤及要求：给水系统施工安装完毕，出具施工相关文件。外观检查和水压试验。室内直埋管道防腐应符合设计要求。穿地下室或地下构筑物外墙管道应采取防水措施。在同房间同类卫生器具应安装在同一高度上。明装管道成排安装时，应互相平行。管道支、吊、托架安装位置应正确，埋设应平整牢固。给水管道必须采用与管材相适应的管件。交付前必须进行冲洗和消毒。

试压的目的一是检查及接口强度，二是检查接口的严密性。建筑内部暗装、埋地给水管道应在隐蔽或填土之前作水压试验。

11.7.1.1　水压试验前的准备工作

（1）试压设备与装置

水压试验设备按所需动力装置分为手摇式试压泵与电动式试压泵两种。给水系统较小或局部管道试压，通常选择手摇式试压泵；给水系统较大，通常选择电动式试压泵，水压试验采用的压力表必须校验准确；阀门要启闭灵活，严密性好；保证有可靠的水源。

试验前，应将给水系统上各放水处（即连接水龙头、卫生器具上的配水点）采取临时封堵措施，系统上的进户管上的阀门应关闭，各立管、支管上阀门打开。在系统上的最高点装设排气阀，以便试压冲水时排气。排气阀有自动排气阀、手动排气阀两种类型。在系统的最低点设泄水阀，当试验结束后，便于泄空系统中水。给水管道试压前，管道接口不得油漆和保温，以便进行外观检查。

（2）水压试验压力

建筑内部给水管道系统水压试验压力如设计无规定，按以下规定执行。

室内给水管道的水压试验必须符合设计要求。当设计未注明时，各种材质的给水管道系统试验压力均为工作压力的 1.5 倍，但不得小于 0.6MPa。生活饮用水和生产、消防合用的管道，试验压力应为工作压力的 1.5 倍，但不得超过 1.0MPa。对使用消防水泵的给水系统，以消防泵的最大工作压力作为试验压力。

检验方法：金属及复合管给水管道系统在试验压力下观测 10min，压力降不应大于 0.02MPa，试验时，达到规定压力即停止加压，然后降到工作压力进行检查，应不渗不漏；塑料管给水系统应在试验压力下稳压 1h，压力降不得超过 0.05MPa，然后在工作压力的 1.15 倍状态下稳压 2h，压力降不得超过 0.03MPa，同时检查各连接处不得渗漏。

11.7.1.2 水压试验的方法及步骤

对于多层建筑给水系统，一般按全系统只进行一次试验；对于高层建筑给水系统，一般按分区、分系统进行水压试验。水压试验应有施工单位质量检查人员或技术人员、建设单位现场代表及有关人员到场，做好对水压试验的详细记录。各方面负责人签章，并作为技术资料存档。

水压试验的步骤如下。

① 将水压试验装置进水管接在市政水管、水箱或临时水池上，出水管接入给水系统上。试压泵、阀门等附件宜用活接头或法兰连接，便于拆卸。

② 打开室内给水系统最高点排气阀，试压泵前后的压力表阀也要打开。当排气阀向外冒水时，立即关闭。

③ 开启试压泵的进出水阀，启动试压泵，向给水系统加压。加压泵加压应分阶段使压力升高，每达到一个分压阶段，应停止加压对管道进行检查，无问题时才能继续加压，一般应分 2～3 次是压力升至试验压力。

④ 当压力升至试验压力，停止加压，观测 10min，压力降不大于 0.05MPa 然后将试验压力降至工作压力，管道、附件等处未发现漏水现象为合格。

⑤ 试压过程中，发现接口渗漏、管道砂眼、阀门等附件漏水等问题，应做好标记，待系统水放空，进行维修后继续试验，直至合格。

⑥ 试压合格后，应将进水管与试压装置断开。开启放水阀，将系统中试验用水放空。并拆除试压装置。

给水管道的水压试验必须符合设计要求。管道及管件焊接的焊缝外形尺寸应符合图纸和工艺的规定。给水水平管道应有 0.002～0.005 的坡度坡向泄水装置。管道、阀件、水表和卫生洁具的安装是否正确及有无漏水现象。生活给水及消防给水系统的通水试验。

11.7.2 建筑消防系统竣工验收

11.7.2.1 验收资料

批准的竣工验收申请报告、设计图纸、公安消防监督机构的审批文件、设计变更通知单、竣工图；地下及隐蔽工程验收记录，工程质量事故处理报告；系统试压、冲洗记录；系统调试记录；系统联动试验记录；系统主要材料、设备和组件的合格证或现场检验报告；系统维护管理规章、维护管理人员登记表及上岗证。

11.7.2.2 消防系统供水水源的检查验收要求

应检查室外给水管网的进水管管径及供水能力，并应检查消防水箱和水池容量，均应符合设计要求；当采用天然水源作系统的供水水源时，其水量、水质应符合设计要求，并应检查枯水期最低水位时确保消防用水的技术措施。

11.7.3 排水系统的质量检查

11.7.3.1 灌水试验

建筑内部排水管道为重力流管道，一般作闭水（灌水）试验，以检查其严密性。建筑内部暗装或埋地排水管道，应在隐蔽或回填土之前作闭水试验，其灌水高度应不低于底层地面高度。确认合格后方可进行回填土或进行隐蔽。对生活和生产排水管道系统，管内灌水高度一般以一层楼的高度为准；雨水管的灌水高度必须到每根立管最上部的雨水斗。

灌水试验以满水 15min 后，再灌满延续 5min，液面不下降为合格。灌水试验时，除检查管道及其接口有无渗漏现象外，还应检查是否有堵塞现象。

排水系统的灌水试验可采取排水管试漏胶囊。试验方法如下。

① 立管和支管（横管）砂眼或接口试漏。先将试漏胶囊从立管检查口处放置立管适当部位，然后用打气筒充气，从支管口灌水，如管道有砂眼或接口不良，即会发生渗漏。

② 大便器胶皮碗试验。胶囊从大便器下水口充气后，通过灌水试验如胶皮碗绑扎不严，水在接口处渗漏。

③ 地漏、立管穿楼板试漏。打开地漏盖，胶囊在地漏内充气后可在地面做泼水试验，如地漏或立管封堵不好，即向下层渗漏。

整个闭水试验过程中，各有关方面负责人必须到现场，做好记录和签证，并作为工程技术资料归档。

排水主立管及水平干管管道均应做通球试验：通球球径不小于排水管道管径的 2/3，通球率必须达到 100%。

11.7.3.2　管道检查

平面位置、标高、坡度、管径、管材是否符合工程设计要求；干管与支管及卫生洁具位置是否正确，安装是否牢固，管道接口是否严密。排水塑料管必须按设计要求及位置装设伸缩节。高层建筑中明设排水塑料管道应设置阻火圈或防火套管。清扫口、检查口、伸顶通气管高度与管径等的要求同一般排水立管的规定。建筑物最底层横支管接入处至立管管底排出管的垂直距离不得小于规定，层数超过 12 层，不能满足要求时底层应单独排出。

11.7.4　卫生器具的质量检查

卫生器具的安装应采用预埋螺栓或膨胀螺栓安装固定。卫生器具安装高度，应符合规定。卫生器具给水配件的安装高度，应符合规定。排水栓和地漏的安装应平正、牢固，低于排水表面，周边无渗漏。地漏水封高度不得小于 50mm。卫生器具交工前应做满水和通水试验。小便槽冲洗管，应采用镀锌钢管或硬质塑料管。冲洗孔应斜向下方安装，冲洗水流同墙面成 45°角。卫生器具的支、托架必须防腐良好，安装平整、牢固与器具接触紧密、平稳；给水配件应完好无损伤，接口严密，启闭灵活。浴盆软管淋浴器挂钩的高度，如设计无要求，应距地面 1.8m。卫生器具的受水口和立管均应采取可靠的固定措施；管道与楼板的结合部位应采取牢固可靠的防渗、防漏措施。连接卫生器具的排水管道接口应紧密不漏，其固定支架、管卡等支撑位置应正确、牢固，与管道的接触应平整。

11.7.5　热水系统的质量检查

热水供应系统水压试验：热水供应系统安装完毕，管道保温之前应进行水压试验。热水供应系统水压试验压力应为系统顶点的工作压力加 0.1MPa，同时在系统顶点的试验压力不小于 0.3MPa。

建筑内部热水供应系统质量检查：管道的走向、坡向、坡度及管材规格是否符合设计图纸要求；管道连接件、支架、伸缩器、阀门、泄水装置、放气装置等位置是否正确；接头是否牢固、严密等；阀门及仪表是否灵活、准确；热水温度是否均匀，是否达到设计要求。热水供应系统应保温（浴室内明装管道除外），保温材料、厚度、保护壳等应符合设计规定。热水供水、回水及凝结水管道系统，在投入使用前，必须进行清洗，一般在管道压力试验合格后进行。

复习思考题

1. 建筑给排水管道及卫生器具施工准备工作有哪些？
2. 建筑给排水管道常用哪些管材？有哪些接口？
3. 试述建筑给水管道安装方法和安装顺序。
4. 试述建筑排水管道安装方法和顺序。
5. 试述卫生器具的安装顺序。
6. 试述建筑给水管道验收的方法和步骤。
7. 试述建筑排水管道验收的方法和步骤。

第 12 章　建筑给水排水工程施工图识读

【知识目标】

- 掌握建筑给水排水工程施工图制图的规定。
- 掌握建筑给水排水工程施工图构成内容。
- 掌握建筑给水排水工程施工图识读方法。

【能力目标】

- 能正确识读建筑给水排水工程施工图。

12.1　建筑给水排水工程施工图组成

建筑给水排水工程施工图一般由图纸目录、主要设备材料表、图例、设计说明、平面图、系统图（轴测图）、系统原理图、剖面图、详图和大样图组成。上述图纸种类并非每个工程全部包含，按照工程的实际需要进行合理绘制。

① 图纸目录　将全部施工图纸进行分类编号，并填入施工图纸目录表格中，作为施工图一并装订。

施工图纸编号一般采用水施—××。

图纸图号一般按下列编排顺序：系统原理图在前，平面图、剖面图、放大图、轴测图、详图依次在后；平面图中应地下各层在前，地上各层依次在后。

② 主要设备材料表　设备材料表一般都要列出系统主要设备及主要材料的规格、型号、数量、具体参数要求。

③ 设计说明　主要体现设计图纸上用图或符号表达不清楚的问题，需要用文字加以说明，例如：工程概况、设计依据、管材及接口方式、管道的防腐、防冻、防结露的方法、卫生器具的类型及安装方式、其他施工注意事项、施工验收应达到的质量要求、系统的管道水压试验要求以及有关图例等。

一般中、小型工程的设计说明直接写在图纸上，工程较大、内容较多时则要另用专页编写，如果有水泵、水箱等设备，还须写明型号、规格及运行管理要点等。

图例是用表格的形式列出该系统中使用的图形符号或文字符号，其目的是使读图者容易读懂图。

④ 平面图　建筑给水排水平面图表示建筑物内各层给排水管道及卫生设备的平面布置情况，其内容包括以下几项。

a. 各用水设备的类型及平面位置。

b. 给水、消防、热水、排水各管道干管、立管、支管的平面位置，立管编号和管道的敷设方式。

c. 管道附件，如阀门、消火栓、清扫口的位置。

d. 给水引入管、消防引入管和污水排出管、接合器等与建筑物的平面定位尺寸、编号以及与室外给水、消防、排水管网的联系。管道穿建筑物外墙的标高、防水套管的形式等。

平面图一般有 2～3 张，分别是地下室或底层平面图、标准层平面图或顶层平面图。

⑤ 系统图　系统图用来表达管道和设备的三维空间位置关系，一般用 45°轴测方向绘制。主要内容有各系统的编号及立管编号、用水设备及卫生器具的编号；管道的走向，与设备的位置关系；管道及设备的标高；管道的管径坡度；阀门种类及位置等。给水系统图、消防给水系统图、排水系统图单独绘制。

⑥ 系统原理图（系统展开原理图）比轴测图简单，主要反映各种管道系统的整体概念，以立管为主要描述对象，按管道类别分别绘制。一般水平坐标按照各个系统自左至右展开排列各立管，纵坐标描述楼层标高。

⑦ 详图和大样图

a. 详图也称放大图或节点图　对于给排水工程中某一关键部位或连接构造比较复杂，在比例较小的平面图、系统图中无法表达清楚时，在给排水施工图中以详图的形式表达。如设备较多的水泵房、水池、水箱间、热交换站、卫生间、水处理间等，其比例一般为 1∶50。节点详图反映了组合体各部位的详细构造与尺寸。

b. 大样图　给排水施工图中为非标准化的加工件（如管件、零部件、非标准设备等）绘制的加工大样图。大样图的比例较大（1∶10、1∶5 等），管线一般用双线表示。

12.2　建筑给水排水工程施工图制图的一般规定

建筑给水排水施工图制图应符合《给水排水制图标准》（GB/T 50106—2010）的相应规定。

（1）图线规定

建筑给排水施工图制图的图线宽度，应根据图纸的类别、比例和复杂程度，按《房屋建筑制图统一标准》（GB/T 50001—2010）的规定选用。线宽 b 宜为 0.7 或 1.0mm。

①新设计的各种排水和其他重力流管线宜用粗实线（b）；②新设计的各种给水和其他压力流管线宜用中粗实线（0.75b）；③给水排水设备、零（附）件的可见轮廓线、总图中新建的建筑物和构筑物的可见轮廓线、原有的各种给水和其他压力流管线宜用中实线（0.5b）；④建筑的可见轮廓线，总图中原有的建筑物和构筑物的可见轮廓线，以及制图中的各种标注线宜用细实线（0.25b）；⑤不可见轮廓线宜用虚线表示。

（2）制图比例

建筑给排水平面图制图比例一般为 1∶100、1∶150、1∶200；建筑给排水轴测图（系统图）制图比例一般为 1∶50、1∶100、1∶150，如局部表达有困难时，该处可不按比例绘制；大样图制图比例一般为 1∶50、1∶30、1∶20、1∶10、1∶5、1∶2、1∶1、2∶1。水处理工艺流程断面图和建筑给排水管道展开系统图可不按比例绘制。

（3）标高

① 给水排水施工图中标高应以 m 为单位，一般应注写到小数点后第三位。

② 管道应标注起点、转角点、连接点、变坡点和交叉点的标高。

③ 压力管道应标注管中心标高；沟渠和重力流（排水）管道宜标注沟（管）内底标高；必要时，室内架空敷设重力管道可标注管中心标高，但在图中应加以说明。

④ 管道标高在平面图、系统图中的标注如图 12.1 所示，剖面图中的标注如图 12.2 所示。

⑤ 室内工程应标注相对标高；室外工程宜标注绝对标高，当无绝对标高资料时，可标注相对标高，但应与总图专业一致。

（4）管径

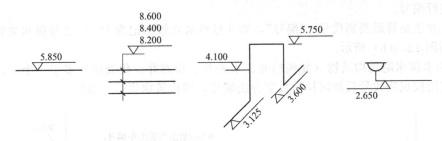

图 12.1 平面图、系统图中管道标高标注法

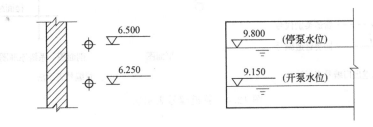

图 12.2 剖面图中管道及水位标高标注法

① 室内建筑给排水施工图中的管径标注应以 mm 为单位。

② 管径的表达方式应符合下列规定。

a. 煤气输送钢管（镀锌或非镀锌）、铸铁管等管材，管径宜以公称直径 DN 表示（如 $DN15$、$DN50$）。

b. 无缝钢管、焊接钢管（直缝或螺旋缝）等管材，管径宜以外径 $D \times$ 壁厚表示（如 $D108 \times 4$、$D159 \times 4.5$ 等）。

c. 铜管、薄壁不锈钢管等管材，管径宜以公称外径 Dw 表示。

d. 钢筋混凝土（或混凝土）管，管径宜以内径 d 表示（如 d230、d380 等）。

e. 建筑给排水塑料管材，管径宜按工程外径 dn 表示。

f. 复合管、结构壁塑料管管径应按产品标准的方法表示。

g. 设计均用公称直径 DN 表示管径时，应有公称直径 DN 与相应产品规格对照表。

管径的标注方法如图 12.3 所示。

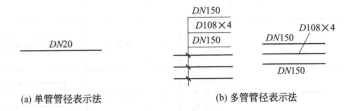

(a) 单管管径表示法　　　　　　(b) 多管管径表示法

图 12.3 管径的标注方法

（5）编号

① 为便于使平面图与轴测图对照起见，管道应按系统加以标记和编号。

给水系统以每一条引入管为一个系统，排水系统以每一条排出管或几条排出管汇集至室外检查井为一个系统。当建筑物的给水引入管或排水排出管的数量超过 1 根时，宜进行编号。系统编号的标志是在直径为 12mm 的圆圈内过中心画一条水平线，水平线上面是用大写的汉语拼音字母表示管道的类别，下面用阿拉伯数字的编号，如图 12.4(a) 所示。

② 给排水立管在平面图上一般用小圆圈表示，建筑物内穿越的立管，其数量超过 1 根

时，宜进行编号。

标注方法是管道类别代号-"编号"，如 3 号给水立管标记为 JL-3，2 号排水立管标记为 PL-2，如图 12.4(b) 所示。

③ 给水排水附属构筑物（如阀门井、水表井、检查井、化粪池）多于一个时，应进行编号，宜用构筑物代号后加阿拉伯数字方法编号，即构筑物代号－编号。

图 12.4　管道编号表示法

12.3　建筑给水排水工程施工图制图的常用图例

（1）管道图例的表示方法

详见表 12.1。

表 12.1　管道图例

序号	名称	图例	备注	序号	名称	图例	备注
1	生活给水管	—— J ——		8	雨水管	—— Y ——	
2	热水给水管	—— RJ ——		9	保温管	〜〜〜〜	
3	热水回水管	——RH——		10	多孔管		
4	中水给水管	—— ZJ ——		11	地沟管		
5	废水管	—— F ——	可与中水源水管合用	12	防护套管		
6	污水管	—— W ——		13	管道立管	XL-1（平面）　XL-1（系统）	
7	压力污水管	——YW——		14	排水暗沟	坡向 —→	

（2）管道附件的常用图例

详见表 12.2。

表 12.2　管道附件的图例

序号	名称	图例	备注	序号	名称	图例	备注
1	套管伸缩器	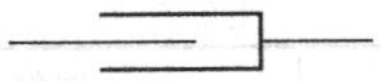		8	立管检查口	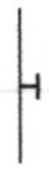	
2	方形伸缩器	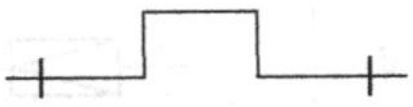		9	清扫口	 平面　系统	
3	刚性防水套管	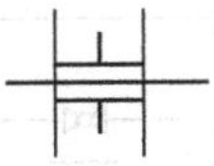		10	通气帽	 成品　铅丝球	
4	柔性防水套管	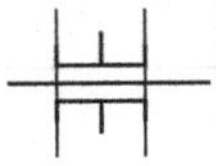		11	圆形地漏		
5	波纹管			12	方形地漏		
6	管道固定支架			13	自动冲洗水箱		
7	管道滑动支架			14	减压孔板	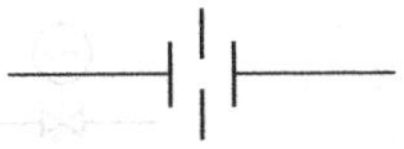	

（3）管件及管道连接的常用图例

详见表 12.3。

表 12.3　管件及管道连接的图例

序号	名称	图例	备注	序号	名称	图例	备注
1	法兰连接	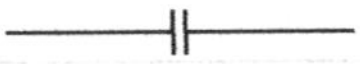		8	异径管	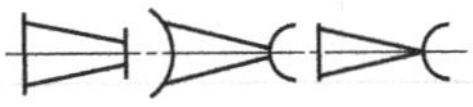	
2	承插连接	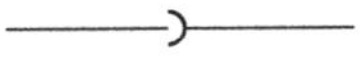		9	乙字管		
3	活接头	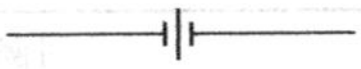		10	喇叭口	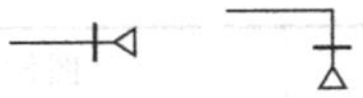	
4	管堵	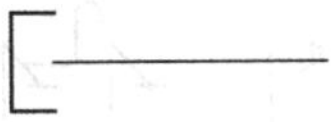		11	存水弯		
5	三通连接			12	弯头		
6	管道交叉		在下方的管道应断开	13	正三通	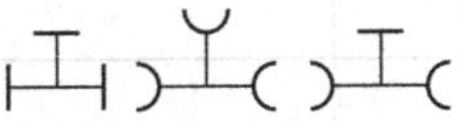	
7	偏心异径管	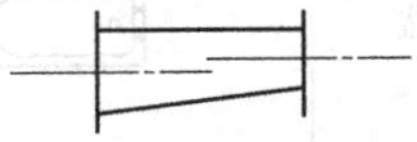		14	斜三通		

（4）阀门的常用图例

详见表 12.4。

表 12.4 阀门的图例

序号	名称	图例	备注	序号	名称	图例	备注
1	闸阀			8	减压阀	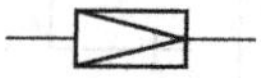	
2	角阀			9	旋塞阀	 平面　系统	
3	三通阀			10	球阀		
4	截止阀	 DN≥50　DN<50		11	温度调节阀		
5	电动阀			12	压力调节阀	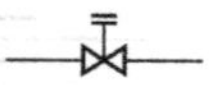	
6	液动阀	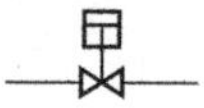		13	止回阀	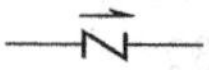	
7	气动阀			14	浮球阀	 平面　系统	

（5）给水配件及卫生设备的常用图例

详见表 12.5。

表 12.5 给水配件及卫生设备的图例

序号	名称	图例	备注	序号	名称	图例	备注
1	水嘴	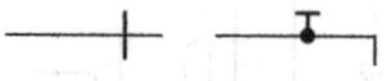 平面　系统		4	混合水龙头	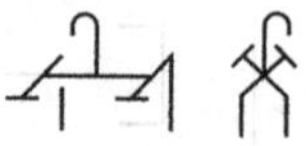	
2	皮带水嘴	 平面　系统		5	洗脸盆	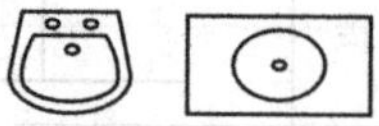 立式　台式	
3	脚踏开关	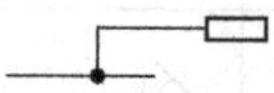		6	浴盆	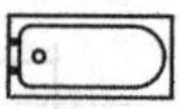	

序号	名称	图例	备注	序号	名称	图例	备注
7	化验盆 洗涤盆	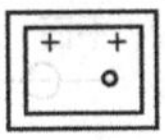		11	蹲式大便器	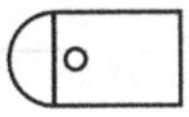	
8	盥洗槽	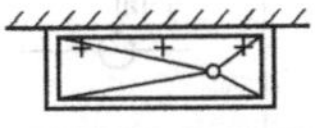		12	坐式大便器	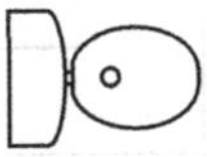	
9	污水池			13	小便槽		
10	立式小便器			14	淋浴喷头		

（6）给水排水设备及构筑物的常用图例

详见表12.6。

表 12.6　给水排水设备及构筑物的图例

序号	名称	图例	备注	序号	名称	图例	备注
1	卧式水泵	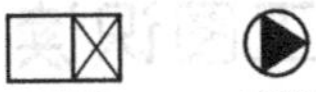 平面　系统		7	矩形化粪池	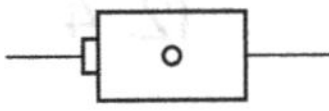 HC	HC 为化粪池代号
2	管道泵			8	圆形化粪池	 HC	
3	卧式热交换器	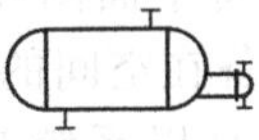		9	隔油池	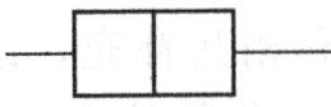 YC	YC 为除油池代号
4	立式热交换器	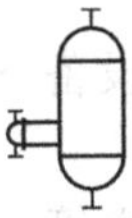		10	降温池	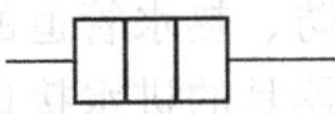 JC	JC 为降温池代号
5	快速管式热	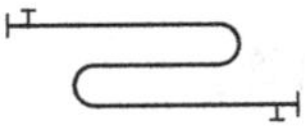		11	阀门井、检查井	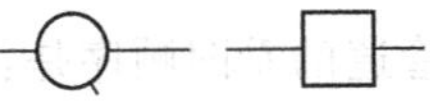	
6	喷射器			12	水表井		

（7）消防设施的常用图例

详见表12.7。

表 12.7 消防设施的图例

序号	名称	图例	备注	序号	名称	图例	备注
1	消火栓给水管	——XH——		7	自动喷洒头（闭式）	 平面 ○　系统 ▽	下喷
2	自动喷水灭火给水管	——ZP——		8	自动喷洒头（闭式）	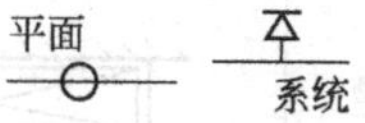 平面 ○　系统 △	上喷
3	室内消火栓（单口）	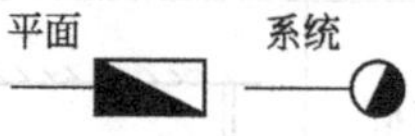 平面 ◨　系统 ◑		9	干式报警阀	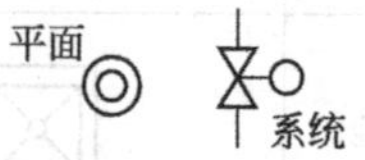 平面 ◎　系统	
4	室内消火栓（双口）	 平面 ⊠　系统 ◓		10	湿式报警阀	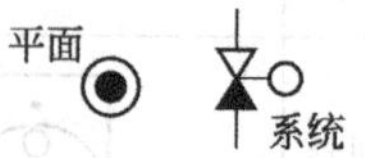 平面 ◉　系统	
5	水泵接合器	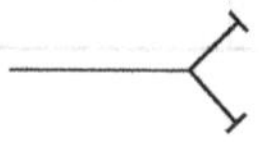 ——〈		11	水流指示器	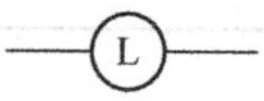 —Ⓛ—	
6	自动喷洒头（开式）	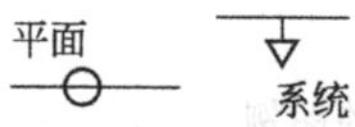 平面 ○　系统 ▽		12	手提式灭火器	▲	

12.4 建筑给水排水工程施工图识读

12.4.1 建筑给水排水工程施工图识读方法

一套建筑给排水施工图所包括的内容比较多，图纸往往有很多张，阅读时应先看图纸目录及标题栏，了解工程名称、项目内容、设计日期、工程全部图纸数量、图纸编号等；接着看设计说明，了解工程总体概况及设计依据，了解图纸中未能表达清楚的各有关事项；给水排水施工图的主要图纸是平面图和系统轴测图，识读时必须将平面图和系统图对照起来看，以便相互说明和相互补充，以便明确管道、附件、器具、设备在空间的立体布置，明确某些卫生器具或用水设备的安装尺寸及要求，具体的识读方法是以系统为单位，沿水流方向观察：

给水、消防、热水管道的看图顺序是：引入管→贮水加压设备→干管→立管→支管→用水设备或卫生器具的进水接口（或水龙头）。

排水管道的看图顺序是：器具排水管→排水横支管→排水立管→排水干管→排出管→通气系统。

雨水管道的看图顺序是：雨水斗→雨水立管→雨水排出管。

12.4.2 建筑给水排水工程施工图的识读

【例 12.1】 某三层建筑物给排水工程施工图如图 12.5～图 12.13 所示，试识读给排水工程施工图。

（1）给排水设计说明

① 工程概况：略。

② 设计依据：略。

③ 设计范围室内生活给水、排水、雨水、消火栓系统及建筑灭火器配置等。

④ 设计内容

a. 生活给水系统　供水：校区自建泵房，生活水箱设在餐饮中心地下室，采用恒压变频供水设备供水。室内系统型式为下行上给枝状管网。

b. 生活排水系统　本建筑采用单立管排水方式，设伸顶通气管，连接 6 个及 6 个以上大便器的横支管设环形通气管；排水伸顶通气管在顶部设伞形通气帽，且高出屋面 700mm；排水立管上检查口应安装在距离装饰后的地面 1.0m 高处，检查口的朝向应便于检修。

c. 屋面雨水系统　屋面雨水采用重力流排水系统，在顶层楼板下设悬吊管，排至室外的雨水井。

d. 消火栓系统　消防水池及室内、外消防水泵设在餐饮中心地下室；高位水箱间设在教学楼顶部，水箱间内另配置稳压泵及气压罐；室内消火栓系统在室外环状管网上引入两条给水管，室内连成环状管网，并按规范要求设分段阀门；室内暗装消火栓采用单开门挂式，外形尺寸为：650×800×240，明装消火栓采用带灭火器箱组合式消防柜，外形尺寸为：700×1600×240。箱内配置为：DN65 消火栓 1 个，衬胶水龙带 1 条（带长 25m），ϕ19mm 水枪 1 支及消防按钮，消火栓采用减压稳压型。

e. 建筑灭火器配置　本工程按中危险级 A 类配置磷酸铵盐干粉灭火器，每具 3kg，灭火级别为 2A，位置见图纸。

⑤ 材料、设备及防腐保温

a. 管材　生活给水管采用 PP-R 管材（S4 系列，公称压力 1.6MPa），热熔连接。阀门及管件，水嘴应与管材相应配套；生活排水管采用 UPVC 排水管，粘接。伸顶部分（自屋面以下 300mm 至通气帽）采用离心铸铁管；消火栓管道采用热镀锌钢管，DN<100 丝扣连接，DN≥100 沟槽卡箍连接；雨水管道采用离心铸铁排水管，卡箍柔性连接；穿过楼板及防火墙的套管与管道之间缝隙应用不燃密实材料和防水油膏填实，端面光滑。

b. 阀门　生活给水阀门：采用 PP-R 球阀，工作压力为 1.0MPa；消防给水阀门采用蝶阀。阀门应常开，并有明显启闭标志。工作压力为 1.0MPa。

c. 保温、防腐及防结露　消火栓给水管埋地部分应做防腐：两布（玻璃丝布）、三油（沥青漆）；地沟内的刷两遍防锈漆；明装的生活给、排水横管，明装雨水管做防结露保冷处理，保温材料采用 10mm 厚橡塑。

⑥ 试压　生活给水管道工作压力为 0.21MPa，试验压力为 0.90MPa；消火栓管道工作压力为 0.36MPa，试验压力为 0.60MPa；生活排水系统应做灌水试验，其灌水高度应不低于底层卫生器具的上边缘或底层地面高度；消火栓系统安装完毕后应做试射试验。

（2）室内生活给水系统施工图的识读

此建筑物的生活给水方式为直接给水方式。

① 一层平面图的识读

a. 生活给水引入管　生活给水引入管借助采暖入口从建筑物西侧 D 轴附近进入室内，沿中间采暖沟送到男卫生间 JL-1，只设置一根引入管，管径为 DN50，阀门井中设置一个截止阀、一个止回阀和一个泄水阀。

b. 生活给水干管　—J—表示生活给水干管，与引入管连接，管径为 DN50，生活给水干管沿暖沟布置，进入一层卫生间。

c. 生活给水立管　JL-1 表示生活给水的第一根立管，由于建筑物给排水结构比较简单，只在卫生间设置了一根生活给水立管。一层卫生间：图中显示了卫生间的位置和卫生器具布置情况，具体见一层卫生间大样图。

② 其他平面图的识读　从二层平面图中可以看出 JL-1 的位置、二层卫生间的位置和卫生器具的布置。从二层平面图中可以看出，三层无生活给水设施。

③ 系统图的识读　从生活给水系统图中可以看到生活给水系统的管道布置情况、引入管的埋深（1.15m）、各部分管道的管径、管道的坡度和支管的布置情况。从图中可以看出，JL-1上每层连接2根支管，管径为DN20和DN40。

④ 卫生间平面布置大样图的识图　卫生间平面布置大样图中可以看出，各种卫生器具的布置位置、支管的布置情况和管径。一层和二层卫生间卫生器具布置情况不一样，因此生活给水管道的布置也会不同。一层有男、女及残疾人卫生间各一个。女卫生间有3个蹲式大便器；男卫生间有4个蹲式大便器及3个小便器、地面有1个地漏；残疾人卫生间有坐式大便器及污水池各1个、地面有1个地漏，排水横管顶端有一清扫口。二层有男、女卫生间各一个。女卫生间4个蹲式大便器、地漏1个；男卫生间有4个蹲式大便器及3个小便器、连接大便器排水横管末端有清扫口。一二层卫生间入口设有洗脸盆。

⑤ 卫生间系统大样图的识读　从卫生间系统大样图中可以看出卫生间支管的布置情况、支管的安装高度、各类卫生器具的名称、卫生器具的进水管的管径和阀门的位置。一层DN40支管的安装标高为0.250m，一层DN20支管的安装标高为1.150m，二层DN40支管的安装标高为4.250m，二层DN20支管的安装标高为5.150m。

（3）消防给水系统施工图的识读
此建筑物的消防给水方式为室外给水管网直接供水的消火栓灭火系统。

① 平面图的识读

a. 消防给水引入管　在一层平面图中可以看出，消防给水引入管有2条，1条从采暖入口二地沟引入，另1条从采暖入口一地沟引入，管径分别为DN100，阀门井中设置一个截止阀和一个泄水阀。

b. 消防给水干管　—XH—表示生活给水干管，与引入管连接，管径为DN100。从一层、二层、三层平面图中可以看出，干管在一层和三层布置成环状，并分段设置阀门。

c. 消防给水立管　XHL-表示消防给水立管，从各层平面图中可以看出消防立管和消火栓的设置位置。每个消防箱下设A类配置磷酸铵盐干粉灭火器，每具3kg，灭火级别为2A。

② 系统图的识读　从消防给水系统图中可以看到消防给水系统布置成环状管网，两根引入管的埋深均为1.150m。系统图中还标明了管道安装的标高、管道的直径和阀门安装的位置。

（4）室内排水系统施工图的识读

① 卫生间大样图的识读　卫生间平面布置大样图中可以看出各种卫生器具的位置、排水支管的布置情况、管道的管径、排水立管的位置和通气立管的位置。
从卫生间系统大样图中可以看出卫生间排水支管的布置情况、管道的安装高度、存水弯的类型、卫生器具的排出管的管径和管道的坡度。

② 平面图的识读　从屋面平面图和三层平面图可确定伸顶通气管的位置WL-1。二层平面图给出污水立管WL-1和通气立管TL-1的位置，结合通气管的布置情况和管径DN75。一层平面图给出污水立管WL-1、通气立管TL-1的位置和出户管的信息，出户管布置在建筑物的右侧，与引入管相对，出户管的管径为DN150，埋深1.050m。

③ 系统图的识读　从排水系统图中可以看到排水系统的管道布置情况、出户管的埋深、各部分管道的管径、立管检查口的设置情况和管道的安装高度。同时，还可以看到通气管道系统的布置情况，采用专用通气管TL-1（DN75）给立管通气，在三层楼板下用结合通气管（DN75）与WL-1连接，在WL-1设置伸顶通气管（DN100），伸出屋顶700mm。

（5）建筑雨水施工图的识读
本建筑物采用雨水内排水系统，有单斗密闭式内排水系统、多斗密闭式内排水系统两种。

① 平面图的识读　从屋面平面图可以确定雨水斗的设置位置和数量，建筑物设置了 15 个 65 型雨水斗，连接管管径 $DN100$。三层平面可以确定雨水立管 YL-和悬吊管的位置和管径，从图中可以看出，雨水斗 YD-8、YD-9、YD-10 用悬吊管连接后从雨水立管 YL－7 排水，同理，雨水斗 YD-11、YD-12、YD-13 用悬吊管连接后从雨水立管 YL-8 排水，悬吊管管径为 $DN150$。从一层平面图可以确定雨水排出管和清扫口的位置和数量，建筑物有 8 个雨水排出管 Y，管径有两种 $DN100$ 和 $DN150$。

② 系统图的识读　从与系统图中可以看雨水系统的管道布置情况、出户管的埋深、各部分管道的管径、立管检查口的位置和安装高度、管道的安装高度、横向管道的坡度。

复习思考题

1. 室内给排水工程施工图制图的一般规定涉及哪几个方面的问题？
2. 室内给排水工程施工图主要包括哪些内容？
3. 简要阐述室内给排水工程施工图识读方法？

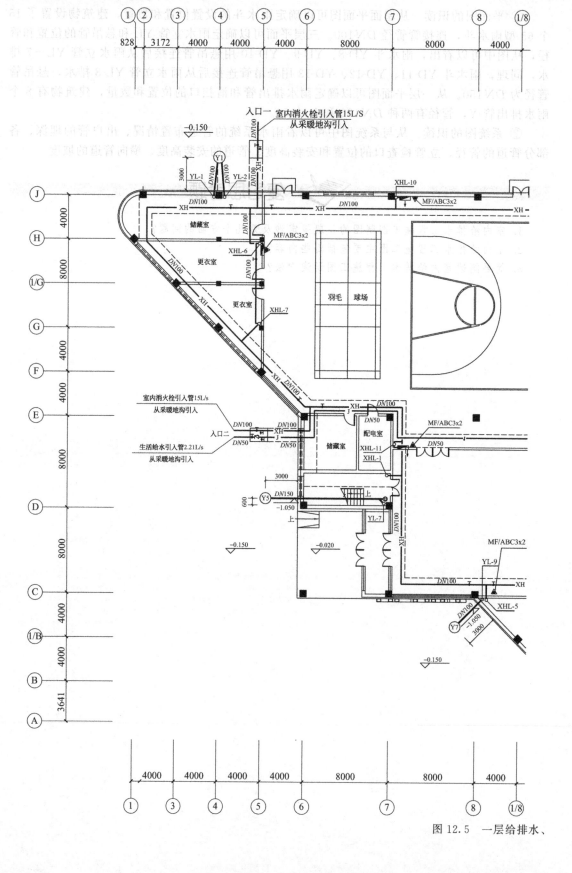

图 12.5 一层给排水、

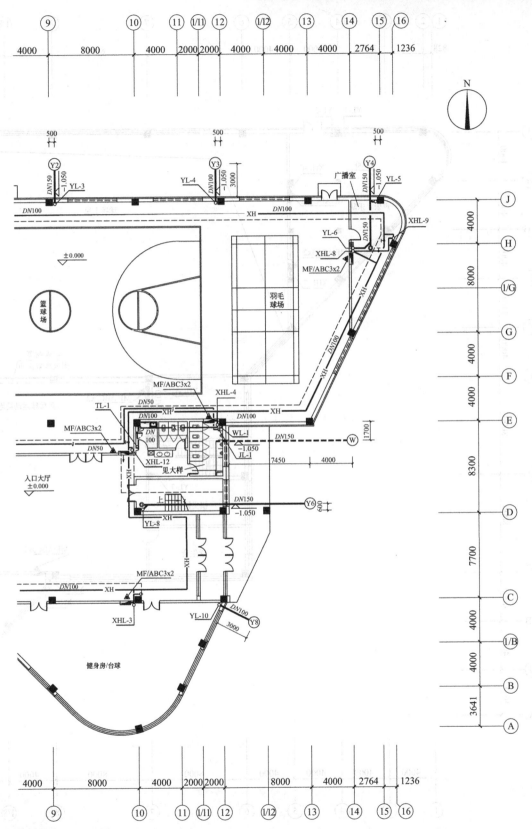

消防平面图

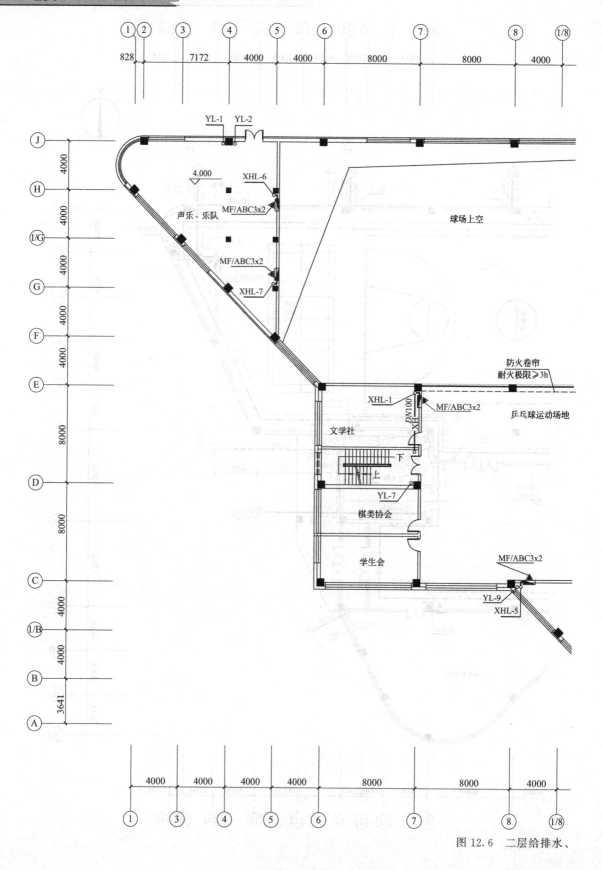

图 12.6　二层给排水、

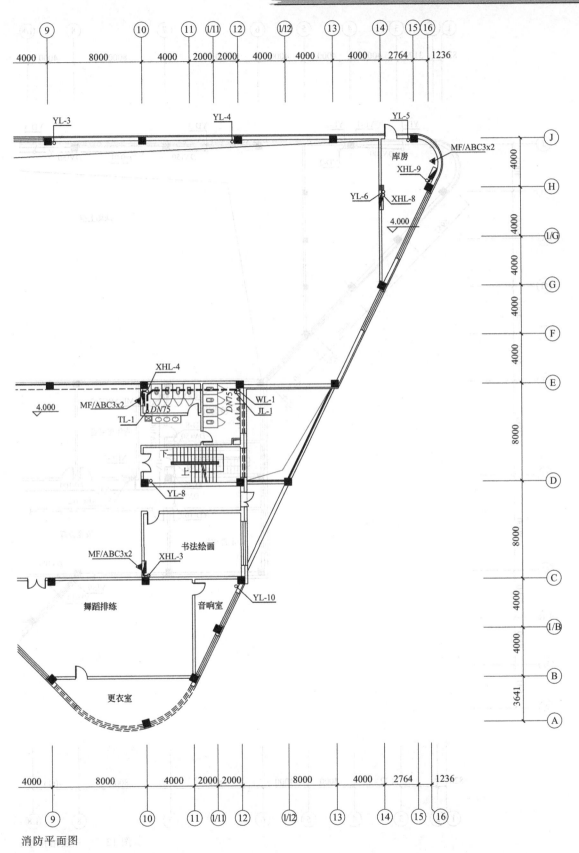

消防平面图

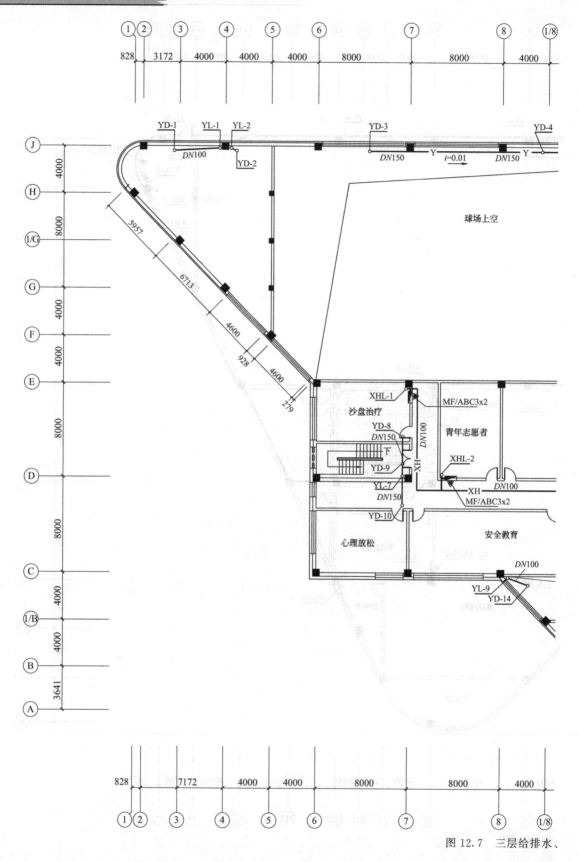

图 12.7 三层给排水、

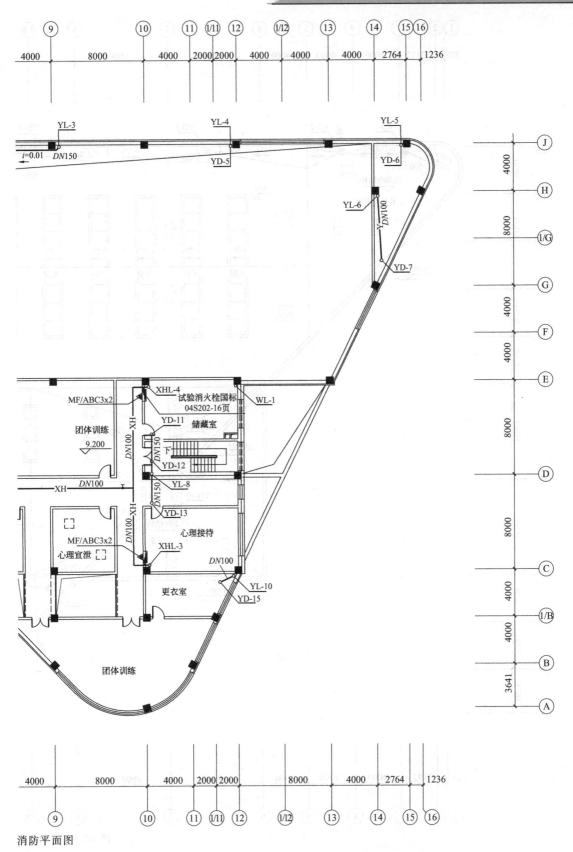

消防平面图

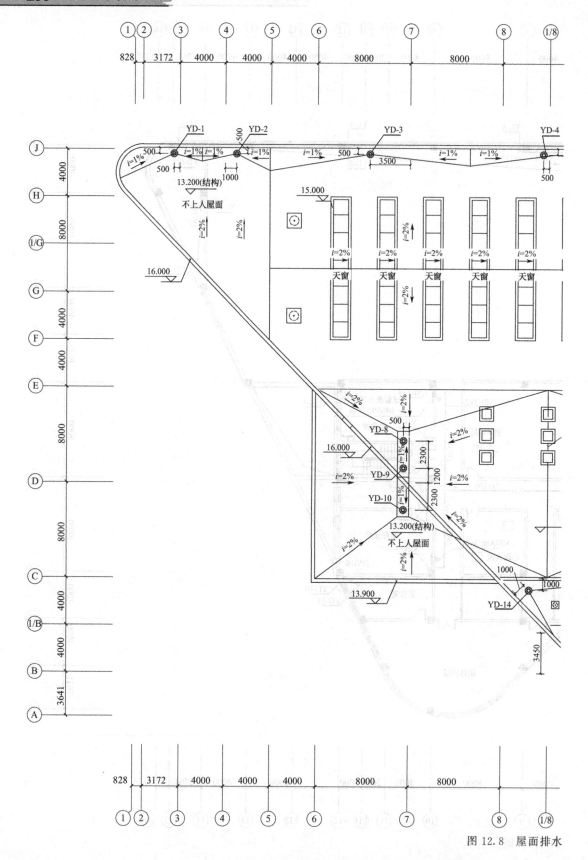

图 12.8 屋面排水

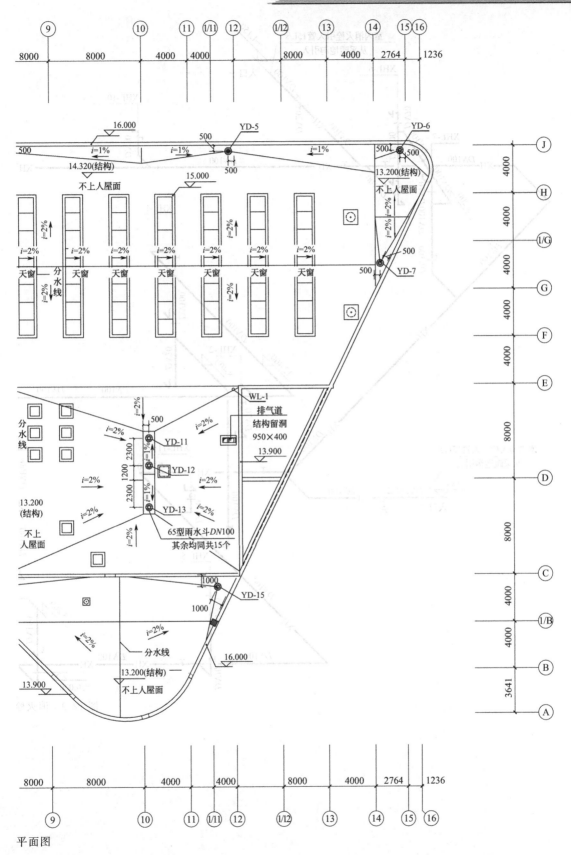

平面图

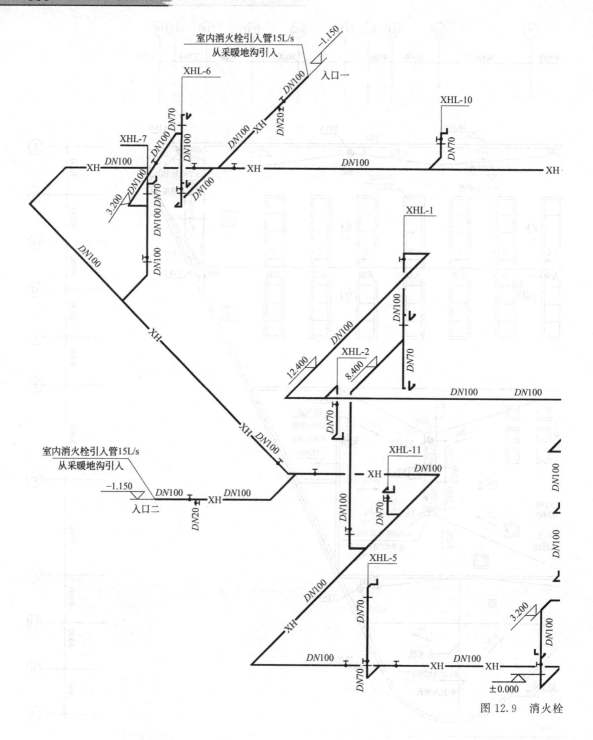

图 12.9 消火栓

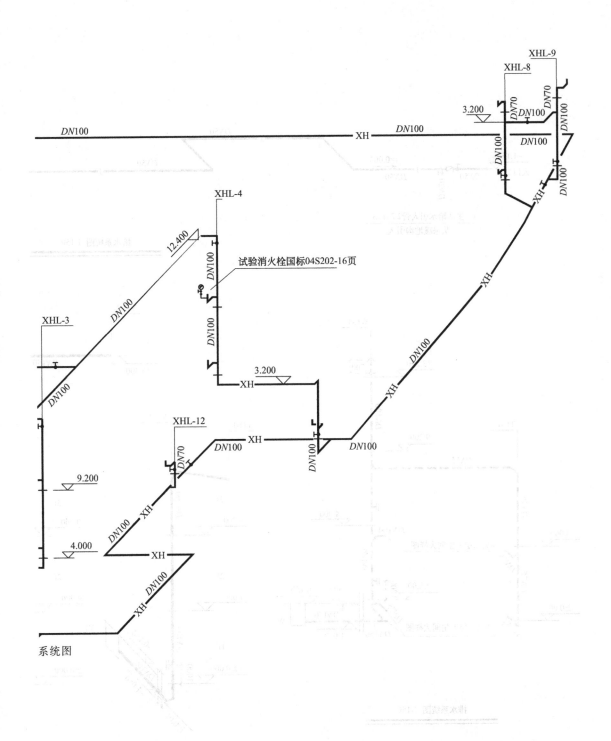

系统图

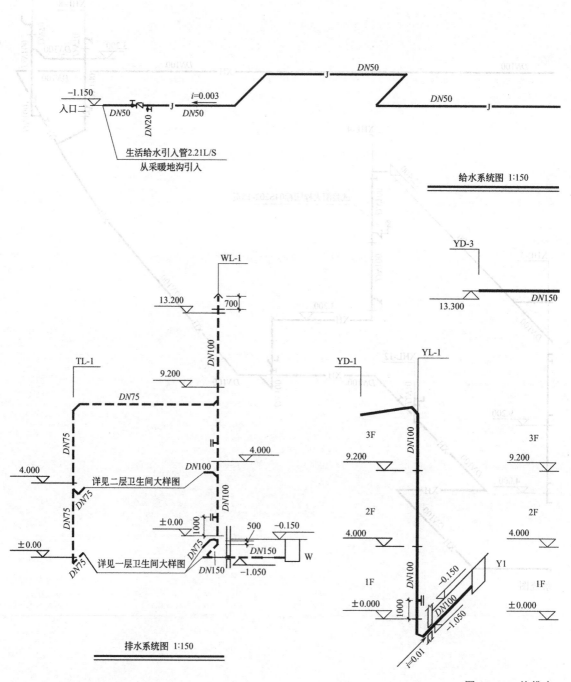

给水系统图 1:150

排水系统图 1:150

图 12.10　给排水

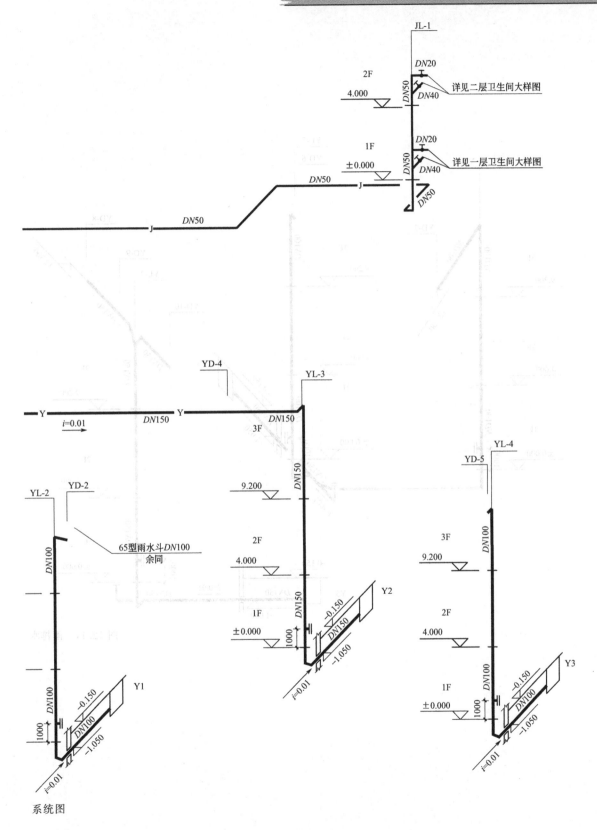

系统图

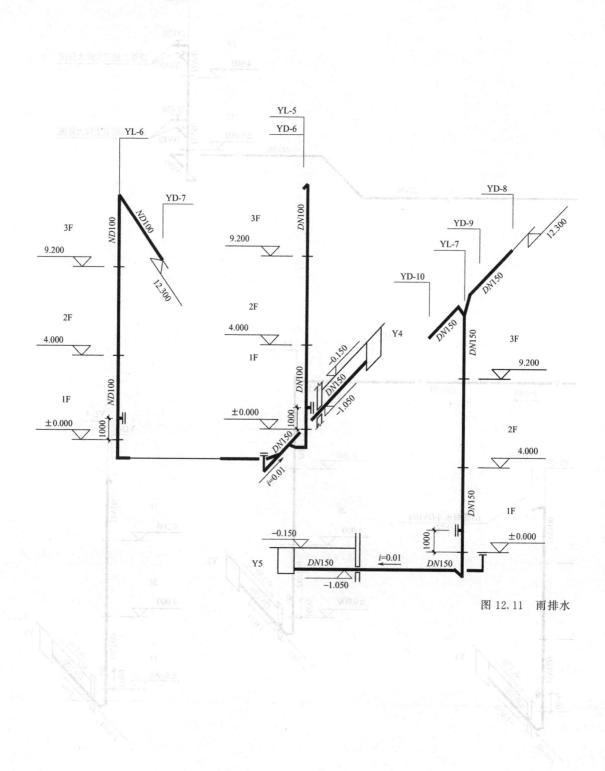

图 12.11 雨排水

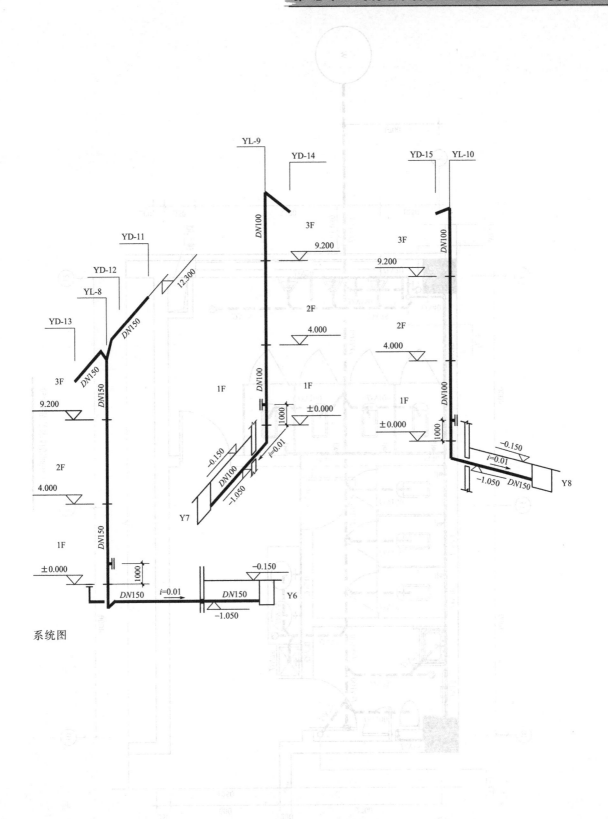

系统图

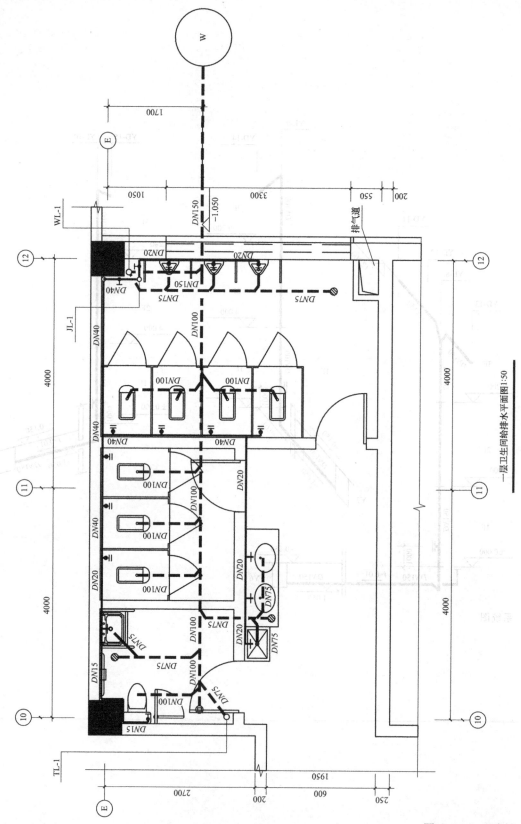

图12.12　卫生间

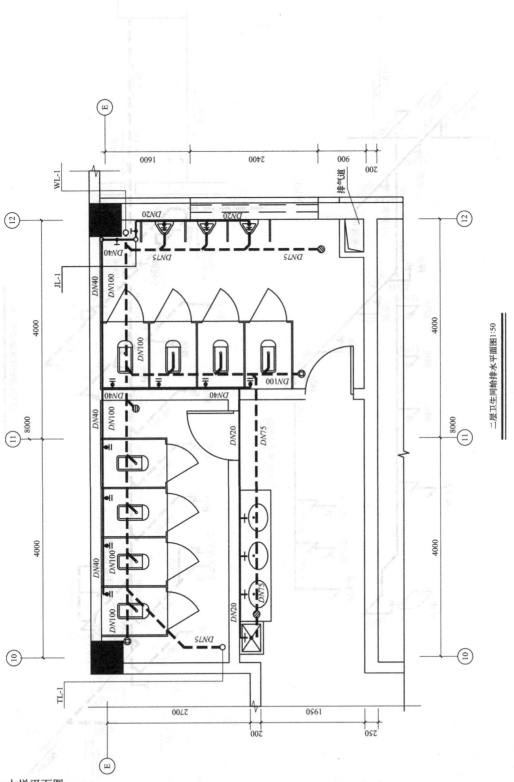

二层卫生间给排水平面图1:50

大样平面图

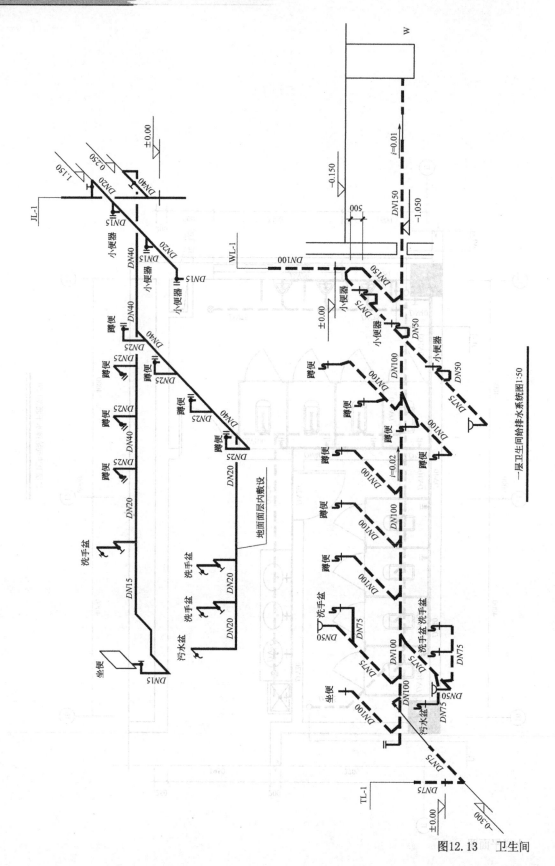

图12.13 卫生间

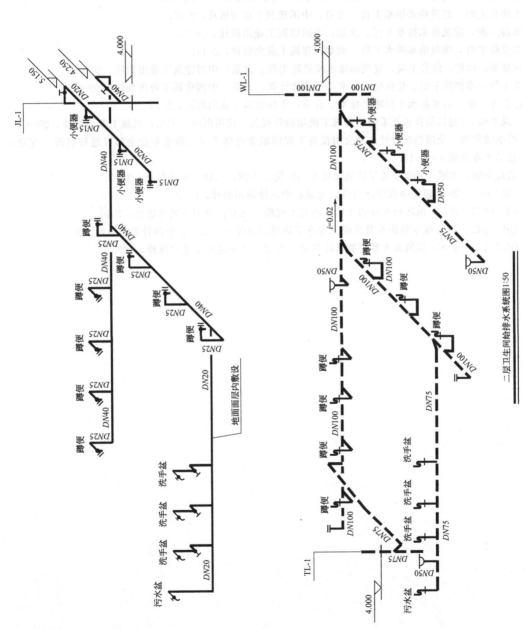

大样系统图

参考文献

[1]　建筑给水排水设计规范（GB 50015—2010）．北京：中国计划出版社，2010．

[2]　建筑设计防火规范（GB 50016—2014）．北京：中国计划出版社，2014．

[3]　王增长主编．建筑给水排水工程．北京：中国建筑工业出版社，2005．

[4]　张健主编．建筑给水排水工程．北京：中国建筑工业出版社，2013．

[5]　李亚峰主编．建筑给水排水工程．北京：建筑工业出版社，2011．

[6]　樊建军，梅胜，何芳主编．建筑给排水与消防工程．北京：中国建筑工业出版社，2009．

[7]　李玉华，苏德俭主编．建筑给水排水工程设计计算．北京：中国建筑工业出版社，2006．

[8]　边喜龙主编．给水排水工程施工技术．北京：中国建筑工业出版社，2013．

[9]　朱成主编．《建筑给排水及采暖工程施工质量验收规范》应用图解．北京：机械工业出版社，2009．

[10]　冯翠敏主编．全国勘察设计注册公用设备工程师职业资格考试给排水专业全新习题及解析．北京：
　　　化学工业出版社，2013．

[11]　梁允主编．水暖工程常见质量问题及处理200例．天津：天津大学出版社，2010．

[12]　GB 50336—2002 建筑中水设计规范．北京：中国计划出版社，2002．

[13]　GB 50974—2014．消防给水及消火栓系统技术规范．北京：中国计划出版社，2014．

[14]　GB 50242—2002 建筑给排水及采暖工程施工质量验收规范．北京：中国计划出版社，2002．

[15]　GB 50140—2005．建筑灭火器配置设计规范．北京：中国建筑工业出版社，2005．

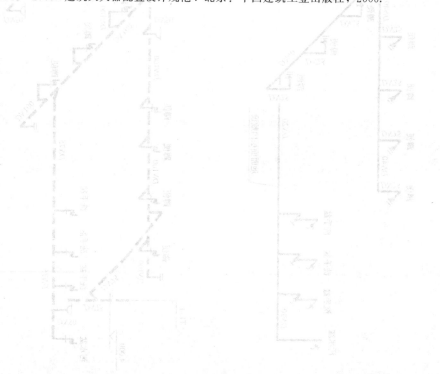